Nachhaltigkeit entfesseln!

Peter Kinne

Nachhaltigkeit entfesseln!

Einsichten und Lösungen jenseits der Klimadebatte

Peter Kinne
Meerbusch, Deutschland

ISBN 978-3-662-61020-6   ISBN 978-3-662-61021-3 (eBook)
https://doi.org/10.1007/978-3-662-61021-3

Die Deutsche Nationalbibliothek verzeichnet diese Publikation in der Deutschen Nationalbibliografie; detaillierte bibliografische Daten sind im Internet über http://dnb.d-nb.de abrufbar.

Springer
© Springer-Verlag GmbH Deutschland, ein Teil von Springer Nature 2020
Das Werk einschließlich aller seiner Teile ist urheberrechtlich geschützt. Jede Verwertung, die nicht ausdrücklich vom Urheberrechtsgesetz zugelassen ist, bedarf der vorherigen Zustimmung des Verlags. Das gilt insbesondere für Vervielfältigungen, Bearbeitungen, Übersetzungen, Mikroverfilmungen und die Einspeicherung und Verarbeitung in elektronischen Systemen.
Die Wiedergabe von allgemein beschreibenden Bezeichnungen, Marken, Unternehmensnamen etc. in diesem Werk bedeutet nicht, dass diese frei durch jedermann benutzt werden dürfen. Die Berechtigung zur Benutzung unterliegt, auch ohne gesonderten Hinweis hierzu, den Regeln des Markenrechts. Die Rechte des jeweiligen Zeicheninhabers sind zu beachten.
Der Verlag, die Autoren und die Herausgeber gehen davon aus, dass die Angaben und Informationen in diesem Werk zum Zeitpunkt der Veröffentlichung vollständig und korrekt sind. Weder der Verlag, noch die Autoren oder die Herausgeber übernehmen, ausdrücklich oder implizit, Gewähr für den Inhalt des Werkes, etwaige Fehler oder Äußerungen. Der Verlag bleibt im Hinblick auf geografische Zuordnungen und Gebietsbezeichnungen in veröffentlichten Karten und Institutionsadressen neutral.

Einbandabbildung: © Adobe Stock Ergänzende
Illustration: Peter Ripka, Düsseldorf; in Anlehnung an Adobe Stock

Springer ist ein Imprint der eingetragenen Gesellschaft Springer-Verlag GmbH, DE und ist ein Teil von Springer Nature.
Die Anschrift der Gesellschaft ist: Heidelberger Platz 3, 14197 Berlin, Germany

Die Corona-Pandemie

Am 11. März 2020 erklärte die Weltgesundheitsorganisation WHO die Infektionskrankheit Covid-19, die vom Corona-Virus Sars-CoV-2 ausgelöst wird, zur Pandemie. Eine Woche später bezeichnete Bundeskanzlerin Angela Merkel die Corona-Pandemie als größte Herausforderung für die Deutschen nach dem 2. Weltkrieg. Bereits eine Woche vor der Erklärung der WHO war das Manuskript dieses Buches der Druckvorbereitung übergeben worden. Die neuen Ereignisse zeichneten sich da gerade erst ab, wie es im Kapitel „Viraler Effekt" angedeutet wird. Die Pandemie und ihre unmittelbaren Folgen sind ein Ausnahmezustand, auf dessen Ende mit allen verfügbaren Mitteln hingearbeitet wird. Sie ändert nichts an den historischen Grundlagen der Nachhaltigkeitsdebatte und auch nicht zwangsläufig die verschiedenen Vorstellungen von nachhaltiger Entwicklung, die im Buch dargelegt werden. Dafür bekräftigen die Ereignisse den Sinn der darin beschriebenen Lösungen.

Das Weltrisiko Pandemie ist eingetreten: Am 5.6. 2020 hatte Covid-19 nach Angaben der John Hopkins Universität ca. 392.000 Menschen das Leben gekostet. Das Verbot physischer Kontakte außerhalb familiärer Wohngemeinschaften, das erlassen wurde, um Menschen vor Ansteckung zu schützen, hat Freiheitsrechte eingeschränkt und verhindert, dass Anbieter anbieten und Nachfrager nachfragen können. Längst nicht alle ökonomischen und sozialen Neben- und Fernwirkungen sind heute schon absehbar. Im „Global Risks Report" des World Ecomonic Forum für 2020 ist die Eintrittswahrscheinlichkeit einer *Infectious disease* nicht unter den Top-10-Risiken, die Auswirkungen bei Eintritt belegen den zehnten Platz. Das zeigt eindrucksvoll, wie ungewiss (und risikoreich) unsere Zukunft ist.

Ulrich Beck nahm an, die Erfahrung der *Verwundbarkeit aller* könne eine Kultur der *Verantwortung für alle* erzeugen und werde die Kooperation über nationale Grenzen hinweg verstärken (Beck, U. Weltrisikogesellschaft, 2017, S.85; 111; 117). Angesichts nationaler Alleingänge im Umgang mit der Coronakrise hat er (vorerst) nicht Recht behalten. Zudem ist unklar, wie viele Menschen die zwangsverordnete Entschleunigung ihres Lebens, eine Art Sonderkurs in Genügsamkeit, veranlasst, dieses Leben von Grund auf zu ändern. Weil aber das, was wir erlebt haben, so fundamental anders ist als das, was für die meisten von uns immer selbstverständlich war (Verwandte und Freunde treffen und umarmen, Feste feiern, Konzerte besuchen, verreisen etc.), erwarten einige nach Corona (die Zeit mit einem weltweit verfügbaren Impfstoff) eine andere Gesellschaft. Menschen sind jedoch von der Pandemie ganz unterschiedlich betroffen, weil sie über unterschiedliche Mittel zum Umgang damit verfügen, nicht angesteckt oder von der Ansteckung nicht beeinträchtigt werden.

Zu den Lerneffekten aus der Krise gehört, dass sinnvolle Ausübung staatlicher Autorität Leben rettet (nur Lebende nehmen Freiheitsrechte in Anspruch), ein profitgetriebenes Gesundheitssystem hingegen, das Operationen belohnt und an Pflegekräften spart, dem Gemeinwohl schadet. Globale Lieferketten und Abhängigkeit von einzelnen Lieferanten gefährden die Verfügbarkeit existenziell wichtiger Güter wie z.B. Atemschutzmasken. Pandemien gab es auch im Mittelalter (die Pest grassierte im 14. Jahrhundert) und vor hundert Jahren (Spanische Grippe). Menschenleben werden heute jedoch höher bewertet als im Mittelalter, und die heutige Wirtschaft ist komplexer als die zum Ende des ersten Weltkriegs. Anders als beim Klimawandel handelten politische Akteure diesmal spontan und folgten dem Rat der Wissenschaftler (vor allem der Virologen, die jedoch selbst fast täglich dazulernen).

Noch etwas anderes zeigt die Coronakrise: Organisationen und ihre Mitglieder befriedigen grundlegende Bedürfnisse, worum es bei Nachhaltigkeit letztlich geht. Abgestimmtes Handeln von Regierungsstellen, Instituten, Gesundheitsämtern, Herstellern, Krankenhäusern und Arztpraxen macht solche Organisationen im Sinne eines gemeinsamen Zwecks *kollektiv wirksam*. Die Werkzeuge, die ich im Buch beschreibe, erweisen sich in Krisenzeiten als essenziell: Man muss integrativ denken, um beim Einschränken von Grundrechten die Verhältnismäßigkeit zu wahren und Gesundheitsschutz mit Existenzsicherung, wirtschaftlicher Prosperität und seelischer Unversehrtheit auszubalancieren (was in freiheitlichen Gesellschaften zu Abwägungskonflikten führt und permanentes Einbeziehen neuer Erkenntnisse erfordert). Wer in komplexen Entscheidungssituationen perspektivische Vielfalt nutzt, trifft bessere Entscheidungen. Empowerment schließlich steigert die Tatkraft der Beteiligten.

In einer Stellungnahme der Leopoldina, Nationale Akademie der Wissenschaften, zur Coronakrise steht der Satz: „Politische Maßnahmen sollten sich auf nationaler und internationaler Ebene an den Prinzipien ökologischer und sozialer Nachhaltigkeit, Zukunftsverträglichkeit und Resilienzgewinnung orientieren." (Leopoldina, 3. Ad-hoc-Stellungnahme, Coronavirus-Pandemie, S.3). In Kapitel 18 skizziere ich ein Resilienz-Modell für Organisationen, und der Aufruf zu besserer interdisziplinärer Kooperation, auf der die Stellungnahme basiert, gehört zu den Kernbotschaften dieses Buches. Auch wenn wir wohl nicht jede Pandemie in Zukunft werden verhindern können, sollten wir zumindest die Chance nutzen, immer besser damit umzugehen.

Meerbusch, 5. Juni 2020, Peter Kinne

Impulse

Das vorliegende Buch ist nicht vorstellbar ohne die Beiträge der Menschen, die darin zu Wort kommen, weil sie uns eine Vorstellung davon geben, wie außerordentlich facettenreich das Thema Nachhaltigkeit ist. Dafür danke ich Jasmin Arbabian-Vogel, Damian Borth, Karl-Werner Brand, Stefan Fischer-Fels, Angelika Geiselbrechtinger, Armin Grunwald, Wulf Herzogenrath, Volker Jung, Miriam Koch, Petra Köpping, Manuela Lenzen, Ferdinand Munk, Claudine Nierth, Thorsten Nolting, Gabriele Patten, Andreas Pläsken, Bernd Tischler, Uwe Schneidewind und Eckart Uhlmann. Helga Gronemeyer und Katrin Najorka danke ich für ihre konstruktive Kritik in der Schreibphase, Christine Sheppard und Mareike Teichmann für das ideenreiche Lektorat, Max Mönnich und Peter Ripka für das gelungene Coverdesign. Mit Hans Strikwerda führe ich leidenschaftliche Diskussionen über nachhaltige Entwicklung in Unternehmen. Ihnen allen verdanke ich wertvolle Impulse.

Prolog: Der Gegenentwurf

Ein Tag im Juli 2019, Dachgeschoßwohnung ohne Klimaanlage, nahe Düsseldorf: Die Außentemperatur steigt auf 40 °Celsius. Denken fällt ebenso schwer wie körperliche Betätigung. Der Abend bringt keine nennenswerte Abkühlung. Weil das auch für die Nacht gilt, experimentiere ich in schlaflosen Stunden mit diversen Kühltechniken: alle Fenster und Türen auf oder zu, nasses Handtuch auf Stirn und/oder Brust, Wadenwickel, Kältebeutel etc. Wird es mehr heiße Tage geben als im letzten Jahr? Werden sie noch heißer? Was erwartet uns im nächsten Jahr?

Wenn es stimmt, dass mit der unerträglichen Hitze der Klimawandel in meinem Leben angekommen ist, ist Nachhaltigkeit für mich nunmehr körperlich relevant: Ich bevorzuge Wetter ohne Klimawandel. Die Erderwärmung wäre für mich zum quälenden Ausdruck einer Herausforderung geworden, die jedoch viele weitere Faktoren umfasst.

Mit diesem Buch verfolge ich vor allem zwei Ziele: Erstens möchte ich die Leserinnen und Leser für die Komplexität des Themas Nachhaltigkeit sensibilisieren und Zusammenhänge verdeutlichen, die sich angesichts der berechtigten Sorge um unser Klima nicht spontan erschließen. Zweitens entwickle und begründe ich eine Lösungsarchitektur, die den Versuch von Wissenschaftler*innen und engagierten jungen Leuten ergänzt, Politiker und Konzernchefs zu erziehen, die CO_2-Emissionen endlich zu begrenzen. Nachhaltige Entwicklung ist mehr als Kampf gegen Erderwärmung. Hauptakteure in diesem Buch sind zum einen Menschen mit ganz unterschiedlichen Hintergründen, die zum Thema Nachhaltigkeit Position beziehen und das Repertoire an Zugängen bereichern. Zum anderen sind es die Organisationen in unserer Gesellschaft.

Wer sich intensiver mit Nachhaltigkeit beschäftigt, begegnet Menschen, die damit unterschiedliche Bedeutungen, Erwartungen und „Rezepte" verknüpfen. Für alle aber scheint Nachhaltigkeit der Gegenentwurf zu einer Entwicklung zu sein, die in mancher Hinsicht aus dem Ruder gelaufen ist und Anlass zur Sorge gibt. Ursache dieser Entwicklung ist der technische Fortschritt in der Phase der Geschichte, in der sich die Industrialisierung unserer Gesellschaft vollzog. Zu Beginn dieser Phase, vor ca. 250 Jahren, machte es Dampfkraft möglich, Wasser aus englischen Bergwerken zu pumpen und die Förderung von Kohle, dem damals wichtigsten Energieträger bei der Einführung industrieller Fertigungsverfahren, zu erleichtern. Heute kennen wir die Folgen der Verbrennung fossiler Energieträger für die Natur. Längst jedoch befinden wir uns in einer Entwicklungsphase, die stark von Gütern ohne materielle Substanz geprägt ist. Ein besonders prägendes Gut ist *Information*.

Die Digitalisierung von Information neutralisiert beliebige Distanzen, erspart uns das Aufsuchen von Läden und steuert den Finanzverkehr. Wir haben freien Zugang zu gigantischen Wissensbeständen, können uns in Echtzeit mit Menschen rund um den Globus vernetzen, und bezahlen das mit der Preisgabe von Lebensgewohnheiten. Technische Assistenten machen für uns Friseurtermine, schildern die Wetterlage und werden demnächst ein Taxi bestellen, das uns autonom über Straßen, durch die Luft oder unterirdisch an unser Ziel bringt. Wie gut wir geschlafen haben, verrät uns nicht unsere Befindlichkeit am Morgen, sondern eine sensorbasierte App. Gegenstände entstehen nicht mehr in Werkstätten, sondern in Druckern. Durch *Gene Drives* können Arten genetisch verändert oder ausgelöscht werden. Der Startschuss zum Erzeugen von Mischwesen aus Mensch und Tier (Chimären) ist gefallen, um den chronischen Mangel an Spenderorganen zu lindern. Unsterblichkeit ist ein Forschungsziel, und bald werden wir uns neuronal optimieren lassen können. Aber selbst das würde nicht verhindern, dass viele bislang von Menschen ausgeführte Tätigkeiten demnächst von intelligenten Maschinen übernommen werden. Menschen könnten es einmal als Privileg empfinden, ausgebeutet zu werden. Das würde nämlich bedeuten, dass es jemanden gibt, der ihrer Arbeit einen *Wert* zuschreibt.

Angesichts der rasanten technologischen Entwicklung sehen uns Beobachter wie Richard David Precht unter Rückgriff auf eine Idee von Karl Marx schon als Jäger, Hirten und Kritiker [1]. Neben der Angst vor Angriffen auf den Humanismus [2] existiert die Vision vom Ende des *Homo sapiens* [3]. Kaum weniger spektakulär ist die Vorahnung, die eine Erderwärmung von 3° Celsius und mehr auf uns zukommen sieht [4]. Abhilfe könnte nach Ansicht von Forschern der ETH Zürich die Aufforstung eines Gebietes von der Größe der USA schaffen, wodurch CO_2 im nötigen Umfang absorbiert würde. Im Spätsommer 2019 geschieht jedoch das Gegenteil: Pro Minute wird Regenwald mit einer Fläche von 35 Fußballfeldern gerodet, um darauf

Palmöl-, Soja-, Bananen- und Kaffeeplantagen zu errichten [5]. In Brasilien wüten zu diesem Zeitpunkt die schwersten Waldbrände seit Jahren. Viele wurden gezielt entfacht. Damit wird nicht nur gewaltiges CO_2-Absorptions-Potenzial vernichtet. Jeder Baum, der Opfer der Flammen wird, emittiert Kohlendioxid, weil er dieses Gas gespeichert hat und bei Verbrennung freisetzt.

Unser Alltag wird von Katastrophenszenarien begleitet: Klimawandel, Terrorismus, Cyberattacken etc. Nicht wenige Zeitgenossen sehen das kapitalistische Wirtschaftssystem auf der Anklagebank, wenngleich es vielen zu materiellem Wohlstand verholfen und den technischen Fortschritt vorangerieben hat. Der Zusammenhalt demokratischer Staaten, sogar die Demokratie selbst steht auf dem Prüfstand. Das Vertrauen in ihre Institutionen erodiert ebenso wie die Zustimmung zu den sogenannten Volksparteien. Parallel dazu entstehen neue Allianzen, aber auch neue Rivalitäten zwischen Staaten und Teilen der Gesellschaft. Viele fühlen sich von Tempo und Ausmaß des Wandels überfordert und sehnen sich nach Dingen, die von Dauer sind – die Domäne der Nachhaltigkeit. Wenn aber Nachhaltigkeit ein Sehnsuchtsbegriff unserer Zeit ist, müssen wir uns fragen, ob wir die richtigen Instrumente haben, um nachhaltige Entwicklung nicht nur in öffentlichen Bekenntnissen zu beschwören, sondern auch im Alltag verwirklichen zu können. Welchen Orientierungswert hat diesbezüglich das offizielle Leitbild nachhaltiger Entwicklung?

Der entscheidende Satz im Bericht der Brundtland-Kommission von 1987, zu dem sich die Staaten der Vereinten Nationen bekannt haben, fordert von der Weltgemeinschaft, die Menschen in Gegenwart und Zukunft nicht der Möglichkeit zu berauben, grundlegende Bedürfnisse zu erfüllen [6]. Um dieses gewaltige Ziel in handlichere Teile zu zerlegen, hat man davon Anforderungen für die Bereiche Ökologie, Ökonomie und Soziales oder, etwas griffiger, *Planet, Profit, People* abgeleitet (auch *Triple-Bottom-Line* genannt). Aber selbst wenn man unterstellt, dass Menschen auch in Zukunft in einer Welt mit genügend Nahrung, sauberer Luft, trinkbarem Wasser und Platz zum Existieren leben wollen: Wie können wir angesichts des rasanten technischen und sozialen Wandels wissen, welche Bedürfnisse für nachfolgende Generationen grundlegend sind? Noch vor 20 Jahren hat wohl niemand die Funktionalitäten eines *Smartphones* vermisst (abgesehen davon, dass vermutlich nicht einmal iPhone-Erfinder Steve Jobs diesen Begriff damals kannte). Unklar ist zudem, wie sich die aktuellen technischen Entwicklungen später einmal auswirken.

Die Fragenkette geht aber weiter: Welche Freiheiten zur Erfüllung individueller Bedürfnisse werden zukünftige Generationen angesichts von Restriktionen haben, ohne die ehrgeizige Klimaziele kaum erreichbar sein dürften? Darf in 20 Jahren noch jemand fliegen, und wenn ja, werden brauchbare Fluggeräte dann einen CO_2-neutralen Antrieb haben? Und welche ökologischen Opfer müssen in Zukunft erbracht werden, um die Menschen auf der Erde, deren Zahl ständig wächst und die alle ein Existenzrecht haben, ernähren zu können? Nach einer Prognose der Vereinten Nationen wird die Erdbevölkerung von heute 7,8 Milliarden auf 11 Milliarden im Jahr 2100 anwachsen [7].

Selbst wenn man sich bei der Umsetzung des offiziellen Leitbildes auf die Gegenwart konzentriert, stößt man auf Probleme: Die Bedürfnisse sind weltweit unterschiedlich und keineswegs immer transparent, nicht einmal für die Betroffenen. Wir wissen nicht genau, welche wirtschaftlichen Aktivitäten in welcher Region welche sozialen Folgen haben und welche sozialen Entwicklungen welche politischen und wirtschaftlichen Aktivitäten nach sich ziehen. Kurz: Die Zusammenhänge sind so komplex und teilweise so widersprüchlich, dass Wissenslücken, Zielkonflikte und Enttäuschungen unausweichlich sind. Das Leitbild nachhaltiger Entwicklung ist viel zu abstrakt und gleichzeitig viel zu ambitioniert, um für alle potenziellen Akteure handlungsleitend zu sein.

Es regt allerdings zu großen Entwürfen an. Dazu gehört eine „neue Aufklärung", die nicht mehr mit Blick durch die europäische Brille gestaltet wird [8] (was die Chinesen ohnehin belächeln würden). Dazu gehört weiterhin „Nachhaltigkeit als kulturelle Revolution und zentrales Zivilisationsprojekt des 21. Jahrhunderts" [9]. Das Gelingen solcher transformativen Entwürfe ist extrem voraussetzungsvoll. Inwieweit sind die Voraussetzungen gegeben? Und wie könnte man sie verbessern?

Viele der genannten Probleme entfallen, wenn man nur eine Dimension der Nachhaltigkeit in den Blick nimmt, noch dazu eine, bei der die Zusammenhänge recht eindeutig sind. Diesen Vorteil hat die ökologische Dimension, der Zustand unserer natürlichen Umwelt. Der Klimawandel ist zum Symbol ihrer Bedrohung geworden. Erschreckende Bilder von Überschwemmungen, ausgedorrten Landschaften und maritimen Plastikmüllwolken steigern die Symbolkraft und deuten auf den Bedarf an Grenzwerten hin, die zu akzeptieren wir gelernt haben. Immer mehr Menschen erkennen, dass es Klimawandel gibt, dass Menschen ihn verursacht haben und dass man ihn bekämpfen muss. Videos von YouTubern und Bewegungen wie *Fridays for Future* tragen dazu bei. Digital Natives mit wachem politischem Interesse und guten Argumenten, die nicht im Verdacht stehen, sich respektvoll vor Autoritäten zu verbiegen, nutzen die Reichweite der sozialen Medien und den Druck der Straße, um Regierungen, Parteien und Konzernvorstände in Verlegenheit zu bringen. In einer Pressekonferenz am 26. Juli 2019 bekannte Bundeskanzlerin Angela Merkel, dass Greta Thunberg mit den von ihr initiierten, weltweiten Schülerprotesten die deutsche Regierung klimatechnisch in Schwung gebracht habe. Das Klimapaket der Koalition vom 20. September begeisterte nicht alle, am wenigsten die Klima-Aktivist*innen [10].

Während die Nachhaltigkeitsdebatte vom Klimawandel bestimmt wird, mahnen uns Entwicklungen wie im Bereich der künstlichen Intelligenz, miteinander auszuhandeln, *wie*, nicht *ob wir* morgen leben wollen, und welche Rolle wir uns zukünftig vorstellen. Diese Frage drängt sich auf in einem technologischen Umfeld, in dem Menschen als „Produktivitätshebel" in Wirtschaft und Gesellschaft zunehmend von lernenden technischen Systemen abgelöst werden.

Auf Aushandlungsprozesse, bei denen es um mehr geht als Klima, ist jedoch kein Verlass. Selbst Maßnahmen zum Klimaschutz werden kontrovers diskutiert: CO_2-Steuer versus Emissionshandel, Fleischverzicht ja oder nein, Flugscham berechtigt oder nicht etc. Die Diskurskultur, die wir heute erleben, und Interessen, die ähnlich weit auseinanderdriften wie die Macht- und Vermögensverhältnisse, machen tragfähige Kompromisse unwahrscheinlich.

Viel aussichtsreicher ist es, auf Impulse von Organisationen zu setzen, die unseren Alltag prägen und in denen die Hälfte der Menschen allein in Deutschland einen großen Teil ihres Alltags verbringt. Unternehmen, Behörden, Schulen und Hochschulen, Institute, Krankenhäuser, Arztpraxen, Kanzleien, Vereine etc. sind perfekte Akteure der Nachhaltigkeit, weil sie ihren Bestand erhalten, ihre Ressourcen entwickeln und erneuern müssen und im Übrigen davon leben, Bedürfnisse zu befriedigen. Sofern ihnen das dauerhaft gelingt, sind sie selbst nachhaltiger, weil sie, in ihrer Eigenschaft als Systeme, in einer Welt existenzieller Bedrohungen mit der nötigen *Resilienz* ausgestattet sind.

Systemische Resilienz erlaubt keine einseitige Orientierung an kurzfristigen Ereignissen, um in den nächsten zwei Jahren irgendwie über die Runden zu kommen. Ein waches Bewusstsein für das aktuelle Geschehen muss vielmehr mit dem Anspruch einhergehen, auch langfristig einer doppelten Verantwortung gerecht zu werden: der Verantwortung für den Erhalt des eigenen Systems und der Mitverantwortung für den Zustand unserer Gesellschaft, von der eine Organisation schon deshalb profitiert, weil sie daraus ihre wichtigste Ressource bezieht – ihre Mitglieder. Durch ausgewogenes Handeln auf Basis erweiterter Horizonte und Handlungsspielräume können Organisationen einen Beitrag zur nachhaltigen Entwicklung unserer Gesellschaft leisten. Dieser Effekt wirkt nach einem kybernetischen Gesetz positiv auf Organisationen zurück, macht sie zukunftsfähiger, und damit nachhaltiger. Sofern sie dann noch ihr Know-how mit Partnerorganisationen teilen, mit denen sie ohnehin im Austausch stehen, kann sich die nachhaltige Entwicklung im gesellschaftlichen Umfeld „viral" verbreiten. Dadurch wird sie zu einer gestaltenden Kraft, die auch solche Organisationen entfesseln können, die keine klassischen „Umweltsünder" sind. Nicht nur Umweltsünder haben Reserven bei nachhaltiger Entwicklung.

Dieses Buch ist weder eine Bestandsaufnahme aller Nachhaltigkeitsprobleme unserer Zeit, noch aller Lösungen, die dazu jemals angeboten wurden. Es beschreibt die Rolle von Organisationen bei nachhaltiger Entwicklung und die Ressourcen und Werkzeuge, die sie nutzen können, um im Sinne nachhaltiger Entwicklung „kollektiv wirksamer" zu werden. Die Ressourcen und Werkzeuge haben weder eine materielle Substanz noch einen kalkulierbaren Finanzwert. Sie basieren auf den immateriellen Eigenschaften ihrer Menschen und dem, was sie miteinander zustande bringen. Ideen, Haltungen, Kenntnisse und Fähigkeiten sind „Kapital ohne Finanzwert", das anders als natürliche Ressourcen durch Nutzung nicht abnimmt, sondern zunimmt, besser wird. Dieses Kapital wird maßgeblich von Organisationen erzeugt und hat das Potenzial, auch unsere Gesellschaft nachhaltiger zu machen. Auch den Klimawandel werden wir ohne dieses Kapital nicht in den Griff bekommen.

Der Entwicklung dieses Ansatzes geht die Betrachtung der historischen Hintergründe der Nachhaltigkeitsdebatte voraus. Es wird untersucht, was Nachhaltigkeit ist, seit wann man darüber redet, und warum. Nach einer Annäherung im ersten Teil veranschauliche ich im zweiten Teil, wie es dazu kommen konnte, dass Fortschritt und Wachstum lange Zeit ausschließlich positiv gesehen wurden und warum sich das geändert hat. Es werden Ereignisse geschildert, die zur wohl eindrucksvollsten wirtschaftlichen Entwicklung eines Kontinents in der Geschichte geführt haben, und die Errungenschaften des technischen Fortschritts skizziert, soweit sie heute erkennbar sind.

Im scharfen Kontrast dazu steht der Verlust an Gewissheit und Vertrauen, den wir heute erleben und der uns die dunklen Seiten von technischem Fortschritt und Wachstum vor Augen führt.

Der dritte Teil erschließt Standpunkte von Menschen zum Thema Nachhaltigkeit, die ganz unterschiedliche Rollen und Funktionen in unserer Gesellschaft ausüben. Zu Wort kommen der Leiter des Karlsruher Instituts für Technikfolgenabschätzung und Systemanalyse, der Präsident des Wuppertal Instituts für Klima, Umwelt & Energie und ein Experte für Umweltsoziologie, soziale Bewegungen, Nachhaltigkeits- und Transformationsforschung. Zu Wort kommen auch die Sprecherin des Bundesvorstands des Vereins „Mehr Demokratie e. V.", die Präsidentin des Verbandes deutscher Unternehmerinnen, ein Unternehmer und Senator im Bundesverband Mittelständische

Wirtschaft, der Leiter des Fraunhofer-Instituts für Produktionsanlagen und Konstruktionstechnik, der Ordinarius für Artificial Intelligence and Machine Learning an der Universität St. Gallen und eine Wissenschaftsjournalistin mit Schwerpunkt Digitalisierung, künstliche Intelligenz und Kognitionsforschung. Weiterhin kommen zu Wort der Kirchenpräsident der Evangelischen Kirche in Hessen und Nassau, die Leiterin des Luisen-Gymnasiums in Düsseldorf, die sächsische Staatsministerin für Gleichstellung und Integration und der Oberbürgermeister von Bottrop.

Wir erfahren, was Expert*innen aus den Bereichen Nachhaltigkeitsforschung, Soziologie, Philosophie, Demokratiebewegung, Wirtschaft, Technologie, künstliche Intelligenz, Kirche, Bildung und Politik antreibt, die für nachhaltige Entwicklung brennen, und was sie konkret dafür tun können. Weiterhin erfahren wir, für wie aussichtsreich sie den Versuch halten, mit unterschiedlichen Betroffenen Ziele auszuhandeln, und wie man die Aussichten verbessern kann. Deutlich wird, welche Bedeutung man Organisationen bei nachhaltiger Entwicklung zuschreibt, und welche Chancen in der Bündelung von Kompetenzen liegen. Nachhaltigkeit verträgt keine Dominanz der Technik, der Natur-, Geistes- oder Sozialwissenschaft. Nur durch Nutzung aller Synergiepotenziale kann sie ihre volle Kraft entfalten.

Im vierten Teil des Buches skizziere ich einen Weg nachhaltiger Entwicklung, der bei Organisationen beginnt. Hier gehe ich zunächst der Frage nach, was Organisationen so besonders macht, warum sie wichtige Akteure der Nachhaltigkeit sind und wie sie nachhaltige Entwicklung in die Gesellschaft tragen können. Die Inhalte werden gestützt durch die Aussagen von Leitenden, deren Hintergründe unterschiedlicher nicht sein können: dem Inhaber eines Herstellers von Aluminiumkonstruktionen, dem Vorstandsvorsitzenden eines Wohlfahrtverbandes, der Leiterin eines Amtes für Migration und Integration und einem Theaterintendanten. Es folgt ein Exkurs zu den immateriellen Ressourcen, dem „Kapital ohne Finanzwert", das in Organisationen entwickelt, genutzt und reproduziert wird. Ein universelles Phasenmodell der Wertschöpfung soll der Veranschaulichung dienen.

In einem weiteren Kapitel geht es um Rahmenkonzepte nachhaltiger Entwicklung. Das bekannteste, die „Sustainable Development Goals", aber auch das integrative Konzept der Helmholz-Gemeinschaft deutscher Forschungszentren und andere werden daraufhin untersucht, welchen Stellenwert immaterielles Kapital darin hat, inwieweit Entscheider*innen richtige Schlüsse daraus ziehen können und welcher Nutzen sich daraus für Organisationen ergibt.

Im fünften Teil erkunde ich zunächst oft unterschätzte Hürden nachhaltiger Entwicklung: die Grenzen unserer Rationalität. An die stoßen wir angesichts einer Komplexität, die uns alle längst überfordert. Vieles von dem, was nachhaltiger Entwicklung im Wege steht, ist auf unseren merkwürdigen Umgang mit dem zurückzuführen, was „eigentlich vernünftig" wäre. Breiten Raum widme ich anschließend Werkzeugen, die Organisationen in einem schwierigen Umfeld kollektiv wirksamer und nachhaltiger machen: integratives Denken in der Führung, Nutzung perspektivischer Vielfalt durch heterogene Teams und Förderung von Empowerment. All das ist Kapital ohne Finanzwert. Trotz ihrer Vorzüge bleiben diese Faktoren in Theorie und Praxis erstaunlich blass, in gängigen Kriterien nachhaltiger Entwicklung fehlen sie komplett. Wenn aber engagierte Menschen mit klarer Orientierung und erweiterten Horizonten selbstbestimmt interagieren, neues Wissen erzeugen und andere davon profitieren lassen, kann sich Nachhaltigkeit schneller entwickeln.

Ein Blick ins Silicon Valley und der Vergleich mit den Verhältnissen bei uns führen uns Potenziale vor Augen, die auch wir stärker nutzen sollten. Anschließend gehe ich der Frage nach, wie sich nachhaltige Entwicklung in Organisationen vereinfachen lässt, und was das für Akteure bedeutet, die antreten, um diese Entwicklung voranzutreiben. Der integrative Ansatz des Bauhauses, der wohl einflussreichsten Kunstschule der Moderne, kann hier als Beispiel dienen. Eine Faustregel und eine Definition nachhaltiger Entwicklung von Organisationen, die auf *Resilienz* basiert, können Orientierung bieten. Der fünfte Teil endet mit Reflexionen über die Anforderungen an Führung. Im Epilog schließlich appelliere ich an Wissenschaftler und Praktiker unterschiedlicher Disziplinen, besser als bisher zu kooperieren und dadurch mehr Synergien zu schaffen. Wenn wir nicht zusammenführen, was wir wissen und können, bleibt Nachhaltigkeit nicht nur ein attraktiver Gegenentwurf, sondern auch eine Vision, von der zu träumen wir niemals aufhören werden.

Im Buch werden geschichtliche, soziologische, psychologische, ökonomische, ökologische, systemische und philosophische Aspekte der Nachhaltigkeit miteinander verknüpft. Es werden unterschiedliche Zugänge zum Thema Nachhaltigkeit erfasst und Lösungen beschrieben, die gänzlich auf erneuerbaren Ressourcen basieren. Nicht zuletzt deutet sich ein Paradigmenwechsel an. Er besteht darin, nachhaltige Entwicklung nicht mehr als regulative Deckelung, moralischen Zwang, als Spaß- und Erfolgsbremse zu erleben, sondern als gestaltende Kraft, die entfesselt werden kann. Die Dynamik, die dadurch entsteht, kann mit der Dynamik, die gegenwärtig von der digitalen Transformation unserer Gesellschaft ausgeht, eine überaus segensreiche Allianz bilden.

Literatur

1. Precht, R.D. (2018): Jäger, Hirten, Kritiker. Goldmann, München.
2. Mason, P. (2019): Clear Bright Future. Allen Lane, Penguin Random House, 10.
3. Harari, Y. N.: (2019): Eine kurze Geschichte der Menschheit, Pantheon, München, 31. Auflage, (Originalausgabe 2011), 484–506.
4. v. Weizsäcker, E.U., Wijkman, A. (2018): Wir sind dran. Club of Rome: Der große Bericht, Gütersloher Verlagshaus, 57.
5. https://www.wwf.de/klimakrise/amazonas/?gclid=CjwKCAjw44jrBRA-HEiwAZ9igKJJ97SRTZ6XuWnFuq5Dhp9xTeYVmJur0SgQi9fW93LM2WnJunp7-URoCp7wQAvD_BwE. Zugriff: 24.08.2019
6. World Commission on Environment a Development (1987): Our Common Future. Oxford University Press, 43.
7. https://de.statista.com/statistik/daten/studie/1717/umfrage/prognose-zur-entwicklung-der-weltbevoelkerung/ Zugriff: 10.08.2019.
8. von Weizsäcker, E.U., Wijkman, A. (2018): Wir sind dran. Club of Rome: Der große Bericht, Gütersloher Verlagshaus, 181.
9. Schneidewind, U. (2018): Die große Transformation. Fischer, Frankfurt, 13.
10. Schulz, S.; Traufetter, G.: Mehr Päckchen als Paket. Spiegel-Online, 20.09.2019.

Inhaltsverzeichnis

Teil I Einleitung

1 Schicksalsfragen ... 3

2 Fortschritt im Zwielicht ... 11

Teil II Die Paradoxie des Fortschritts

3 Nachhaltigkeit – was ist das? ... 19

4 Industrielle Entwicklungsphasen ... 23

5 Stunde Null und das Wunder danach ... 29

6 Fortschrittsnachweise ... 39

7 Ende der Gewissheit ... 47

8 Können wir uns einigen? ... 53

Teil III Standpunkte und Synergiepotenziale

9 Vielfalt der Perspektiven — 63

10 Stimmige Bilder — 97

Teil IV Organisationen und Kapital ohne Finanzwert

11 Organisationen prägen unser Leben — 105

12 Viraler Effekt — 111

13 Die Emanzipation der immateriellen Ressourcen — 119

14 SDGs und andere Rahmenkonzepte — 135

Teil V Bausteine kollektiver Wirksamkeit

15 Komplexität und die Fallstricke beim Denken — 145

16 Werkzeuge nachhaltiger Entwicklung — 157

17 Silicon Valley und der Wissenstrichter — 189

18 Einfach, funktional, substanzvoll — 195

19 Die Stunde der Katalysator*innen — 205

Epilog: Eisbären und Kompetenzinventuren — 217

Teil I

Einleitung

1

Schicksalsfragen

Nachhaltigkeit ist ein Sehnsuchtsbegriff. Das dürften zumindest Menschen empfinden, die befürchten, dass Dinge, die ihnen wichtig sind, in Gefahr geraten: ein sicherer Arbeitsplatz, der Wert ihrer Arbeit, eine intakte Umwelt, ein friedliches Miteinander mit Nachbarn und anderen Teilen der Bürgerschaft. Ein Staat, der nicht nur Freiheit, sondern auch Sicherheit gewährleistet und für Gesundheit, Bildung, intakte Verkehrswege und ansprechende öffentliche Räume sorgt. Eine Staatengemeinschaft, deren Mitglieder das Wohl aller Menschen dieser Gemeinschaft im Auge haben. Ein selbstbestimmtes Leben, gute Zukunftsaussichten für Kinder, Enkel und Urenkel, ein erfüllter Lebensabend. Die Frage, wie man solche Güter erhalten kann, bedarf neuer Antworten. Sogar die Frage, was überhaupt erhaltenswert ist, und wie wir demzufolge leben wollen, muss neu gestellt und beantwortet werden. Manche sehen darin die Schicksalsfrage der Menschheit. Wie aber können Antworten gefunden werden, die gemeinschaftlich tragfähig sind? Wie stehen die Chancen auf einvernehmliche Lösungen angesichts der Größe der Frage und einer Gesellschaft, die funktionell differenzierter ist denn je und deren Positionen immer weiter auseinanderzudriften scheinen? Ist Einigung erst dann möglich, wenn globale Umwelt- und sonstige Katastrophen eintreten, die jedermann am eigenen Leib spürt? [1].

Die Schicksalsfrage berührt menschliche Bedürfnisse, um die es im Leitbild nachhaltiger Entwicklung geht, zu dem sich 193 Mitgliedsstaaten der Vereinten Nationen bekannt haben. Das Leitbild wurde 1987 im Bericht „Our Common Future" der „World Commission on Environment and Development" der Brundtland-Kommission vorgestellt. Danach ist eine Entwicklung nachhaltig, wenn sie die Bedürfnisse der heutigen Generationen befriedigt, ohne zu riskieren, dass künftige Generationen ihre Bedürfnisse nicht befriedigen können [2]. Das Leitbild entstand, nachdem Anfang der 1980er-Jahre insbesondere Entwicklungsländer unter den Folgen einer deutlich verlangsamten Entwicklung der Weltwirtschaft zu leiden begannen und steigende Schulden und (von außen auferlegte) Sparzwänge mit wachsenden Bevölkerungszahlen einhergingen. In den 1960er- und 1970er-Jahren hingegen waren nicht etwa gedämpftes Wachstum, sondern die (damals noch weitgehend unbekannten) ökologischen Folgen überaus starken Wachstums das Problem gewesen. Nun aber hatte Nachhaltigkeit mehrere Dimensionen.[1]

Die Definition der Brundtland-Kommission ist als Leitbild ebenso genial wie als Rezept unbrauchbar. Sie sagt nichts über Inhalte aus, aber einiges darüber, nach welcher Maßgabe man danach suchen soll [3]. Damit ist sie ein *Prüfkriterium*, keine *Handlungsregel*, und muss für praktische Zwecke operationalisiert werden. Das kann zu sehr unterschiedlichen Ergebnissen führen.

Wer Antworten auf Schicksalsfragen sucht, steht vor einer komplexen Gemengelage von Fakten, Ereignissen und Wahrnehmungen sowie von unterschiedlichen Interpretationen dieser Fakten, Ereignisse und Wahrnehmungen. In der sogenannten „vierten industriellen Revolution" erleben wir digital beschleunigte, globale Informations-, Kapital- und Warenströme, Energie-, Schadstoff- und Risikoströme [4], und mittlerweile auch Ströme von Menschen auf der Flucht. Fachdisziplinen wie die Physik, die Biochemie und die Informatik fusionieren, Grenzen zwischen Staat, Wirtschaft und Zivilgesellschaft werden durchlässig. Vermutlich als Gegenbewegung in einer Welt, deren Komplexität längst nicht mehr zu begreifen ist, gibt es Anzeichen politischer und wirtschaftlicher Renationalisierung, während bewährte Allianzen (z. B. das atlantische Bündnis) in Frage gestellt werden. Im „Chaos der Welt" kollidiert, wie Stefan Kornelius bemerkt, ein unberechenbares Amerika, das sich „irgendwo zwischen Rückzug und strategiefreier Dauerprovokation bewegt", frontal mit „dem kühl kalkulierenden Aufsteiger China, der mit ökonomischer Kraft und wachsendem militärischem Muskel … eine Definitionshoheit für grundsätzliche Werte für sich reklamiert". Europa hingegen leide unter Fliehkräften wie denen in Großbritannien, wo durch eine „schier unglaubliche Verkettung von politischen Fehlleistungen ein Staat von Sektierern und Spielern gekidnappt wurde" [5]. In der Konsequenz verließen die Briten die Europäische Union und konnten am 1. Februar 2020 sagen: „Got Brexit Done." Verhältnisse wie diese sind für Menschen meiner Generation, die *Ba-*

---

[1] Ebd., 69; 70.

byboomer, so neu wie unbegreiflich. Salman Rushdie sieht das Surreale bereits im Alltag und Transformation sieht er überall [6].

Immerhin können wir die Folgen eines ungebremsten Wachstums mit herkömmlichen Technologien auf unsere natürliche Umwelt einigermaßen überblicken. Wer würde heute noch Fahrzeugen mit Verbrennungsmotor eine Zukunft geben? Wir wissen, dass Treibhausgase wie Kohlendioxid und Methan die Strahlungsenergie der Sonne, die von der Erde reflektiert wird, absorbiert, in Bewegungsenergie umsetzt und die Atmosphäre erwärmt. Wir wissen, dass dieser Effekt die Temperaturen behaglich macht, die Behaglichkeit aber aufhört, wenn der Anteil von Treibhausgasen in der Atmosphäre steigt und die Wärme bedrohlich wird. Wir wissen auch, dass der Anstieg u. a. durch Verfeuerung fossiler Brennstoffe und industriell betriebene Viehzucht entsteht. Betreiber von Kohlekraftwerken können sich nur noch mit dem Argument rechtfertigen, dass ihnen andere Mittel zur Energieerzeugung samt der dafür nötigen Infrastruktur nicht in einem Ausmaß zur Verfügung stehen, das den Energiebedarf zu tragbaren Kosten deckt. Unser ökologischer Fußabdruck, der die Fläche misst, die für die Erzeugung der von uns verbrauchten Waren und Dienstleistungen benötigt wird, erfordert 1,6 Planeten. In London beträgt er das 125-Fache der Fläche der Stadt, was in etwa der Fläche Englands entspricht [7].

Mit Methoden der *World Weather Attribution* können extreme Wetterereignisse wie Hitzewellen, Stürme oder Starkregen dem Klimawandel zugeordnet werden. Man vergleicht sie dazu mit dem (simulierten) Wetter, wie es ohne industrielle Entwicklung geherrscht hätte. Veränderungen der Temperatur, der Zusammensetzung der Atmosphäre und der Wolkenbildung verändern auch die Aufnahmefähigkeit der Luft für Wasser und die Luftzirkulation, und damit die Wetterverhältnisse in unterschiedlichen Regionen der Erde. Der Klimawandel hat die Wahrscheinlichkeit einer Hitzewelle in Dublin verdoppelt, in Utrecht verdreifacht und in Kopenhagen verfünffacht [8]. Zwischen 1751 und 2010 haben 90 Konzerne zu 63 Prozent aller Treibhausgasemissionen beigetragen, allen voran Saudi Aramco, Chevron und Exxon/Mobile. Ein Anteil von 0,5 Prozent entfällt auf den Essener Energiekonzern RWE.[2] Es macht wenig Sinn, die Wirtschaft insgesamt in Generalhaftung für das gefühlt dringendste Umweltproblem unserer Zeit zu nehmen.

Dass in Umweltfragen heute weitgehend Einigkeit herrscht, liegt an der Messbarkeit ökologischer Ursache-Wirkungszusammenhänge und der zunehmend einheitlichen Interpretation der Ergebnisse. Die Erde hat sich seit 1776 – dem Jahr, als James Watt für seine Dampfmaschine von König Georg

---

[2] Ebd. 173; 174.

III. ein Patent erhielt – um ungefähr ein Grad erwärmt.[3] Dass der mühsam errungenen Einigkeit nicht immer beherztes, abgestimmtes Handeln folgt, liegt auch daran, dass im Kosmos der Nachhaltigkeit und im Ringen um Antworten angesichts unterschiedlicher Werte und Interessen der Akteure Konflikte nicht die Ausnahme, sondern die Regel sind [9]. Während aber die Umweltdebatte seit nunmehr etwa 50 Jahren geführt wird, beginnen wir erst jetzt, intensiver über die sozialen Folgen der jetzigen Phase der Industrialisierung nachzudenken, mit Digitalisierung, Automatisierung und künstlicher Intelligenz als bestimmende Faktoren. Es ist keineswegs sicher, dass wir diese Folgen, sofern wir sie denn kennen würden, so einheitlich beurteilen wie die Auswirkungen der frühen Phasen der Industrialisierung auf die Natur.

Wie aber lässt sich angesichts des bis heute ja ungeheuer zähen, zeitraubenden Ringens der Akteure die nachhaltige Entwicklung beschleunigen? Wir können das Tempo steigern, indem wir anstatt auf die Vernunft der Weltgemeinschaft, die Weisheit der Politiker und den Erfolg beim Aushandeln von Schicksalsfragen zu setzen, Nachhaltigkeitsimpulse nutzen, die von Organisationen ausgehen. Unternehmen, Verbände und Vereine, Behörden, Krankenhäuser, Institute und Ingenieurbüros, Schulen und Hochschulen, Arztpraxen und Kanzleien, Agenturen, Nichtregierungsorganisation etc. sind soziale Systeme, die sich ebenso wie die Weltgemeinschaft nachhaltig entwickeln müssen, um zukunftsfähig zu sein. Was sie trotz aller Unterschiede verbindet, sind die Merkmale *Zweck*, *Mitgliedschaft* und *Hierarchie* [10]. Weil Organisationen mehr oder weniger selbst bestimmen können, wofür sie da sind, wer Mitglied werden darf und wie Entscheidungen zustande kommen, kann man sie besser lenken als eine Stadtgesellschaft, eine Nation oder gar die Weltgemeinschaft. Organisationen können leichter Ziele setzen, mit Konflikten besser umgehen, sich schneller in eine bestimmte Richtung entwickeln und diese Richtung natürlich auch ändern. Aber nicht nur das macht sie zu wichtigen Impulsgebern für Nachhaltigkeit.

Organisationen sind Experten im Befriedigen von Bedürfnissen, sonst bräuchte man sie nicht. Die Mehrheit der Menschen verbringt, zumindest in Ländern mit arbeitsteiligen Strukturen zwischen Staat, Wirtschaft, Wissenschaft und Zivilgesellschaft, ihr Arbeitsleben in Organisationen. Mehr als 40 Millionen Beschäftigungsverhältnisse in Deutschland, an denen jeweils Familienschicksale hängen, begründen den Einfluss von Organisationen auf das Wohlergehen der Menschen allein in unserem Land. Zudem leben Organisationen von nahezu denselben Ressourcen, die auch eine Gesellschaft voranbringen, und sind maßgeblich an deren Entwicklung beteiligt.

---

[3] Ebd. 29.

Weil Ressourcen der Wertschöpfung dienen, bezeichnet man sie auch als „Kapital". Hier muss man jedoch differenzieren. In der Umweltdebatte geht es um „Naturkapital", natürliche Ressourcen also, die nach „erneuerbar" und „nicht erneuerbar" unterschieden werden. Erneuerbar sind z. B. Holz, Wind, Wasser und Sonnenlicht, nicht erneuerbar sind mineralische Rohstoffe (Metalle, Gesteine, Salze) und fossile Energieträger (Kohle, Öl, Gas). Natürliche Ressourcen werden von Organisationen genutzt und verbraucht. In welchem Umfang das geschieht, welche Folgen das für die Umwelt hat, und inwieweit nicht erneuerbare durch erneuerbare Ressourcen ersetzt werden können und sollen, gehört zu den Kernthemen der Umweltdebatte. Wer den Verbrauch von Naturkapital reduzieren will, hat die Wahl zwischen den ökologischen Basisstrategien *Effizienz, Konsistenz* und *Suffizienz*. Effizient handelt, wer den Material- und Energieverbrauch im Verhältnis zur produzierten Menge verringert. Konsistent handelt, wer Ressourcen im Rahmen natürlicher Stoffströme nutzt, und mit Suffizienz zeigt man Genügsamkeit und Selbstbeschränkung (was meist die Änderung des Lebensstils voraussetzt).[4]

Naturkapital wird von Organisationen genutzt und verbraucht, nicht aber erzeugt und reproduziert, sofern es sich nicht um Bergwerke, Ölförderer, Kläranlagen und sonstige Rohstoffproduzenten und -veredler handelt. Nur sehr wenige Organisationen erzeugen *kultiviertes Naturkapital* wie Stadtparks, künstliche Seen, Lachsfarmen etc. Ausnahmslos alle Organisationen hingegen erzeugen und reproduzieren, wenngleich in unterschiedlichem Ausmaß, eine Art Kapital, das man grob in „materiell" und „immateriell" unterteilen kann. Materiell ist *Sach- und Finanzkapital*. Ideen, Haltungen, Kenntnisse und Fähigkeiten sind hingegen immateriell und werden dem *Human-, Sozial-* und *Wissenskapital* zugeordnet. Kapital dieser Sorte kann man weder sehen noch anfassen. Man kann es auch nicht ohne Weiteres messen, und schon gar nicht finanziell bewerten. Das macht den Umgang damit schwierig und riskant. Es ist „Kapital ohne Finanzwert", von dem es aber abhängt, inwieweit Organisationen zukunftsfähig sind und was sie in ihrer ökosozialen Umwelt bewirken.

Der öffentliche Diskurs über Nachhaltigkeit wird jedoch von der Ökoperspektive bestimmt, und da steht Naturkapital im Mittelpunkt des Interesses. Klimawandel, Luftverschmutzung, Verlust an Biodiversität etc. sind Folgen eines ungebremsten Verbrauchs fossiler Energieträger und der Freisetzung von Treibhausgasen, Staubpartikeln, toxischen Pestiziden etc. Die Wirkung dieser Substanzen kann man ebenso wie die Erderwärmung messen und Grenzwerte definieren, wenn man erkannt hat, wie viel wir davon verkraften

---

[4] Vgl. Grunwald und Kopfmüller [11].

können (z.B. beträgt der von der EU festgelegte Grenzwert für Stickstoffdioxid in der Luft derzeit 40 Mikrogramm pro Raummeter im Jahresmittel).

Fragen wie jene, ob Elektromotor, Plug-in-Hybrid oder Brennstoffzelle die ökologisch besseren Antriebsarten sind, für welche Fahrzeuge das gilt, unter welchen Bedingungen mit elektrischer Energie erzeugte synthetische Kraftstoffe (E-Fuels) sinnvoll sind und wann der dafür benötigte Strom „sauber genug" ist, werden auch in Zukunft die Debatte bestimmen. Man wird sie anhand von Emissionswerten beantworten, sofern diese für den gesamten Zyklus aus Erzeugung, Verteilung, Nutzung und Entsorgung oder Wiederverwendung der Alternativen verfügbar sind, und nicht noch sozioökonomische Abwägungskonflikte (womöglich über Kontinente hinweg) gemeinschaftlich tragfähige Entscheidungen erschweren. Längst ist ein Wettstreit um die aktuellsten und validesten Daten entbrannt.

Mit Messwerten vor Augen verfolgen Hersteller in aller Regel eine „Ökoeffizienzstrategie", indem sie Emissionen ins Verhältnis zur produzierten Menge setzen [12]. Damit geben sie sich mit „weniger vom Schlechten" zufrieden. Ökoeffizienz ist vor allem eine Frage der technischen Ausstattung und der mit dieser Ausstattung verbrauchten Ressourcen. Geschäftsmodelle, Designgrundsätze und Logistikketten bleiben meist unangetastet. Wer Schadstoffemissionen gänzlich vermeiden will, muss *ökoeffektiv* sein. Das ist deutlich wirksamer, aber auch deutlich aufwendiger. Ein prominentes Beispiel für Ökoeffektivität ist die Kreislaufwirtschaft, die auf Vermeidung von Abfall in technischen und biologischen Zyklen abzielt, damit *alter Abfall neuer Nährstoff* wird [13]. Keine dieser Strategien kann jedoch garantieren, dass in einem Ökosystem, das nur global gedacht werden kann, positive regionale Effekte nicht durch das Fehlverhalten von Akteuren in anderen Regionen dieser Welt neutralisiert werden.

Naturkapital ist quantitativ messbar. Für Ideen, Haltungen, Kenntnisse und Fähigkeiten gilt das nicht, weil diese Kapitalart keine materielle Eigensubstanz hat. Gleichwohl hängt es von seiner Beschaffenheit ab, ob die richtigen Grenzwerte für Schadstoffe gesetzt und eingehalten werden. Davon hängt weiterhin ab, inwieweit die Bedürfnisse von Menschen in Organisationen in einer Weise befriedigt werden, dass diese ihr Potenzial, Sinnvolles zu tun, voll entfalten können. Das aber ist ganz im Sinne der externen Zielgruppen, denen die Leistung einer Organisation gilt. Wenn Kund*innen, Mandant*innen, Patient*innen, Bürger*innen, Schüler*innen, Studierende etc. von freundlichen und kompetenten Beschäftigten (zu denen auch Chefs und Chefinnen gehören) gut behandelt werden, fühlen sie sich dieser Organisation stärker verbunden als anderen Organisationen, die Vergleichbares anbieten mögen, aber weniger Aufwand in die Qualität ihrer Angebote investieren und an persönlichen Bindungen weniger interessiert sind. Die innere Verbundenheit externer Zielgruppen mit einer Organisation verbessert jedoch deren monetäre oder nicht monetäre Erfolgsaussichten und versetzt sie obendrein in die Lage, ihr gesellschaftliches Umfeld durch positive Außenwirkung positiv zu beeinflussen. Auch die Idee der Nachhaltigkeit kann sich dann schneller verbreiten.

Die Beschäftigten also, die Mitglieder von Organisationen, sind es, die direkt oder indirekt, intern und extern, und sei es nach Feierabend, Wirkung entfalten. Sie sind es auch, die eine Organisation *kollektiv wirksam* machen. Das setzt voraus, dass ranghohe Bedürfnisse erfüllt werden. Da schon aufgrund gesetzlicher Regelungen Organisationen bei uns bemüht sein werden, Existenzen zu sichern und Gesundheit zu schützen, geht es dabei um Bedürfnisse, die jenseits von Existenz und Gesundheit kulturübergreifend gültig sind: das Gefühl, kompetent, autonom und sozial eingebunden zu sein. Weil es in vieler Hinsicht nachhaltigkeitswirksam ist, diese Bedürfnisse zu befriedigen, werden wir uns ausführlich der Frage widmen, wie das gehen kann. Aber warum ist Nachhaltigkeit heute in aller Munde? Was sind die Hintergründe?

Literatur

1. Beck, U. (2017): Welt-Risikogesellschaft. Suhrkamp, Frankfurt, (erste Aufl. 2008).
2. World Commission on Environment a Development, Our Common Future (1987, Oxford University Press, 43).
3. Grunwald, A. (2016): Nachhaltigkeit verstehen. Oekom, München, 22.
4. Brand, K. W. (2014): Umweltsoziologie. Beltz Juventa, Weinheim und Basel, 231.
5. Kornelius, S.: Weltzittern. Süddeutsche Zeitung, 16./17. Feb. 2019
6. Rushdie, S. (2019): Interview im Deutschlandfunk Kultur am 12.11.2019
7. von Weizsäcker, E.U., Wijkman, A. (2018): Wir sind dran. Club of Rome: Der große Bericht, Gütersloher Verlagshaus, 75; 119.
8. Otto, F. (2019): Wütendes Wetter, Ullstein, Berlin, 30; 193.
9. Grunwald, A. (2016): Nachhaltigkeit verstehen. Oekom, München, 37; 57.
10. Kühl, S. (2011): Organisationen. VS Verlag für Sozialwissenschaften, Wiesbaden, 17.
11. Grunwald, A., Kopfmüller, J. (2012): Nachhaltigkeit. Campus, Frankfurt, 92; 93.
12. Dyllick, T., Hockerts, K. (2002): Beyond the business case for corporate sustainability. In: Business Strategy and the Environment, 2002–11, 130–141.
13. Braungart, M, McDonough, W. (2014): Cradle to cradle. Piper, München, 123.

2
Fortschritt im Zwielicht

Die eindrucksvollen Errungenschaften eines aufgeklärten Denkens, die Fortschritte in Wissenschaft und Technik und deren kommerzielle Nutzung im Verlauf der letzten 250 Jahre erscheinen heute in einem zwiespältigen Licht: Einerseits brachten sie weiten Teilen der Weltbevölkerung nie gekannten materiellen Wohlstand, andererseits rufen sie wachsende Verunsicherung hervor, verbunden mit wachsendem Misstrauen in unsere Institutionen. Diese relativ neue Erfahrung gesellte sich zu einem Umweltbewusstsein, das sich seit den 1970er-Jahren verstärkt entwickelt hat: Ein „Weiter-so" in Wirtschaft, Wissenschaft und Politik würde die Grundlagen für ein gelingendes Leben der Menschen auf unserem Planeten irreversibel gefährden. Nachhaltigkeit wurde Ausdruck des Wunsches nach Fortbestand unserer Zivilisation – idealerweise mit den Merkmalen, die wir, ausgestattet mit einem gewissen Wohlstand, zu schätzen gelernt haben. Hinweise zu möglichen Ursachen der *Paradoxie des Fortschritts* liefern Beobachter gesellschaftlicher Entwicklungen, darunter Ökonomen und Unternehmer, Soziologen, Ökologen, Politologen und Philosophen. In deren Befunden sind die Begriffe „Steigerung", „Überfluss", „Beschleunigung", „Komplexität", aber auch „Überforderung" prominent vertreten.

Peter Sloterdijk schreibt zum 20. Jahrhundert: „Es ist das Jahrhundert der triumphierenden Ungeduld, die zu allem fähig ist, nur nicht mehr dazu, auf das Reifen der Dinge in ihrer eigenen Langsamkeit zu warten. Es ist das Jahrhundert des sofortigen Vollzugs, in dem das Standrecht der Maßnahme sich an die Stelle von Geduld, Vertagung und Hoffnung setzt" [1]. Die von Sloterdijk diagnostizierte Ungeduld entfaltete sich auf Basis uneingeschränkten

Vertrauens in den technischen Fortschritt, oft verbunden mit Abwertung des Alten. Ab den 1980er-Jahren erhielt diese Ungeduld weitere Impulse durch offene, deregulierte Märkte, globalen Wettbewerb und die Quantensprünge der Informationstechnologie.

Hans Jonas (1903–1993) hat auf Risiken der von wirtschaftlichem Erfolg getragenen Steigerungslogik unseres kapitalistischen Wirtschaftssystems hingewiesen: „Dieses positive Feedback von funktioneller Notwendigkeit und Belohnung, in dessen Dynamik der Stolz auf die Leistung nicht zu vergessen ist, nährt die wachsende Überlegenheit einer Seite der menschlichen Natur über alle anderen und unvermeidlich auf ihre Kosten. Wenn nichts so gelingt wie das Gelingen, so nimmt auch nichts so gefangen wie das Gelingen" [2]. Georges Bataille (1897–1962) hat auf mögliche Folgen eines auf Überfluss geeichten Wirtschaftens hingewiesen: „Nicht die Notwendigkeit, sondern ihr Gegenteil, der Luxus, stellt der lebenden Materie und den Menschen ihre Grundprobleme" [3]. Hans Christoph Binswanger (1992–2018) nimmt Bezug auf Goethes Drama „Faust", indem er schreibt: „Ohne die Magie der Entgrenzung lässt sich die moderne Wirtschaft nicht verstehen" [4].

Welche unerwünschten Folgen wirtschaftliche Entgrenzung haben kann, wurde einer größeren Öffentlichkeit im Jahr 1972 bewusst. Dennis Meadows vom Massachusetts Institut of Technology (MIT) veröffentlichte in dem Jahr den Bericht „Die Grenzen des Wachstums", Ergebnisse einer Untersuchung, den der Club of Rome in Auftrag gegeben hatte, ein Zusammenschluss von Frauen und Männern aus Wissenschaft, Wirtschaft, Staatswesen und Verwaltung [5]. Im Bericht wies man auf die Folgen hin, die ein exponentielles Wachstum der Erdbevölkerung, der Produktion von Nahrungsmitteln, der Industrialisierung, der Umweltverschmutzung und der Ausbeutung von Rohstoffen mit sich bringen würde [6]. Die Untersuchung basiert auf einem Systemmodell, das Jay W. Forrester am MIT entwickelt hatte. Forrester ist ein US-amerikanischer Informatiker, der als Begründer der *System Dynamics* gilt, einer Methode zur Simulation von Zusammenhängen in komplexen, dynamischen Systemen. Auf seinen Erkenntnissen basieren auch die Erfolgsfaktoren organisationalen Lernens, die Peter Senge, Kollege von Forrester am MIT, beschrieben hat: systemisches Denken, Lernen im Team, bewusster Umgang mit mentalen Modellen, eine geteilte Vision und nicht zuletzt das, was Senge *Personal Mastery* nennt. Jeder Mensch soll erkennen, was ihm wirklich wichtig ist, und durch ständiges Lernen, mit klarem Blick auf die Tatsachen, immer besser darin werden, den gewünschten Zustand zu erreichen. Das sind zweifellos wichtige Treiber nachhaltiger Entwicklung, angesiedelt in unseren Köpfen. Von Senge stammt auch ein Satz, der ein zentrales Problem der Nach-

2 Fortschritt im Zwielicht 13

haltigkeit klar umreißt: „We learn best from experience but we never directly experience the consequences of many of our most important decisions" [7].

Was unsere Gesellschaft gefährdet, wird alljährlich im „Global Risks Report" des World Economic Forum dargelegt, der auf Befragung von über 1000 Expert*innen weltweit basiert. Im Bericht von 2019 besetzen sowohl nach Eintrittswahrscheinlichkeit als auch nach Auswirkung drei Umweltthemen die Spitzenplätze: scheiternde Anpassung an den Klimawandel, Wetterextreme (Fluten, Stürme, Hitzewellen) und Naturkatastrophen (Erdbeben, Tsunami, Vulkanausbruch) [8].

Beim Umgang mit solchen Risiken haben sich unterschiedliche Positionen herauskristallisiert. Karl-Werner Brand verortet sie zwischen den Polen *Technozentrismus – Ökozentrismus* einerseits und *Weltmarktorientiertes industrielles Modernisierungsmodell – Subsistenzorientierte Gemeinschaftsmodelle* andererseits. Die Positionen unterscheiden sich nach „ökologischer Strenge" und ihrer Nähe zum wachstumsorientierten, kapitalistischen Wirtschaftssystem westlicher Prägung, deuten aber auch auf unterschiedliche Naturbezüge bzw. Natur- und Technikbilder hin (Abb. 2.1).

Neben ökologischer Modernisierung und der Forderung nach Wachstum innerhalb planetarer Belastungsgrenzen gibt es *Wachstumsverzicht*, *Deep Ecology* und *Ökofeminismus*, aber auch Kritiker nachhaltiger Entwicklung, die

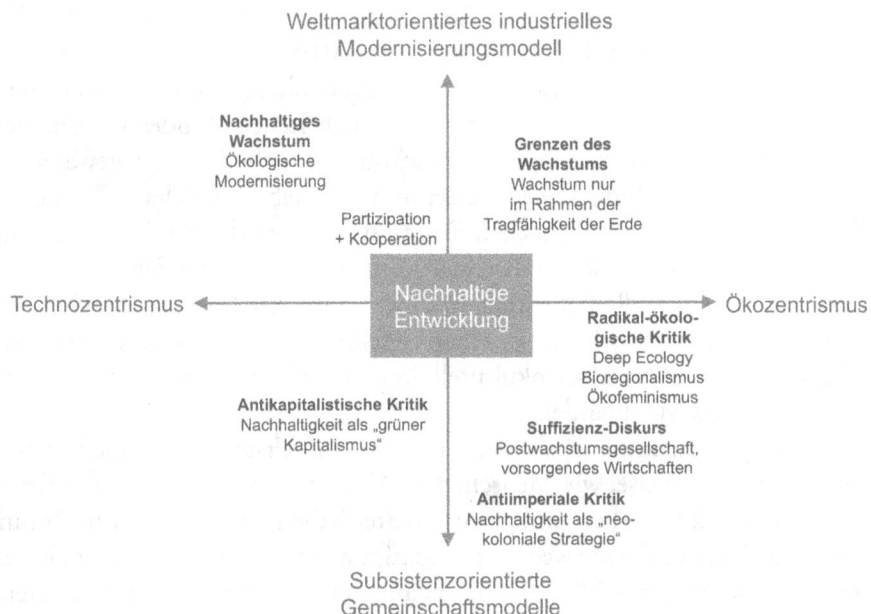

Abb. 2.1 Spannungsfelder im Ökologiediskurs. (Quelle: Brand [9])

darin eine Art von neokolonialer Strategie sehen bzw. Generalkritik am Kapitalismus üben [9]. Inwieweit sich diese Positionen einander annähern lassen, ist fraglich. Ebenfalls fraglich ist, ob die ökologische Modernisierung unserer Wirtschaft, z. B. durch die Energiewende, ein Erfolg wird. Hier hat der Konsument ein Wörtchen mitzureden. Dessen Verhalten wird jedoch umso stärker von Algorithmen beeinflusst, je länger er im Internet surft und je mehr Daten er damit nicht nur erzeugt, sondern auch teilt. Soziomediale *Influencer* tun ihr Übriges. Hinzu kommen *Rebound-Effekte:* Konsumenten, die mit neuen, verbrauchsarmen Autos weiter fahren als jemals zuvor und das Geld, das ihnen ihr Energieversorger für nicht benutzten Strom zurückgezahlt hat, zur Finanzierung eines zweiten Flatscreen-TVs oder der nächsten Fernreise nutzen, lassen Energiespareffekte dahinschmelzen. Außerdem erfordern Technologien wie *Big Data* immer größere Serverkapazitäten mit entsprechend hohem Energiebedarf.

Der „Global Risks Report" von 2019 enthält Trends, die sich aus dem Zusammenwirken ökologischer, ökonomischer, technologischer, politischer und sozialer Einflüsse ergeben. Die wichtigsten Trends sind Klimawandel, wachsende Verwundbarkeit technischer Infrastrukturen durch Cyberattacken, Polarisierung von Gesellschaften, wachsende Unterschiede bei Einkommen und Wohlstand sowie zunehmender Nationalismus [10]. Diese Trends zeigen die Multidimensionalität möglicher Risiken, die eine nachhaltige Entwicklung der Weltgemeinschaft erschweren. Der wachsende Einfluss populistischer Akteure ist spätestens seit der Europawahl von 2019 nicht mehr zu übersehen. Teilweise bekleiden sie Regierungsämter. Stichhaltige Befunde zeigen, dass Bürger*innen, in Deutschland verstärkt in den neuen Bundesländern, sich darüber beklagen, an wichtigen Entwicklungen nicht beteiligt gewesen zu sein. Sie sehen ihre Biografie entwertet und sich selbst wirtschaftlich und sozial „abgehängt" [11]. Mit solchen Empfindungen wird auch der Wahlerfolg von Donald Trump in den USA erklärt. Oft sind sie mit der Sehnsucht nach einer klaren, kulturellen Identität in einer möglichst homogenen Gemeinschaft verbunden. Das bleibt in einer Gesellschaft, die aufgrund verstärkter Migrationsbewegungen soziokulturell immer vielfältiger wird, nicht ohne Einfluss auf das Miteinander.

Keines der genannten Probleme hat natürliche Ursachen. Sie alle beruhen auf der Art und Weise, wie Menschen im Verlauf diverser industrieller Revolutionen Politik betrieben und gewirtschaftet haben und es immer noch tun. Wenngleich die Probleme weder beabsichtigt noch vorhersehbar waren, basieren sie doch auf menschlichen Entscheidungen. Das hat den Atmosphärenforscher und Nobelpreisträger Paul Crutzen veranlasst, die erdgeschichtliche Phase, in der wir heute leben, *Anthropozän* zu nennen. Damit drückt er zum einen aus, dass der Mensch mit der Reichweite seiner Entscheidungen zu einem erdgeschichtlichen Faktor geworden ist. Zum anderen drückt er damit aus, dass nur der Mensch gegensteuern kann, um Schlimmeres zu verhindern. Letztlich auf dieser Erkenntnis basieren der Nachhaltigkeitsdiskurs, den wir derzeit führen, und die Lösungen, die ich hier vorstellen werde.

Literatur

1. Sloterdijk, P. (2016): Was geschah im 20. Jahrhundert? Suhrkamp, Frankfurt, 130.
2. Jonas, H. (2003): Das Prinzip Verantwortung. Suhrkamp, Frankfurt, 31; 32.
3. Enkelmann, W.D. (2017): Georges Bataille: Die Kunst der Verschwendung. In: Enkelmann, W.D., Kratz, D., (Hg.), Denken handelt, Philosophie für Manager, Metropolis, Marburg, 78.
4. Binswanger, H.C. (2016): Die Wirklichkeit als Herausforderung. Murmann, Hamburg, 68.
5. https://www.clubofrome.org. Zugriff: 10.08.2019.
6. Meadows, D. (1972): Die Grenzen des Wachstums. Deutsche Verlagsanstalt, Stuttgart, 18.
7. Senge, P.M. (1999): The Fifth Discipline. Random House, UK, 23.
8. World Economic Forum (2019): The Global Risks Report, 14th Edition, 5; 6.
9. Brand, K.W. (2015): Theorieansätze der Umweltsoziologie, Skript zur Vorlesung „Umweltsoziologie", Studienfakultät Landschaftsarchitektur + Landschaftsplanung, Technische Universität München, S. 25.
10. World Economic Forum (2019): The Global Risks Report, 14th Edition, 6.
11. Köpping, P. (2018): Integriert doch erst mal uns. Eine Streitschrift für den Osten, Ch. Link Verlag, Berlin.

Teil II

Die Paradoxie des Fortschritts

Es gehört zu den Ironien moderner Zustände, dass man rückwirkend alles verbieten müsste, was gewagt wurde, um sie zu verwirklichen. (Peter Sloterdijk [1])

Literatur

1. Sloterdijk, P. (2016): Im Weltinnenraum des Kapitals, Suhrkamp, Frankfurt (4. Aufl.), 150.

3

Nachhaltigkeit – was ist das?

Als nachhaltig gilt ein Zustand, der von Dauer ist. Man kann ihn der Wildschweinsalami bescheinigen, die wir aus unserem Urlaub auf Mallorca mitgebracht hatten, weil dort dünn geformte Salamis unterschiedlicher Geschmacksrichtungen eine Spezialität sind. Noch heute, mehr als ein Jahr nach diesem Urlaub, wäre sie vermutlich noch genießbar, hätten wir sie nicht längst verzehrt. Ein Zustand gänzlich anderer Art, den man sich nachhaltiger wünscht als er meistens ist, ist die Pünktlichkeit der Deutschen Bahn. Und wenn ich Gelegenheit habe, den Garten meiner Schwester und meines Schwagers zu bewundern, beklagen sie manchmal den Aufwand, den sie betreiben müssen, um den Teich darin algenfrei zu halten, was die Funktion der Umwälzpumpe nachhaltiger macht.

Nachhaltigkeit kann man auf so unterschiedliche Dinge wie Würste, Verkehrsmittel und Umwälzpumpen beziehen – sie ist eine *Eigenschaft* dieser Dinge. Als Indikator von Zeitlichkeit ist Nachhaltigkeit solange wertneutral, bis man weiß, worauf sie sich bezieht. Über im positiven Sinne Nachhaltiges freuen wir uns, weil dann Gutes von Dauer ist. Gutes assoziierte man offenbar mit dem Begriff „Nachhalt" im Wörterbuch der deutschen Sprache von 1809: „Nachhalt ist der Halt, woran man sich hält, wenn alles andere nicht mehr hält" [1]. Das „Objekt" von Nachhaltigkeit kann – wie die Salami – ein einfacher Gegenstand sein (bei allem Geschick, das zur Herstellung dieser Köstlichkeit zweifellos erforderlich ist).

Hans Carl von Carlowitz, kurfürstlich-sächsischer Kammer- und Bergrat sowie Oberberghauptmann des Erzgebirges, nahm ein ökologisches System in den Blick, als er 1713 mit der „Naturmäßigen Anweisung zur wilden Baumzucht" das erste geschlossene Werk über Nachhaltigkeit in der Forstwirtschaft schrieb. Das Prinzip, einem Wald nur so viel Holz zu entnehmen, wie nachwächst, beschrieb von Carlowitz mit folgenden Worten: „Man soll keine alten Kleider wegwerfen/bis man neue hat/also soll man den Vorrath an ausgewachsenen Holtz nicht eher abtreiben/bis man siehet/daß dagegen gnugsamer Wiederwachs vorhanden." Von Carlowitz forderte „eine continuierliche beständige und nachhaltende Nutzung" [2] und formulierte damit eine Grundregel guten Wirtschaftens: *Lebe nicht von einer Substanz, sondern von den Erträgen dieser Substanz.* Wer materielles Vermögen besitzt, wird mit dieser Regel vertraut sein.

Im heutigen Sprachgebrauch wird der Begriff Nachhaltigkeit meist für Systeme benutzt. Das sind Gebilde mit Elementen, die in arbeitsteiliger Beziehung zueinanderstehen und einen bestimmten Zweck erfüllen. Man kann sie in technische, soziale, biologische, biochemische, ökologische Systeme sowie Mischformen unterteilen. Der Mensch mag in den Augen von Naturwissenschaftlern als komplexes, biochemisches System gelten, in dem durch Botenstoffe Gefühle ausgelöst werden. Organisationen sind soziale Systeme und werden, sobald sie Technik einsetzen, zu soziotechnischen Systemen. Das größte für uns greifbare ökologische System ist die uns umgebende Natur, mit Wetter, Klima, Ozeanen, geologischen Formationen, Böden etc. Das größte uns bekannte soziale System ist die Weltgemeinschaft. Zusammen bilden diese beiden Systeme das ökosoziale System des Planeten Erde.

Systeme gelten als nachhaltig, wenn sie sich regenerieren bzw. reproduzieren können. Dadurch sichern sie ihren Bestand, bleiben funktionsfähig und erfüllen weiterhin ihren Zweck. Erfolgreiche Reproduktion macht *zukunftsfähig*. In einem Unternehmen erfordert die Absicht, Gewinne zu erzielen, Marktführer zu werden, den Wert des Unternehmens zu steigern, damit nach dessen Verkauf der Unternehmer oder die Unternehmerin seinen/ihren Lebensabend finanzieren, zum gesellschaftlichen Fortschritt beitragen und, wann immer erforderlich, humanitäre Hilfe leisten kann, den Fortbestand des „Systems Unternehmen". Die Ressourcen, über die es verfügt, müssen zur Regeneration und Reproduktion genutzt werden. Mit Blick auf das ökosoziale System des Planeten Erde scheint genau das nicht mehr zu funktionieren – es gilt als nicht nachhaltig. Wie konnte das geschehen?

Literatur

1. Campe, J. H. (1809): Wörterbuch der deutschen Sprache, 403.
2. von Carlowitz, H. C. (1713): Sylvicultura Oeconomica, 105.

4

Industrielle Entwicklungsphasen

Von Carlowitz wendete eine ökonomische Regel auf ein ökologisches System an und verknüpfte die ökonomische mit der ökologischen Perspektive. Seine Regel zur nachhaltigen Nutzung erneuerbarer Ressourcen folgt dem Konsistenzprinzip: Ein Baumbestand kann, anders als Öl- und Gasvorräte, erneuert werden, solange man das Erneuerungspotenzial nicht überfordert. Ein ausgeprägtes Bewusstsein für die Empfindlichkeit natürlicher Ressourcen hat später auch der Naturforscher Alexander von Humboldt bewiesen (1769–1859) [1]. Mehr als 250 Jahre nach Veröffentlichung der „Sylvicultura Oeconomica" und 113 Jahre nach Humboldts Tod hat die Arbeit über die Grenzen des Wachstums des Club of Rome die Nebenfolgen des durch Wissenschaft und Technik getriebenen Fortschritts ins öffentliche Bewusstsein gehoben. Dieser Fortschritt setzte ab der zweiten Hälfte des 18. Jahrhunderts die industrielle Entwicklung in Gang und steigerte den Wohlstand insbesondere in westlichen Ländern noch bis in die 1970er-Jahre hinein in eindrucksvoller Weise. Treiber des Fortschritts ist Innovation. Sie ist eng mit Ertragserwartungen verknüpft.

Josef Schumpeter hat Innovation als Kernelement des Kapitalismus und „diskontinuierliche Durchsetzung neuer Kombinationen" beschrieben, die durch schöpferische Zerstörung zu Verbesserungen führt. Für ihn ist Kapitalismus *Unordnung*, die fortwährend mit neuen Ideen durch innovative Unternehmer in den Markt getragen wird. Daraus entstehe Fortschritt und Wachstum [2]. Diese Paarung verursacht mittlerweile Probleme. Die Steigerungs- und Beschleunigungslogik unseres kapitalistischen Wirtschaftssystems zeigt nach seinen erstaunlichen Erfolgen im 19. und 20. Jahrhundert Nebenfolgen, die weder beabsichtigt noch vorhersehbar, noch regional begrenzbar sind, und für die es keine einfachen Lösungen gibt. Wer nach Ursachen dieser unheilvollen Dynamik sucht, stößt dabei auf vier Faktoren: erstens auf Wissenslücken, zweitens auf den dringenden Wunsch, diese zu schließen, drittens auf den europäischen Kontinent, und viertens auf den Kapitalismus.

In vormodernen Kulturen des Christentums, des Islams, des Buddhismus und Konfuzianismus bedeutete Wissenserwerb, alte Weisheiten gründlich zu studieren. Man unterstellte der Bibel, dem Koran und den Veden (Sammlung religiöser Schriften im Hinduismus), Auskunft über die Geheimnisse des Universums geben zu können. In diesen Traditionen gab es zwei Arten von Unwissenheit: Entweder hatte man wichtige Erkenntnisse nicht mitbekommen. Dann musste man einen „Weisen" fragen. Oder es war schlichtweg bedeutungslos, was Götter nicht offenbart und Weise nicht verschriftlicht hatten. Vormoderne Herrscher finanzierten Priester, Philosophen und Dichter, um vorhandenes Wissen zu bewahren, Herrschaftsansprüche zu legitimieren und gesellschaftliche Ordnungen aufrechtzuerhalten. Im modernen Wissenschaftsverständnis werden jedoch Fragen gestellt, die weder Menschen noch Götter spontan beantworten können. Statt Bibliotheken auswendig zu lernen, konzentrieren sich die heutigen Wissenschaftler lieber auf Beobachtungen und Experimente [3].

Das Eingeständnis, wichtige Dinge nicht zu wissen, brachten als erste die Europäer zum Ausdruck (in der griechischen Philosophie galt Nichtwissen als Ausgangspunkt des Erkenntnisprozesses). Dass sie von bestimmten Gegenden der Welt keine Ahnung hatten, drückten sie aus, indem sie nicht etwa Fabelwesen und Drachen auf ihre Weltkarten malten, sondern weiße Flecken. Symbole wie diese stimulierten den imperialen Entdeckerdrang, der durch die Entdeckungsreise des Christoph Kolumbus zum Durchbruch kam, als dieser 1492, finanziell unterstützt von Ferdinand V. und Königin Isabella von Kastilien, von Spanien aus mit Kurs West in See stach. Er wollte zwar nach Asien segeln, landete aber auf den Bahamas und entdeckte damit Amerika (was ihm zeitlebens nicht bewusst war). In der Folgezeit ging wissenschaftlicher Erkenntnisdrang Hand in Hand mit der Expansion der Kolonialreiche Spaniens, Portugals, Englands, Frankreichs, Russlands und der Niederlande. Bis Mitte des 20. Jahrhunderts waren es die europäischen Weltmächte, die wissenschaftliche Erkenntnisse zusammenführten.[1] (Die Tatsache, dass die heutige Wissenschaftslandschaft so stark differenziert ist, ist durchaus eine Herausforderung für nachhaltige Entwicklung, weil es gilt, Erkenntnisse unterschiedlicher Disziplinen zusammenzuführen.)

---

[1] Ebd., 345; 346.

Eine Besonderheit des europäischen Imperialismus ist die Kombination aus Entdeckung und Eroberung, Expedition und Inbesitznahme. Als Napoleon 1798 in Ägypten einfiel, brachte er 165 Wissenschaftler mit.[2] Die Wissenschaft diente den westlichen Eroberern jedoch auch als ideologisches Feigenblatt für ihre Eroberungszüge, galt doch längst der Grundsatz *Wissenserwerb an sich ist gut*. Durch die enge Begleitung der Eroberungszüge durch Wissenschaftler, wie z. B. Sprachforscher, gewannen die europäischen Imperialisten hervorragende Kenntnisse über ihre Neuerwerbungen. Das führte mitunter zu folgenreichen Fehlschlüssen, etwa wenn man die linguistische Theorie mit Darwins Theorie der Auslese in Verbindung brachte. Die (politisch willkommene) Vorstellung der biologischen Überlegenheit von Menschen mit europäischen Wurzeln, die sich im „Reinheitsbegriff" ausdrückte, gipfelte in der Rassentheorie der Nazis. Biologen, Geistes- und Sozialwissenschaftler lösten später den Rassismus der imperialistischen Theorie durch die Differenzierung von „Kulturen" ab.[3] Das hält jedoch heutige Vertreter ultrarechter Bewegungen nicht davon ab, z. B. Muslims, Hispanics und Schwarzen die universellen Menschenrechte abzusprechen, weil sie sich ihnen gegenüber als biologisch überlegen fühlen [4].

Europäer waren drei Jahrhunderte lang die unumstrittenen Herrscher Amerikas, Ozeaniens, des Atlantiks und des Pazifiks, und exportierten wissenschaftliches Denken in die eroberten Länder außerhalb Europas. In der Spätphase der Kolonialzeit emanzipierte sich jedoch die Bevölkerung in Ländern wie Indien, China und Afrika, und verlangte Gleichberechtigung. Als dann im 20. Jahrhundert die außereuropäischen Länder begannen, ihrerseits eine globale Sicht zu entwickeln, bahnte sich das Ende der europäischen Vorherrschaft an [5].

Neben Wissensdurst und Eroberungsdrang war *Gewinnstreben* die treibende Kraft hinter den imperialen Aktivitäten der Europäer seit der Renaissance. Die „Kapitalisten" erkannten, dass durch Investition in Entdeckungen neue Gewinnquellen erschlossen werden konnten (als Kapitalisten gelten Menschen, die materielle Ressourcen, insbesondere aber *Finanzkapital* besitzen und investieren, um Gewinne erzielen, Güter erwerben und weitere Investitionen tätigen zu können).

Ein prominenter Kapitalist jener Zeit ist Jakob Fugger (1459–1525). Der Augsburger Kaufmann, Textil- und Gewürzhändler, Montanunternehmer und Bankier finanzierte Fürsten, Kaiser und Päpste. Mit einem Vermögen von nach heutigem Wert ca. 400 Milliarden Euro ist er der reichste Mensch aller

---

[2] Ebd., 347.
[3] Ebd., 368; 371.

Zeiten [6]. Seine Fuggerei, die älteste Sozialsiedlung der Welt, deutet auf das soziale Gewissen dieses berühmten Geschäftsmannes der Renaissance hin (die Jahresmiete für eine Wohnung in der Fuggerei beträgt heute wie damals nach heutiger Währung 88 Cent). Der überzeugte Katholik ließ 1518 den päpstlichen Legaten Cajetan in seinen Räumlichkeiten wohnen. Darin wollte dieser einem gewissen Martin Luther die Widerrufung seiner Thesen zum Ablasshandel abringen, die er ein Jahr zuvor veröffentlicht hatte. Das ist dem Legaten bekanntlich nicht gelungen. (Die moderne Form des Ablasshandels ist der Verkauf von CO_2-Zertifikaten, eine Art „Kompensationsgeschäft für Umweltsünder".)

Außer von reichen Kaufleuten wurden die kostspieligen Expeditionen nach Übersee (an denen sich Jakob Fugger nur vorsichtig beteiligte) durch eigenes oder geliehenes Geld der Könige oder Generäle finanziert. Der kapitalistische Wachstumsgedanke ist eng mit Vertrauen in den wissenschaftlich-technischen Fortschritt verknüpft, demgemäß Dinge durch Entdeckungen künftig besser werden. Kredit, der Treibstoff der Wirtschaft, ist Ausdruck des Vertrauens in den Fortschritt, und seit jeher bilden Kredite, Entdeckungen und Fortschritt eine produktive Allianz. Welche Entdeckungen aber begründeten und begleiteten die diversen Phasen der industriellen Revolution?

Im Jahr 1712, ein Jahr vor Veröffentlichung des Werkes zur forstwirtschaftlichen Nachhaltigkeit, entwickelte Thomas Newcomen in England die atmosphärische Dampfmaschine, die nach dem Unterdruckprinzip funktionierte und zum Entfernen von Wasser in Bergwerken eingesetzt wurde. Mehr als ein halbes Jahrhundert später nutzte sein Landsmann James Watt das Überdruckprinzip, um den Wirkungsgrad von Dampfmaschinen zu vervielfachen [7]. Fortschritte in der Dampfmaschinentechnik machten den englischen Bergbau produktiver und ermöglichten es, die Herstellung von Garnen, Tüchern, Stickereien und Bekleidung vom Handwerk, von der Heimarbeit und der Manufaktur zur deutlich produktiveren Fabrikarbeit zu verlagern. So erfolgte schrittweise der Übergang zur *Massenproduktion*, wenngleich zunächst in kleinen Fabriken. Zwischen 1750 und 1800 stieg die Baumwollverarbeitung in Großbritannien, dem damals führenden Land der Bergwerk- und Textilindustrie, von 1,5 Mio. auf fast 30 Mio. Kilogramm [8].

Dampfkraft brachte gegen Ende des 18. Jahrhunderts den Durchbruch der industriellen Förderung von Steinkohle. Dieser fossile, kohlenstoffhaltige Energieträger, entstanden durch Sedimentbildung im Laufe von Jahrmillionen, hatte nicht nur einen wesentlich besseren Brennwert, sondern stand auch in deutlich größeren Mengen zur Verfügung als das nur langsam nachwachsende Holz, das man in großen Mengen zum Heizen sowie für den Haus- und Schiffsbau benötigte. Mit Steinkohle als Brennmaterial konnte man Eisen verhütten und Stahl produzieren. Diese neue Form der Energieumwandlung ersetzte die Muskelkraft von Mensch und Tier und leitete in den europäischen Ländern mit nennenswerter Kohleförderung, allen voran England, aber auch Frankreich und Deutschland, den Übergang von der Agrar- zur Industriegesellschaft ein. Man wird diese historische Zeitenwende später als *erste industrielle Revolution* bezeichnen.

Nachdem wiederum Engländer Dampfmaschinen mit Stahlrädern versehen und damit die Eisenbahn erfunden hatten, konnten mit Beginn der 1850er-Jahre die Wirtschaft in größere Räume expandieren und die Transportkosten um den Faktor 200 gesenkt werden.[4] So begann die *zweite industrielle Revolution*, in deren Verlauf die Nutzung von Elektrizität und chemischer Energie zu weiteren Quantensprüngen in der Produktivität führte. In dieser Phase entstand auf Basis standardisierter, materieller Güter, die nach dem Taylor'schen Prinzip der Arbeitsteilung in großen Mengen hergestellt wurden, die erste Welle des *Massenkonsums* und des *Massenverkehrs*. Zum Verkehrsmittel für die Masse wurden Autos, die wie das „Modell T" von Ford in den USA in großen Fabriken produziert wurden und die sich auch „Normalbürger" leisten konnten – Fabrikarbeiter z.B. waren wichtige Abnehmer der Massenprodukte. Seit den 1930er-Jahren waren die Automobil- und Mineralölindustrie die Leitindustrien der Weltwirtschaft.

In der *dritten industriellen Revolution*, die in den 1960er-Jahren begann, hielt dann die Digitalisierung Einzug. Hier begegnet uns die erste industrielle Entwicklungsphase, die nicht von der Verwertung von Bodenschätzen, Stoffumwandlungsprozessen und Energien getragen wird, sondern von der Verwertung des immateriellen Gutes *Information*. Dieses Gut steht seitdem in immer größeren Mengen und zu niedrigsten Preisen zur Verfügung. Und während nun *Wissen* zur neuen strategischen Waffe im Wettbewerb avancierte, ging die Ära eines Energieträgers, der die industrielle Entwicklung initiiert, maßgeblich befördert und zwei Weltkriege im wahrsten Sinne des Wortes befeuert hatte, zumindest in Deutschland zu Ende. Am 21.12.2018 übergaben Kumpels der Bottroper Zeche Prosper-Haniel Bundespräsident Frank-Walter Steinmeier das letzte in Deutschland geförderte Stück Steinkohle. Da aber hatte nach Aussagen kritischer Beobachter die *vierte industrielle Revolution* bereits begonnen, in der ganze Technologien entlang physikalischer, digitaler und biochemischer Domänen interagieren bzw. fusionieren. [9]. Es ist noch unklar, wie sich dadurch unser Leben verändern wird.

---

[4] Ebd., 6.

Literatur

1. Wulf, A. (2016): Alexander von Humboldt und die Erfindung der Natur. C. Bertelsmann, Gütersloh.
2. Schumpeter, J. A. (1931): Theorie der wirtschaftlichen Entwicklung. 3. Aufl., Leipzig, 100 f., zitiert nach Vahs, D., Brem, A. (2015): Innovationsmanagement. Stuttgart, 22.
3. Harari, Y. N. (2019): Eine kurze Geschichte der Menschheit. Pantheon, München, (Originalausgabe 2011), 307; 311.
4. Mason, P. (2019): Clear Bright Future. Allen Lane, Penguin Random House, UK, 99.
5. Harari, Y. N. (2019): Eine kurze Geschichte der Menschheit. Pantheon, München, (Originalausgabe 2011), 247; 363.
6. Häberlein, M. (2006): Die Fugger. Geschichte einer Augsburger Familie (1367–1650). Kohlhammer, Stuttgart.
7. Wagenbreth, O, Düntzsch, H., Gieseler, A. (2001): Die Geschichte der Dampfmaschine, Aschendorff, Münster.
8. Nefiodow, L.; Nefiodow, S. (2014): Der sechste Kondratieff. Sankt Augustin, 4; 5.
9. Schwab, K. (2016): The Fourth Industrial Revolution. World Economic Forum, Genf, 8.

5

Stunde Null und das Wunder danach

Viele Menschen blicken heute mit zwiespältigen Gefühlen auf Fortschritt und Wachstum. Aber warum zwiespältig? Hat sich nicht längst blinder Fortschritts- und Wachstumsglaube als zerstörerisch erwiesen? Selbst wenn sich immer mehr Menschen dieser Sicht anschließen, wird sie der Rolle von Fortschritt und Wachstum keineswegs gerecht, denn diese Paarung hat viel Gutes bewirkt. Lange Zeit war das Vertrauen in Fortschritt und Wachstum unerschütterlich. Die Gründe dafür möchte ich anhand der Ereignisse skizzieren, die der wohl eindrucksvollsten wirtschaftlichen Entwicklung vorausgingen, die sich jemals auf einem Kontinent vollzogen hat.

Der folgende Text ist ein Destillat der Geschehnisse in Europa nach dem Zweiten Weltkrieg. Im Spannungsfeld zwischen wünschenswerter Orientierung und gebotener Kürze schildere ich Ereignisse, die mir in dem Zusammenhang wichtig erscheinen. Der folgende Text basiert auf den Arbeiten von Rolf Steininger, „Deutsche Geschichte 1945–1961", Tony Judt, „Geschichte Europas von 1945 bis zur Gegenwart" und Harald Jähner, „Wolfszeit, Deutschland und die Deutschen 1945–1955".

Der Zweite Weltkrieg hat mehr als 60 Millionen Menschen das Leben gekostet, darunter sechs Prozent der Europäer. In Polen ist ein Sechstel der Bevölkerung umgekommen. In den jüdischen Familien dort zählt man die Überlebenden, nicht die Toten. 1945 ist Deutschland, Verursacher des Krieges und des Holocaust, von seinen Gegnern besiegt, von Alliierten besetzt, und moralisch geächtet. In Deutschland hat der Krieg ca. 500 Millionen Kubikmeter Trümmer hinterlassen. Aber ganz Europa bietet ein Bild des Elends: Ströme hilfloser, oft geflüchteter Zivilisten, die durch zerstörte Städte und verwüstete Landstriche ziehen, verwaiste Kinder, die durch Ruinen streifen, erschöpfte Frauen, die Trümmerhaufen durchwühlen, kahl geschorene Zwangsarbeiter und KZ-Überlebende in gestreifter Häftlingskleidung [1].

In Deutschland leben ca. 75 Millionen Menschen, jedoch weit mehr als die Hälfte davon nicht dort, wo sie hingehören oder hinwollen [2]. Aufgrund der schlechten Versorgungslage wiegt 1946 ein männlicher Erwachsener in der amerikanischen Besatzungszone im Durchschnitt 51 Kilo. Der harte Winter 1946/1947 macht die Lage noch einmal kritischer. Menschen hungern und werden krank, wenn sie es nicht längst sind. Im Mai 1947 bekommt in Essen jeder Erwachsene 750 Kalorien pro Tag [3]. Bauern, die Nahrungsmittel produzieren, können die Stadtbewohner nicht mitversorgen. Der Engpass im Transportwesen bleibt noch für Jahre ein zentrales Problem. Weil es selbst mit einer gültigen Währung in Geschäften nichts zu kaufen gäbe, werden Lebensmittel auf dem Schwarzmarkt gehandelt. In Deutschland herrscht archaische Naturalwirtschaft: Es wird gehamstert und getauscht. Zigaretten sind die neue Leitwährung.

Auf der Potsdamer Konferenz im Juli 1945 wird Deutschland in vier Besatzungszonen aufgeteilt. Die Siegermächte Russland, die USA und England, vertreten durch Stalin, Truman und Churchill (der später nach verlorener Unterhauswahl vom neuen Premierminister Attlee ersetzt wird), einigen sich darauf, Deutschland zu entwaffnen, zu entmilitarisieren, zu entnazifizieren (was dann mehr schlecht als recht gelingt) und zu demokratisieren. Diese Regelungen werden in Ost und West unterschiedlich interpretiert. Frankreich, das mit den Deutschen innerhalb von 80 Jahren dreimal Krieg geführt hat und 1940 durch die Niederlage nach nur 36 Tagen gedemütigt wurde, will den alten Feind politisch, wirtschaftlich und militärisch so schwächen, dass er nie wieder die Sicherheit ihres Landes gefährden kann. Die Russen wollen u. a. Reparationen in Höhe von 10 Mrd. Dollar.

Weder die französische noch die russische Position entspricht den Vorstellungen der USA und Englands, denen es auch im eigenen Interesse darum geht, durch Wiederaufbau der nationalen Wirtschaft die eigenständige Versorgung im besiegten Deutschland so schnell wie möglich wiederherzustellen. Hätten die von Russland geforderten Reparationen fließen müssen, wäre Deutschland auf Jahre hinaus nicht nur wirtschaftlich, sondern wohl auch moralisch am Boden geblieben, aus westlicher Sicht anfällig für die Verheißungen des Kommunismus, den Stalin in seinem östlichen Machtbereich verbreitete. Deutschland wäre womöglich ein Totalausfall als Handelspartner und Akteur beim Wiederaufbau Europas gewesen. Man einigt sich mit den Sowjets darauf, dass sie sich aus ihrer eigenen Besatzungszone bedienen (was die wirtschaftlichen Startchancen der späteren DDR deutlich verschlechtert).

England, selbst vom Krieg gezeichnet, ist nicht mehr imstande, das anfallende Defizit in seiner Zone zu tragen. Im Juli 1946 fusionieren England und die USA ihre Zonen zu einer wirtschaftlichen Einheit, der *Bizone* – ein früher Schritt zur Bildung zweier „Blöcke" auf deutschem Boden.[1] Der amerikanische Außenminister Byrnes

---

[1] Ebd. 60–69, 202–208.

bietet am 06.09.1946 in seiner Stuttgarter Rede allen Deutschen eine Perspektive aus dem Elend: [...] „Es ist klar, dass wir, wenn die Industrie auf den (in Potsdam) vereinbarten Stand gebracht werden soll, nicht weiterhin den freien Austausch von Waren, Personen und Ideen innerhalb Deutschlands einschränken können [...]. Das amerikanische Volk wünscht, dem deutschen Volk die Regierung Deutschlands zurückzugeben. Das amerikanische Volk will dem deutschen Volk helfen, seinen Platz zurückzufinden zu einem ehrenvollen Platz unter den freien und friedliebenden Nationen der Welt" [4].

Die Gründung eines demokratischen und föderalistisch organisierten Staates Deutschland ist unter Amerikanern und Engländern beschlossene Sache. Auf der Moskauer Konferenz der Außenminister im Frühjahr 1947 sind die Westalliierten an einer gesamtdeutschen Verwaltung schon nicht mehr interessiert [5]. Vor allem die Vorstellungen der Amerikaner, deren Finanzkraft und politischer Gestaltungswille nach dem Krieg ungebrochen sind, von freier Marktwirtschaft, lassen die Sozialisierung eines vereinten Deutschlands, die insbesondere von einer starken SPD unter Kurt Schumacher vertreten wird, nicht zu [6]. Trotz dieser klaren Position macht am 5. Juni 1947 der amerikanische Außenminister George C. Marshall in einer Rede an der Universität Harvard ganz Europa, und damit auch den Russen und den anderen europäischen Ländern im kommunistischen Machtbereich, das Angebot umfassender Wirtschaftshilfe. Das tut er nicht aus purem Altruismus.

Die Amerikaner brauchen neue bzw. wiedergewonnene Märkte in Europa zum Abbau eigener, rüstungsbedingter Überkapazitäten. Während aber die westlichen Länder das Angebot annehmen, lehnt Stalin ab. Dasselbe tun, nicht immer freiwillig, alle europäischen Länder in Stalins Machtbereich. Aus dem Marshallplan fließen im Rahmen des European Recovery Plan (ERP) bis 1952 insgesamt ca. 13 Mrd. Dollar. England erhält 3,4; Frankreich 2,8; Italien und Deutschland ca. 1,4 Mrd. Dollar.[2] Judt schreibt: „Der Marshallplan nützte den USA, indem er den Aufschwung der wichtigsten Handelspartner der Amerikaner unterstützt, statt den Kontinent zu einer Art Kolonialgebiet zu machen" [7]. Damit der Plan auch in Deutschland seine Wirkung entfalten kann, brauchen die Deutschen jedoch eine neue Währung.

In den Westzonen veranlasst das Misstrauen in die alte Reichsmark Händler dazu, ihre Waren für den Tag zurückzuhalten, an dem es neues Geld geben würde. Am 20. Juni 1948 werden 100 Reichsmark in 6,5 Deutsche Mark umgetauscht. Jeder Deutsche bekommt als „Kopfgeld" zunächst 40, kurz darauf noch einmal 20 Deutsche Mark. In den Läden gibt es jetzt fast alles wieder zu kaufen, und 300 Mrd. alte Reichsmark landen im Schredder. Die Währungsreform wird nicht nur im westlichen Teil Deutschlands vollzogen, sondern auch in den westlichen Zonen in Berlin. Daraufhin sperrt Stalin in der Nacht vom 23. auf den 24. Juni den Personen- und Güterverkehr, die Stromlieferungen aus dem Ostsektor und die Lebensmittelzufuhr aus der sowjetischen Zone nach West-Berlin. Die „Blockade" wird bis zum 12. Mai 1949 dauern. Die Abwehr dieses Erpressungsversuches durch Versorgung aus der Luft ma-

---

[2] Ebd. 233–235.

chen die westlichen Siegermächte zu Schutzmächten. Westberliner, Westdeutsche und Westalliierte fühlen sich erstmals seit 1945 als Verbündete [8]. Erst mit dem Bau der Berliner Mauer 1961 wird Berlin seine Karriere als internationaler Krisenherd beenden [9].

Am 1. Juli 1948 übergeben die drei westlichen Militärgouverneure den Chefs der westdeutschen Länderregierungen die „Frankfurter Dokumente" und autorisieren sie damit, eine Versammlung zur Ausarbeitung einer Verfassung einzuberufen. Ein Expertenausschuss („Verfassungskonvent") einigt sich im Vorfeld auf einen Grundrechtekatalog, darunter die Garantie der Menschenrechte. Am 8. Mai 1949, auf den Tag genau vier Jahre nach der bedingungslosen Kapitulation des Deutschen Reiches, billigt der Parlamentarische Rat das neue Grundgesetz, das vier Tage später von den Militärgouverneuren bestätigt und am 23. Mai unterzeichnet wird. Die Bundesrepublik Deutschland ist geboren [10]. Sechs Jahre später, am 5. Mai 1955, wird der neue deutsche Staat offiziell in das westliche Verteidigungsbündnis, die Nato, aufgenommen.

Aufgrund seiner traumatischen Erfahrungen mit Deutschland zielt die Strategie Frankreichs nach dem Krieg darauf ab, das wirtschaftlich wegen seiner weitgehend intakten Kohle- und Stahlindustrie äußerst potente Ruhrgebiet, Deutschlands „Waffenschmiede", von Deutschland abzutrennen und zu internationalisieren. Auch wenn sich Frankreich damit nicht durchsetzen kann, soll die „Ruhrfrage" unter seiner Mitwirkung gelöst werden. Das führt im April 1949 zur Gründung einer „Ruhrbehörde", die gemeinsam betrieben werden soll und deren Zweck darin besteht, die Kohle-, Koks- und Stahlproduktion zwischen deutschem Verbrauch und Export zu verteilen und darüber hinaus faire Handelspraktiken sicherzustellen.

Am 9. Mai 1950 verkündet der französische Außenminister Robert Schumann einen Plan, der auf ein Memorandum von Jean Monnet zurückgeht, den Leiter der französischen Planungsbehörde für den Wiederaufbau und die Modernisierung Frankreichs. Deutschland soll wirtschaftlich als gleichberechtigter Partner in den westlichen Einflussbereich integriert werden, indem man eine Europäische Gemeinschaft für Kohle und Stahl zwischen Frankreich, der Bundesrepublik, den Beneluxstaaten und Italien gründet. Konrad Adenauer, der erste Bundeskanzler der Bundesrepublik Deutschland, stimmt diesem Plan sofort zu. Die „Montanunion" wird zum Ausgangspunkt einer Entwicklung, die 1957 zur Gründung der Europäischen Wirtschaftsgemeinschaft mit den Staaten der Montanunion führt.[3]

In den 1950er-Jahren erleben die Westdeutschen das, was man später als Wirtschaftswunder bezeichnen wird, wenngleich es so wundersam nicht ist. Mehr als drei Viertel der deutschen Industrieanlagen sind erhalten, von Hitlers Rüstungswirtschaft modernisiert. Zudem steht mit den Vertriebenen aus den Ostgebieten ein riesiges Reservoir gut ausgebildeter Arbeitskräfte zur Verfügung (bis 1961 strömen 14 Millionen Menschen in den Westen, die später gut integriert werden). Die psychologische Wirkung der Währungsreform gleicht dennoch einem fulminanten Startschuss, und

---

[3] Ebd. 359–364.

kaum jemand kann sich der Magie dieses sorgfältig inszenierten Ereignisses entziehen [11]. Protektionismus und Abschottung der Vorkriegsära werden durch Liberalisierung des Handels abgelöst.

Arbeiten, Sparen, Vorankommen, Anschaffen, Konsumieren – das ist nun der auch von der Politik ausdrücklich propagierte Lebensinhalt der Westdeutschen. Die Qualität deutscher Erzeugnisse findet weltweit Anerkennung. Neben Währungsreform und Marshallplan gilt der Koreakrieg als *der* große Schub für die deutsche Wirtschaft, und beschleunigt zudem die deutsche Wiederbewaffnung. Allein von Juli bis September 1950 steigt die deutsche Produktion um mehr als 20 Prozent. Obwohl die Wirtschaft über qualifizierte Arbeitskräfte verfügt, holt man 1956 die ersten italienischen Gastarbeiter ins Land. Von 1950 bis 1958 werden pro Jahr eine halbe Million neuer Arbeitsplätze geschaffen. Der bundesdeutsche Export steigt von 1949 bis 1953 um das Siebenfache und macht 1958 9,2 Prozent des Weltexportes aus [12].

In den Jahrzehnten nach dem Krieg erlebt nicht nur Deutschland, sondern ganz Westeuropa einen langanhaltenden wirtschaftlichen Aufschwung mit deutlicher Verbesserung des Lebensstandards [13]. Während der 1950er-Jahre wächst die Wirtschaft pro Kopf der Bevölkerung pro Jahr in Westdeutschland um 6,5, in Italien um 5,3, in Frankreich um 3,5 Prozent. Zwischen 1950 und 1972 steigt das Bruttoinlandsprodukt pro Kopf in Westdeutschland real um mehr als 300, in Frankreich um 150 Prozent. Von 1959 bis 1995 wächst der weltweite Außenhandel um den Faktor 16. In ganz Westeuropa ziehen Staat, Arbeitgeber und Arbeitnehmer an einem Strang, durch hohe öffentliche Ausgaben, progressive Steuern und bescheidene Lohnforderungen. Gleichwohl steigen zwischen 1953 und 1973 die Reallöhne in Westdeutschland und den Beneluxländern um das Dreifache.

Die Menschen können Geld ausgeben und zurücklegen. Während der Absatz von Nylonstrümpfen in Westdeutschland 1950 noch 900.000 Paar beträgt, werden 1953 ca. 58 Millionen Paar verkauft. 1951 werden in Italien 18.500 Kühlschränke gebaut, 1971 hingegen deutlich über 5 Millionen. Erstmals seit Beginn der statistischen Aufzeichnungen herrscht in Westeuropa Vollbeschäftigung verbunden mit starker Nachfrage nach Arbeitskräften, vor allem in Westdeutschland. Dem deutsch-italienischen Anwerbungsabkommen von 1955 folgen später ähnliche Abkommen mit Griechenland, Spanien, der Türkei, Marokko, Portugal, Tunesien und Jugoslawien. 1973 betragen die Überweisungen ausländischer Arbeiter 90 Prozent der türkischen Exporteinnahmen.

Die wirtschaftliche Entwicklung in Europa wird durch extrem hohe Geburtenraten beflügelt. Zwischen 1950 und 1970 wächst die Bevölkerung in den Niederlanden um 35, in Schweden um 29, in Westdeutschland um 28, in Italien um 17 und in England um 13 Prozent (die in diesen Jahren Geborenen nennt man später passend *Babyboomer*). Die meisten Erklärungen für diese Entwicklung laufen auf die Kombination von kostenloser Milch und Optimismus hinaus.[4] Zu kaufen gibt es jetzt Autos, Kleidung, Kinderwagen, Fertignahrung und Waschpulver in verwirrender Viel-

---

[4] Ebd. 369; 370.

falt. Massenverkehr und Massentourismus halten Einzug in Europa. Ab Mitte der fünfziger Jahre beginnen Marketingstrategen, die Präferenzen bestimmter Zielgruppen zu berücksichtigen. Von 1959 bis 1962 steigen In Frankreich die Ausgaben für Werbung für Jugendliche um 400 Prozent.[5]

Insbesondere die USA haben durch die Prämissen ihrer Deutschland- und Europastrategie, die nach dem Krieg stark von der Furcht vor dem Kommunismus geprägt war, Impulse für den Aufschwung in Europa gesetzt. Auch kulturell waren die Amerikaner außerordentlich einflussreich. Hollywoodfilme, Rock'n Roll, Swing und Jazz, Jeans und andere amerikanische Exportgüter haben die kulturelle Entwicklung vieler Länder auch außerhalb Europas geprägt. Politischer Gestaltungswille, wirtschaftliche Macht und kulturelle Prägekraft waren Treiber der von Konsumfreude und stetigem Wachstum getragenen Entwicklung. Ausgehend von tiefster Not und, im Falle der Deutschen, tiefster Schmach (zur deren Bewältigung man sich der Opferrolle bediente), hat das verordnete Bekenntnis zu Demokratie und freier Marktwirtschaft den Blick kompromisslos nach vorne gerichtet. Was in aller Welt sollte die Menschen angesichts der so segensreichen wirtschaftlichen Dynamik, die sich dadurch entfaltete, veranlassen, unerwünschte Nebenfolgen in Betracht zu ziehen?

Jähner sieht das größte Nachkriegswunder darin, dass sich trotz der verbreiteten Weigerung der Deutschen, sich mit der Vergangenheit auseinanderzusetzen, und trotz der Rückkehr vieler NS-Leute auf alte Positionen, in beiden deutschen Staaten vom Nationalsozialismus geläuterte Gesellschaften entwickelt haben. Er stellt aber auch fest, dass die Macht des wirtschaftlichen Aufschwungs den guten Abschluss der Nachkriegsgeschichte mit verursacht hat [14]. War dieser Aufschwung nicht auch eine Verdrängungsbeihilfe? Es kann jedenfalls kaum verwundern, dass die Menschen in Europa und den USA, die Zeugen der Entwicklung nach dem Krieg waren, die so außerordentlich wirksame Kombination aus technischem Fortschritt und bedarfsgetriebenem Wachstum weder ökologisch noch sozial, noch moralisch hinterfragt haben – mit wenigen Ausnahmen.

Die Philosophen der Frankfurter Schule, Theodor W. Adorno und Max Horkheimer, deuten 1944 in ihrer „Dialektik der Aufklärung" an, dass die Unterwerfung der Natur zum Nutzen des Menschen möglicherweise ihren Preis nicht wert sei [15]. Einer breiteren Öffentlichkeit wurden die Nebenfolgen der stürmischen Entwicklung jedoch erst 1972 bekannt, als man in der vom Club of Rome in Auftrag gegebenen Studie des MIT, die auf Systemsimulation basiert, auf die ökosozialen Grenzen des Wachstums hinwies. Da hatte sich bereits das Ende des Booms angekündigt:

---

[5] Ebd. 387.

5 Stunde Null und das Wunder danach

Anfang der 1970er-Jahre verliert der rasante Aufschwung der letzten Jahre an Dynamik und gerät durch zwei Ereignisse vollends ins Stocken. Im August 1971 löst der amerikanische Präsident Richard Nixon den Dollarkurs vom Goldstandard, um ihn anderen Währungen gegenüber frei floaten zu lassen, wodurch der Außenwert der Währung sinkt. Das System fester Wechselkurse, das man im Sinne einer kontrollierten Verflechtung der Volkswirtschaften schon vor Ende des Zweiten Weltkriegs eingeführt hatte, ist Geschichte. Schwankende Wechselkurse ermuntern zu Devisenspekulationen, andere Währungen verlieren ebenfalls an Wert, die Importkosten steigen, und damit die Preise. Dann folgen die Ölschocks. Im Jom-Kippur-Krieg zwischen Ägypten, Syrien und Israel im Oktober 1973 wird Israel vom Westen unterstützt. Das veranlasst die arabischen Erdölexportländer, gegen die USA ein Ölembargo zu verhängen und den Preis für Erdöl um mehr als 100 Prozent anzuheben. Der zweite Ölschock folgt 1979, als im Zuge der Absetzung des Schahs von Persien die Ölmärkte in Panik geraten und den Ölpreis innerhalb von fünf Monaten um 150 Prozent nach oben treiben.

Am Ende dieses Jahrzehnts machen die Westeuropäer Bekanntschaft mit *Stagflation*, einer Kombination aus Lohn-Preis-Inflation und wirtschaftlichem Abschwung. Die Reallohnzuwächse beginnen die Produktivitätssteigerungen zu übertreffen, die Arbeitslosenzahlen steigen. Strukturelle Arbeitslosigkeit, steigende Rohölimportpreise, Inflation und rückläufige Exporte führen in ganz Westeuropa zu Haushaltsdefiziten und Zahlungsschwierigkeiten – in einer Zeit, in der Staaten das Geld längst mit vollen Händen für allgemeine Wohlfahrt, Sozialdienste, öffentliche Einrichtungen und Infrastruktur ausgeben [16]. Parallel zu Ölkrisen und Abschwung beginnt in Deutschland der Aufstieg der Partei der Grünen, und gleichzeitig wächst die Abneigung der Deutschen gegen einen der Gründe für den Nachkriegsaufschwung: Zwischen 1966 und 1981 fällt der Anteil derer, die Technik und ihre Errungenschaften durchweg positiv beurteilen, von 71 auf 30 Prozent.[6] (Mehr zum wirtschaftlichen Strukturwandel in Kap. 13.)

Frank Bösch sieht das Jahr 1979 als Wendepunkt der europäischen Geschichte. Die Iranische Revolution unter Khomeini, marktliberale Reformen in Großbritannien unter Margaret Thatcher, der ökonomische Kurswechsel im sozialistischen China, die Polenreise des neuen Papstes Johannes Paul II., die weit über Polen hinaus ausstrahlte, und der Einmarsch der Sowjetunion in Afghanistan waren Ausgangspunkte globaler Machtverschiebungen sowie neuer sozialer und regionaler Konfliktherde. Sie leiteten den Niedergang der Sowjetunion ein.

Das Jahr 1979 war auch ein Meilenstein des Nachhaltigkeitsdiskurses. Ein Unfall in einem US-amerikanischen Atomkraftwerk nahe Harrisburg erzeugte in vielen Ländern Angst vor Atomkraft. Nur zwei Monate zuvor hatte in Genf die erste Weltklimakonferenz getagt, auf der man die Erderwärmung durch

---
[6] Ebd. 559.

vermehrten CO_2-Ausstoß verhandelte. Mehr Kohle zu verfeuern galt nicht mehr als opportun, Energiesparen wurde wichtig. In diesem Kontext schlossen sich die noch jungen Grünen für die erste Europawahl im Juni 1979 zusammen und gründeten ein halbes Jahr später ihre Bundespartei. Marktliberales und ökologisches Denken formierten sich von nun an parallel zueinander [17].

Eines der letzten Großereignisse im 20. Jahrhundert war der Fall der Berliner Mauer im Jahr 1989, Ergebnis der einzigen erfolgreichen Volkserhebung der deutschen Geschichte [18]. Dem Zusammenbruch des kommunistischen Regimes in Osteuropa, der dann folgte, war die Erosion dieses Regimes in Polen, Ungarn, der Tschechoslowakei und der DDR vorausgegangen. Ausgelöst wurde der Zusammenbruch durch die politische Neuorientierung von Michael Gorbatschow, dem damals mächtigsten Mann der Sowjetunion. Kein anderes Großreich der Geschichte hat jemals seine „Besitzungen" so rasch, so bereitwillig und mit so wenig Blutvergießen aufgegeben.[7] Wer aber nun den endgültigen Sieg der liberalen Demokratie und des gesellschaftlichen Fortschritts auf politischer, wirtschaftlicher, sozialer, kultureller und technischer Ebene verkündete (wie Francis Fukuyama in seinem Buch „Das Ende der Geschichte. Wo stehen wir?" [19]), handelte aus heutiger Sicht etwas voreilig.

Zu Beginn der 1990er-Jahre jedenfalls war Europas alte Ordnung Vergangenheit und es begann eine neue, mit deutlich mehr souveränen Staaten. Das machte die neue Ordnung nicht nur komplexer als die alte, sondern barg auch mehr Konfliktpotenzial. Der brutale Krieg auf dem Gebiet des zerfallenen Jugoslawiens in den Jahren 1992 bis 1995 wurde dafür ein mahnendes Zeugnis. Mit Nachhaltigkeit hat Europas neue Ordnung insofern zu tun, als dass nach Maßstäben nachhaltiger Entwicklung kulturelle Vielfalt erstrebenswert ist. Sie macht jedoch gesellschaftliche Diskurse nicht einfacher.

Woran aber hat es gelegen, dass die ökologischen Warnrufe, die spätestens ab den 1980er-Jahren lauter wurden, nicht sofort entschlossenes, kollektives Handeln zur Folge hatten? Ein Blick auf die positiven Effekte des Fortschritts kann darauf eine Antwort geben.

Literatur

1. Judt, T. (2005): Geschichte Europas von 1945 bis zur Gegenwart. Hanser, München, 29.
2. Jähner, H. (2019): Wolfszeit. Rowohlt, Berlin, 61.
3. Steininger, R. (1983): Deutsche Geschichte 1945–1961. Fischer, Frankfurt, 233.

---

[7] Ebd. 728.

4. Die Neue Zeitung, Berliner Ausgabe, Nr. 72, vom 09.09.1946, zitiert nach Steininger, R.: Deutsche Geschichte 1945–1961. (Fischer, Frankfurt, 1983, 215; 216).
5. Judt, T. (2005): Geschichte Europas von 1945 bis zur Gegenwart. Hanser, München, 151.
6. Steininger, R. (1983): Deutsche Geschichte 1945–1961. Fischer, Frankfurt, 320.
7. Judt, T. (2005): Geschichte Europas von 1945 bis zur Gegenwart. Hanser, München, 118.
8. Steininger, R. (1983): Deutsche Geschichte 1945–1961. Fischer, Frankfurt, 373; 239.
9. Judt, T. (2005): Geschichte Europas von 1945 bis zur Gegenwart. Hanser, 287.
10. Steininger, R. (1983): Deutsche Geschichte 1945–1961. Fischer, Frankfurt, 293–300.
11. Jähner, H. (2019): Wolfszeit. Rowohlt, Berlin, 260.
12. Steininger, R. (1983): Deutsche Geschichte 1945–1961. Fischer, Frankfurt, 376; 377.
13. Judt, T. (2005): Geschichte Europas von 1945 bis zur Gegenwart. Hanser, München, 363.
14. Jähner, H. (2019): Wolfszeit. Rowohlt, Berlin, 404; 405.
15. Horkheimer, M; Adorno, T.W. (1969): Dialektik der Aufklärung, Fischer, Frankfurt.
16. Judt, T. (2005): Geschichte Europas von 1945 bis zur Gegenwart. Hanser, München, 510–515.
17. Bötsch, F. (2019): Zeitenwende 1979, Beck, München.
18. Judt, T. (2005): Geschichte Europas von 1945 bis zur Gegenwart. Hanser, München, 708.
19. Fukuyama, F. (1992): Das Ende der Geschichte. Wo stehen wir? Kindler, München.

6

Fortschrittsnachweise

Im Verlauf diverser industriellen Revolutionen, insbesondere aber in der Zeit nach dem Zweiten Weltkrieg hat die Kombination aus Fortschrittszuversicht, Renditeerwartungen und Wachstum den materiellen Wohlstand in vielen Ländern deutlich gesteigert. Das hatte schon Adam Smith prophezeit, ein enger Freund des Dampfmaschinenentwicklers James Watt, der mit seinem Beitrag „Der Wohlstand der Nationen" die klassische Nationalökonomie begründete. In persönlichem Eigennutz, Arbeitsteilung und der „unsichtbaren Hand des Marktes" sah er die Quelle von Wohlstand für alle. Das machte die ökonomische Theorie des Professors für Moralphilosophie moralisch anschlussfähig. Zudem hielt Smith das Vertrauen zwischen den wirtschaftlich Handelnden für ein gesellschaftliches Bindemittel [1]. Während dieses Bindemittel zu seinen Lebzeiten (1723–1790), als Märkte noch überschaubar waren und in etwa der Reichweite des Gesetzes entsprachen, offenbar funktionierte, konnte Smith nicht ahnen, dass es einmal Konzerne geben würde, deren Markt *die ganze Welt* ist.

Auf globalem Spielfeld entspricht die Ausdehnung des Marktes keineswegs immer der Reichweite des Gesetzes. Auch konnte die unsichtbare Hand des Marktes weder Arbeitszeiten von 14 Stunden noch Kinderarbeit in Fabriken und andere sozial fragwürdige Praktiken verhindern. Friedrich Engels, von 1842 bis 1844 Hospitant in der durch seinen Vater mitgegründeten Spinnerei Ermen & Engels in Manchester, hat während dieser Zeit die beklagenswerte Lage englischer Fabrikarbeiter untersucht und später in einem Pionierwerk der empirischen Sozialforschung beschrieben [2]. (1848 veröffentlichte er mit seinem Freund Karl Marx das „Manifest der Kommunistischen Partei", mit aus heutiger Sicht scharfsinnigen Vorausblicken auf Phänomene wie

Globalisierung, Dynamisierung der Arbeitswelt, „unendlich erleichterte Kommunikation", Netzwerkeffekte, Kapitalakkumulation, Ersatz menschlicher Arbeit durch Maschinenarbeit, wachsende Unsicherheit und Bedeutungsverlust nationaler Politik. Eine *proletarische Revolution* vollzog sich jedoch, anders als es die Autoren voraussagten, jemals weder in einer entwickelten Industriegesellschaft noch in einem internationalen Zusammenhang. Außerdem ist die Verstaatlichung produktiven gesellschaftlichen Schaffens „zur freien Entwicklung aller" letztlich gescheitert [3].)

Nur durch staatliche Eingriffe konnten die Missstände bei Fabrikarbeitern allmählich abgebaut werden, sodass dem technischen auch ein sozialer Fortschritt folgte. Dem gingen in England Berichte einer ärztlichen Untersuchungskommission, in Preußen Klagen der Militärs über die schlechte Rekrutierungsfähigkeit gesundheitlich beeinträchtigter junger Männer in den industrialisierten Gebieten des preußischen Rheinlandes voraus. In der Folge wurde in England (1838) und Preußen (1839) Fabrikarbeit von Kindern unter neun Jahren verboten und die Arbeitszeit älterer Kinder auf 9 bzw. 10 Stunden täglich begrenzt [4].

Lebensrettende Erfindungen wie Blitzableiter, Sicherungskästen in Wohnhäusern und Antiblockiersysteme in Autos, Rückgang der Kindersterblichkeit, Erfolge im Kampf gegen Hungersnöte etc. sind wissenschaftlich-technische Errungenschaften. Darüber hinaus schützen heute Versicherungen, staatliche Sozialleistungen sowie nationale und internationale Hilfsorganisationen weite Teile der Menschheit vor existenziellen Schicksalsschlägen bzw. lindern deren Auswirkungen. Steven Pinker verteidigt in seinem Buch „Enlightenment Now" die Ideale Vernunft, Wissenschaft, Humanismus und Fortschritt. Gleichzeitig weist er darauf hin, dass diese Ideale mit „irrationalen Strängen der menschlichen Natur" konkurrieren: der Loyalität gegenüber Gemeinschaften, dem Respekt vor Autoritäten, magischem Denken sowie der Neigung, die Schuld am eigenen Unglück bei anderen zu suchen [5].

Pinkers Verteidigungsstrategie basiert auf Fortschrittsdaten, die er auf die genannten Ideale zurückführt. Fortschrittskritiker erinnert er an die Vorzüge, den der unerschrockene Gebrauch eines humanistisch geprägten Verstandes mit sich bringt. Was Fortschritt ist, leitet er von Vergleichen ab: Leben sei besser als Tod, Gesundheit besser als Krankheit, Ernährung besser als Hunger, Überfluss besser als Armut. Frieden sei besser als Krieg, Sicherheit besser als Gefahr, Freiheit besser als Tyrannei, gleiche Rechte für alle besser als Fanatismus und Diskriminierung. Lesefähigkeit sei besser als Analphabetentum, Wissen besser als Nichtwissen, Intelligenz besser als Dummheit. Glück sei besser als Elend, und die Möglichkeit, sich an Familie, Freunden, Kultur und

Natur zu erfreuen, sei besser als Plackerei und Monotonie.[1] Wer würde diese Präferenzen ernsthaft in Frage stellen? Im Folgenden eine Auswahl aus Pinkers umfangreichem Datenmaterial.

Die Lebenserwartung der Menschen stieg von 1771 bis 2015 von 29 auf 71 Jahre. Beginnend im auslaufenden 18. Jahrhundert konnten durch die Entwicklung von Impfstoffen und die Einführung von Händewaschen, Hebammenwesen, Mückenbekämpfung, Schutz von Trinkwasser in der öffentlichen Kanalisation und Chlorierung von Leitungswasser Milliarden Leben gerettet werden. Der Prozentsatz unterernährter Menschen in Entwicklungsländern sank zwischen 1970 und 2015 von 35 auf 17. Der Anteil der Menschen, die in extremer Armut leben, ging in den letzten 200 Jahren von 90 auf 10 Prozent zurück, bei einem Zuwachs der Erdbevölkerung um den Faktor sieben.[2] (Thomas Piketty hat nachgewiesen, dass im Kapitalismus Armut nie beseitigt werden konnte [6].) Der Anteil lesefähiger Menschen stieg von etwa einem Achtel der Bevölkerung – der gesellschaftlichen Elite – vor dem 17. Jahrhundert in Westeuropa auf 83 Prozent in heutiger Zeit [7].

Während in den USA im Jahr 1937 pro 100.000 Einwohnern 30 tote Autofahrer zu beklagen waren, fiel diese Zahl bis 2014 auf 10,2. Für Fußgänger dort ist der Straßenverkehr heute sechsmal sicherer als 1927. Von einer Million Fluggästen mussten im Jahr 1970 fünf mit einem tödlichen Unfall rechnen. 2015 war es gerade mal ein Bruchteil von einer Person. Die Todesfälle durch Unfall am Arbeitsplatz sanken allein in den USA von 1929 bis 2015 von 20.000 auf 5000 bei mehr als doppelter Einwohnerzahl im Vergleich zu damals. Zur Freizeit weist Pinker nach, dass sich die Anzahl der Arbeitsstunden der Menschen pro Woche in Westeuropa von durchschnittlich 66 auf heute 38 verringert hat.[3]

Mit Hinblick auf den Frieden erkennt Pinker, dass es nach der Katastrophe des Zweiten Weltkrieges zwar immer wieder regionale Konflikte gab, teilweise mit Massentötungen wie in China (1966–1975), Kambodscha (1975–1979), Bosnien (1992–1995) und Ruanda (1994). Im 21. Jahrhundert betrage die Zahl der Todesopfer durch Krieg jedoch nur einen Bruchteil der Zahl in den Dekaden davor. Ursachen dafür sieht er nicht nur in der größeren Zahl demokratischer Staaten nach Beendigung des kalten Krieges, sondern auch im Wertewandel vieler Menschen hin zu einem friedlicheren Miteinander. Dieser Gesinnungswandel habe den *Romantic Militarism* des 19. Jahrhunderts abgelöst, der damals nicht nur unter *Pickelhaube-topped Military Officers*,

---

[1] Ebd. 51.
[2] Ebd. 54; 63; 72; 88.
[3] Ebd. 180; 249.

sondern auch unter Künstlern und Intellektuellen weitverbreitet gewesen sei.[4] Harari vermutet, der Frieden sei heute deshalb so stabil, weil er *lukrativ*, Krieg hingegen nicht mehr bezahlbar sei [8].

Die Anzahl demokratischer Staaten auf der Welt ist nach Pinkers Betrachtung von 31 im Jahr 1971 auf 103 im Jahr 2015 gewachsen. Zählt man weitere 17 Länder dazu, die mehr demokratisch als autokratisch regiert werden (was Pinker nicht zwangsläufig am Wahlsystem festmacht), hätten in 2015 zwei Drittel der Weltbevölkerung in mehr oder weniger freien Gesellschaften gelebt, im Vergleich zu sieben Prozent im Jahr 1850 [9]. Im Jahr 1900 konnten Frauen nur in Neuseeland an Wahlen teilnehmen. Heute können sie in jedem Staat wählen, in dem auch Männer wählen können, mit Ausnahme des Vatikans. Was die Rechte Homosexueller betrifft, so haben zwischen 2010 und 2016 acht weitere Länder Homosexualität aus ihrem Strafregister verbannt. Dieser ansehnlichen Bilanz hält Paul Mason seine Feststellung entgegen, der zufolge die Mehrheit der Menschen auf der Erde außerhalb demokratischer Systeme lebt – in Gesellschaften, in denen universale Menschenrechte bestritten werden [10].

Bei der Einkommensverteilung sind Pinkers Befunde weniger positiv. Von 1820 bis 1975 stieg die globale Ungleichheit laut Gini-Index von 0,5 auf 0,65, um anschließend zu fallen (der Wert „1" bedeutet, dass eine Person in einem Staat das gesamte Vermögen besitzt, bei „0" besitzen alle Erwachsenen gleich viel). In England und den USA ist jedoch seit den 1980er-Jahren ein Anstieg der Ungleichheit festzustellen. Laut Oxfam-Bericht besaßen 2017 acht Männer so viel wie die gesamte ärmste Hälfte der Weltbevölkerung [11].

Ein langes Kapitel widmet Pinker dem in jüngster Zeit wachsenden Anteil populistisch-autoritärer Staatenlenker. Wenngleich er Bildung als ein probates Gegenmittel sieht, hat auch er keine einfache Lösung: „Liberal democracies can make progress, but only against a constant backdrop of messy compromise and constant reform" [12].

Mit Hinblick auf die Entwicklung der *Glücksgefühle* sind laut Pinker die Bewohner entwickelter Länder nicht so glücklich, wie sie es angesichts ihrer Vermögens- und Freiheitslage sowie vieler weiterer Fortschritte eigentlich sein müssten. Dass die *Zufriedenheit* mit dem Einkommen steigt, gilt nur bei relativ niedriger Ausgangsbasis. Die Voraussetzungen für Glücksgefühle sind jedoch deutlich komplexer als die für Zufriedenheit. Wenngleich die USA im Jahr 2015 von acht Ländern in Westeuropa, drei Ländern des Commonwealth und Israel nach Norwegen und der Schweiz das höchste Durchschnittsein-

---

[4] Ebd. 165.

kommen vorweisen konnten, belegten sie im Glücksranking nur Platz 13. Das Glücksgefühl der Amerikaner bewegt sich seit 1947 in einem engen Korridor, Tendenz fallend. Dazu Pinker: „Still, when it comes to happiness, many people are underachievers."[5]

Stefan Klein weist darauf hin, dass die Deutschen seit den kargen Nachkriegsjahren zwar um mehr als das Fünffache wohlhabender geworden sind (um diesen Faktor stieg das reale Bruttoinlandsprodukt seit 1954). Das subjektive Wohlbefinden jedoch, das vom Allensbach-Institut ebenfalls seit 1954 erhoben wird, habe sich prinzipiell nicht verändert. Die Chinesen, deren Land sich innerhalb von zwei Jahrzehnten vom Entwicklungsland in eine der größten Volkswirtschaften der Welt verwandelt hat, mit Hochgeschwindigkeitszügen und den größten Shoppingmalls der Welt, sind sogar unglücklicher als zu den Zeiten, als sie mit dem Nötigsten auskommen mussten [13].

Das Bruttoinlandsprodukt (BIP), das alle mit Preisen versehenen Güter einer Volkswirtschaft auf Stufe der Endverwendung berücksichtigt, ist als Wohlstandindikator in Verruf gekommen. Gemäß BIP sind Massenkarambolagen auf der Autobahn mit Todesfolgen wohlstandsfördernd, weil Abschleppdienste, Reparaturwerkstätten, Schrotthändler, Krankenhäuser und Bestatter daran verdienen. Nicht wohlstandsfördernd sind demnach z. B. häusliche Erziehung und Pflege durch Angehörige, weil sie unentgeltlich erbracht werden. Dass sie gesellschaftliches Entwicklungspotenzial erzeugen und das Miteinander stärken, wird niemand bezweifeln. Die OECD schlägt in ihrer „Better Life Initiative" neben materiellen Faktoren wie Einkommen und Wohnung immaterielle Indikatoren für Lebensqualität vor: Gesundheit, Work-Life-Balance, Erziehung und Fähigkeiten, soziale Gemeinschaft, bürgerliches Engagement, Sicherheit, subjektives Wohlbefinden und Qualität der natürlichen Umwelt [14]. Da sich aber vieles davon der objektiven Messbarkeit entzieht, fällt es geübten Rechnern wie z. B. Volkswirten schwer, hinreichend robuste Wohlstandsmodelle zu konstruieren.

Lt. sozioökonomischem Zufriedenheitspanel sind die Menschen in Deutschland umso zufriedener, je mehr ihnen am Wohl ihrer Mitmenschen liegt. Für Klein besteht das „Koordinatensystem Wohlbefinden" aus vier Achsen: Selbstbestimmung, Lebensoptionen (im Sinne von Wahlfreiheit), Investitionen in Menschen (z. B. durch Bildung) und Werte [15]. Madeleine Albright, US-Außenministerin während der Präsidentschaft von Bill Clinton, stellt ernüchtert fest: „Perspective is everything. Stock markets may soar but

---

[5] Ebd. 269; 283.

living standards for the majority haven't improved in a long time, and large numbers of young people are convinced they will never do as well as their parents" [16].

Für Pinker gehört es zu den Herausforderungen der Moderne, mit einem wachsenden Portfolio an Verantwortlichkeiten umzugehen, ohne daran zu verzweifeln. Wie bei allen Herausforderungen müsse man sich an die richtige Mischung aus altmodischen und neuartigen Strategien „herantasten" – durch Kontakt mit anderen Menschen, Kunst, Meditation, kognitive Verhaltenstherapie, Achtsamkeit, kleine Freuden, sinnvollen Gebrauch von Medikamenten und sozialen Diensten sowie, wie früher schon, durch die Ratschläge weiser Menschen, wie ein ausgewogenes Leben zu führen sei [17]. Dass die Strategie des Herantastens von Angstgefühlen begleitet sein kann, bestreitet der Psychologe Pinker nicht. Auch durch Angst kann Nachhaltigkeit zum Sehnsuchtsbegriff werden.

Literatur

1. Smith, A. (1776): Der Wohlstand der Nationen: Eine Untersuchung seiner Natur und seiner Ursachen. Neu aus d. Engl. übertr. nach d. 5. Aufl., London, Beck, München, 1974.
2. Engels, F. (1845): Die Lage der arbeitenden Klasse in England, Marx-Engels Werke, Dietz Verlag Berlin 1976, Band 2, 225–506.
3. Marx, K., Engels, F. (1848): Das Manifest der kommunistischen Partei, Dietz Verlag, Berlin (17. Auflage 2003), 11–27; 51.
4. Staas, C. (2009): Für einen Hungerlohn, in ZEIT Geschichte, 3/09, 64; 70.
5. Pinker, S. (2018): c, 4, 5.
6. Piketty, T. (2013): Capital in the Twenty-First Century, Harvard University Press.
7. Pinker, S. (2018): Enlightenment Now, Viking, New York, 236.
8. Harari, Y. N. (2019): Eine kurze Geschichte der Menschheit, Pantheon, München, 31. Auflage, (Originalausgabe 2011), 455.
9. Pinker, S.(2018): Enlightenment Now, Viking, New York, 203.
10. Mason, P. (2019): Clear Bright Future, Allen Lane, Penguin Random House, UK, 10.
11. v. Weizsäcker, E.U., Wijkman, A.(2018): Wir sind dran, Club of Rome: Der große Bericht, Gütersloher Verlagshaus, 24.
12. Pinker, S. (2018): Enlightenment Now, Viking, New York, 344.
13. Klein, S. (2018): Die Ökonomie des Glücks, Nicolai Publishing, Berlin, 20.

14. https://www.oecd.org/statistics/measuring-well-being-and-progress.htm, Zugriff: 13.08.2019.
15. Klein, S.(2018): Die Ökonomie des Glücks, Nicolai Publishing, Berlin, 28; 59–71.
16. Albright, M.(2018): Facism, Harper Collins, U.K., 238.
17. Pinker, S. (2018): Enlightenment Now, Viking, New York, 287.

7

Ende der Gewissheit

Die Quantensprünge in der Informationstechnologie haben im Verbund mit wirtschaftlicher und gesellschaftlicher Globalisierung eine neue Beschleunigungsrunde im Leben vieler Menschen eingeläutet. Klaus Schwab, Gründer und Leiter des Weltwirtschaftsforums, sieht uns am Beginn der *vierten industriellen Revolution*, die geprägt ist durch die Fusion von Anwendungen und ganzer Technologien wie Informationstechnologie, Nanotechnologie und Gentechnologie. Diese Fusion vollzieht sich in atemberaubender Geschwindigkeit [1].

Soziologen erkennen vier Arten von Krisen, die auf *Desynchronisation* zurückzuführen sind. Im Bereich *Ökologie* entsteht die Krise durch den eskalierenden Verbrauch von Rohstoffen und die Befüllung natürlicher Senken mit Schadstoffen, der die Reproduktionszeiten der Natur überfordert. Im Bereich *Ökonomie* basiert die Krise auf dem Transaktionstempo der Finanzmärkte, das sich gegenüber dem (nur bedingt steigerbaren) Produktions- und Verbrauchstempo verselbstständigt hat. Ursachen *psychologischer Desynchronisation* sind Angst, Stress, Burn-out und Depressionen, Reaktionen auf die Diskrepanz zwischen dem heutigen Entwicklungstempo und den Eigenzeiten der menschlichen Psyche. In der Politik schließlich beruht Desynchronisation auf dem Hinterherhinken demokratisch-politischer Willensbildung und Entscheidungsfindung gegenüber der technischen, kulturellen und wirtschaftlichen Entwicklung [2].

All das führt zu bislang nicht gekannter Ungewissheit. Nicht nur im Arbeitsleben weiß heute niemand mehr, was morgen auf ihn zukommt. Die teuflische Kombination aus Ungewissheit, Angst und Stress macht offenbar immer häufiger psychisch krank. Nach Erkenntnissen der Weltgesundheitsorganisation WHO nimmt die Belastung durch Depressionen und andere psychische Erkrankungen weltweit zu. Die WHO geht davon aus, dass heute ca. 322 Millionen Menschen unter Depressionen leiden, mehr als 4,4 Prozent der Weltbevölkerung und 18 Prozent mehr als zehn Jahre zuvor [3].

Depressionen gehören heute zu den häufigsten psychischen Störungen und sind mit einer hohen Krankheitslast verbunden. In Deutschland berichten Krankenkassen vom Anstieg von Depressionen im Versorgungsgeschehen, begleitet von wachsender öffentlicher Aufmerksamkeit. Gemessen an der Krankheitslast stehen in Ländern mit mittlerem und hohem Einkommen Depressionen an vorderster Stelle [4]. Erklärt wird diese Entwicklung u. a. damit, dass der schnelle Wandel in Wirtschaft und Gesellschaft eine hohe Anpassungsleistung vor allem von Menschen im Arbeitsprozess fordert, die längst nicht jeder erbringen kann. Wer sie erbringen könnte, ist mit einem hohen, unter Umständen sogar gesundheitsgefährdenden Enttäuschungspotenzial konfrontiert, wenn er auf „performative Selbstverwirklichung" setzt, die das „moderne Selbst" zwingt, sein Streben nach ausnahmslos positiven Emotionen mit sozialem Erfolg zu verbinden [5]. In einer hochkompetitiven Gesellschaft mit ihren ausgefeilten Vergleichstechnologien gibt es auch unter Leistungsträgern Gewinner und Verlierer.

Wie aber gehen Arbeitgeber mit dieser psychologisch für viele (aus ganz unterschiedlichen Gründen) heiklen Situation um? Der Personalforscher Jeffrey Pfeffer sieht hier zwei Möglichkeiten: „Employers can make decisions to improve people's lives in fundamentally important ways. Or, alternatively, employers can, either intentionally or through ignorance and neglect, create workshops that literally sicken and kill people" [6]. Tod oder Leben – so die zugespitzte Diagnose des Wissenschaftlers.

Zu den gesundheitsgefährdenden Sünden von Arbeitgebern zählt Pfeffer die fehlende Bereitschaft, Beschäftigten ein möglichst hohes Maß an Selbstbestimmung zu gewähren. Stattdessen werde eng kontrolliert: „Job control affects people's ability to learn, their motivation and their emotional states – and consequently, their physical and metal health."[1] Ich komme darauf zurück.

Ausgebrannte Arbeitskräfte stehen vor der Herausforderung, ihren Energiehaushalt auf erneuerbare Weise zu „optimieren". Wellness, Achtsamkeit und persönliche Resilienz haben Hochkonjunktur [7]. Streek erkennt vier weitere Kompensationsstrategien, nämlich *Coping, Doping, Hoping* und *Shopping* – sich arrangieren, sich aufputschen, hoffen, und einkaufen gehen [8]. Gewissheit geht auch verloren, wenn Vertrauen in Institutionen schwindet. Im politischen Geschäft fallen allzu oft kommunizierter Anspruch (das gegebene

---

[1] Ebd. 153.

Versprechen) und erlebte Wirklichkeit (das eingelöste Versprechen) auseinander. Die Entwicklung einer globalisierten, technisierten Wirtschaft und Gesellschaft, in der Distanzen neutralisiert und gigantische Finanzströme, von Algorithmen gesteuert, in Echtzeit über Ländergrenzen hinweg fließen, kann von nationalen Regierungen kaum mehr gesteuert werden (es sei denn durch Abschottung), auch wenn Politiker das in Aussicht stellen. Die IT-basierte Entkoppelung von Raum und Ort bleibt nicht ohne Folgen für persönliche Identitäten, soziale Strukturen und den Einfluss von Technologieführern.

Nicht nur Politiker, auch Unternehmen sind von Vertrauensverlust betroffen. Das Märchen vom sauberen Diesel hat dem VW-Konzern und vermutlich auch der deutschen Autoindustrie insgesamt einen hohen Imageschaden zugefügt. Generell hat das Vertrauen in Unternehmen und ihre Leitenden einen historischen Tiefpunkt erreicht. Die Liste unlauterer Praktiken ist lang und umfasst unangemessene Vergütung, fragwürdige Buchungs- und Aktienoptionspraktiken, Insidergeschäfte, Missbrauch von Rechten an geistigem Eigentum, Korruption und Betrug, unsichere Produktionsverfahren, Ausbeutung von Mitarbeiter*innen durch Niedriglöhne, unerträgliche Arbeitsbedingungen, Diskriminierung, sexuelle Belästigung, Umweltsünden und sonstige Formen der Lüge und des missbräuchlichen oder einschüchternden Verhaltens [9]. Mariana Mazzucato stellt den *werterzeugenden* Unternehmen die *wertabschöpfenden* gegenüber. Pharmafirmen beispielsweise sorgten mit ihren Preisen dafür, dass ein erheblicher Anteil der Gesundheitskosten der westlichen Welt mit der Gesundheitsfürsorge an sich nichts zu tun habe – er diene ausschließlich der *Wertabschöpfung* [10]. Freshfields Bruckhaus Deringer, eine global tätige Partnerschaft von Wirtschaftsanwälten, beklagt das schlechte Verhältnis zwischen Wirtschaft und Gesellschaft nach der Finanzkrise und mahnt die Unternehmen, gezielt einen gesellschaftlichen Beitrag zu leisten [11].

Manche betrachten solche Apelle mit Skepsis. Es bestehe die Gefahr, dass unterschiedliche Sphären der Gesellschaft durch standardisierte Bewertungspraktiken des Finanzwesens wie dem *ESG-Rating* (*ESG = Environment, Social, Governance*) „kolonialisiert", und Nachhaltigkeit damit „vermarktlicht" wird [12]. Der sogenannten Finanzelite wird nachgesagt, aufgrund ihrer globalen Vernetzung eine „Parallelgesellschaft der Hochverdiener" zu bilden, die sich in einer eigenen Wirklichkeit eingerichtet habe und unempfindlich gegenüber gesellschaftlichen Prozessen außerhalb dieser Wirklichkeit geworden sei [13]. Mason verdächtigt die etablierten, extrem wohlhabenden Hightechunternehmer im Silicon Valley, weniger an demokratischen Strukturen interessiert zu sein als an der Steuerung von Konsumenten, von denen sie zu wissen glauben, dass ihr Verhalten ohnehin durch ihre DNA bestimmt sei und deren bescheidene kognitive Fähigkeiten ganz sicher bald von intelligenteren technischen Systemen übertroffen werde [14]. Auch solche Verdachtsmomente, mit denen Mason keineswegs allein ist, tragen dazu bei, dass Vertrauen in die Wirtschaft verloren geht.

Vertrauensverlust erhöht den Druck auf Unternehmen, nachhaltiger zu wirtschaften. Unternehmen leben klassischerweise davon, von Kunden bevorzugt zu werden. Im 21. Jahrhundert leben sie jedoch auch davon, von qualifizierten Fach- und Führungskräften bevorzugt zu werden, die sie händeringend suchen, aber nur schwer finden. Die nämlich können sich mittlerweile die Organisation aussuchen, in der sie arbeiten möchten. Der „Global Human Capital Trends Report 2018" von Deloitte basiert auf einer Umfrage unter mehr als 11.000 Führungskräften und zeigt einen tief greifenden Wandel, dem sich Manager weltweit ausgesetzt sehen: Der rasante Aufstieg des *sozialen Unternehmens*. Dieser Wandel zeige die wachsende Bedeutung des *Sozialkapitals* in der Zweckfindung und beim Steuern von Beziehungen zu den Interessengruppen einer Organisation, und beeinflusse letztendlich den Erfolg oder Misserfolg. Wir werden diese Kapitalart später näher untersuchen.

Immer mehr Interessengruppen beschäftigen sich immer intensiver damit, was Organisationen in der Gesellschaft bewirken. Dabei gehe es z.B. darum, wie gut ein Produkt Bedürfnisse erfüllt, wie eine Fabrik das soziale Umfeld beeinflusst oder wie es den Beschäftigten am Arbeitsplatz geht. All dies sei ein Spiegel der Identität eines Unternehmens und die Arbeit daran sei heute erfolgsentscheidend [15]. Deloitte wiederum gehört zu den „Big Four" der Wirtschaftsprüfer, die mit ihren weltweiten Prüfungsmandaten und ihrem Know-how in Steuerfragen in ganz ungewöhnlicher Weise mit der Wirtschaft und der Politik verbunden sind. Solche Verbindungen rufen Misstrauen hervor, wenn z. B. buchungstechnische Missstände nicht aufgedeckt werden, um Mandantenbeziehungen nicht zu gefährden, oder wenn durch virtuose steuerliche Gestaltungspraktiken im Sinne der Mandanten Geldströme an Staatskassen vorbeigelenkt werden [16].

Ungewissheit spricht auch aus diesem Satz von Madeleine Albright: „In the past, I have always believed that time was on our side – as a healer, a teacher, a creator of space for innovation and break-the-mold ideas. Now, I'm not so sure" [17].

Literatur

1. Schwab, K. (2016): The Fourth Industrial Revolution. Genf, World Economic Forum, 8.

2. Beck, U., Rosa, H.(2014): Eskalation der Nebenfolgen. Kosmopolitisierung, Beschleunigung und globale Risikosteigerung, in: Lama, J., Laux, H., Rosa, H., Strecker, D. (Hg.), Handbuch der Soziologie, UVK, 473.
3. https://www.who.int/en/news-room/fact-heets/detail/depression.Zugriff: 10.02. 2019.
4. Bretschneider, J.; Kuhnert, R.; Hapke, U.(2017): Depressive Symptomatik bei Erwachsenen in Deutschland, Journal of Health Monitoring ·2017 2(3), Robert Koch-Institut, Berlin, 81.
5. A. Reckwitz, A. (2019): Das Ende der Illusionen – Politik, Ökonomie und Kultur in der Spätmoderne, Suhrkamp, Berlin, 204–206.
6. Pfeffer, J. (2018): Dying for a Paycheck, Harper Collins, New York, 34.
7. Pitz, S.M.(2018): Subjektivierung von Nachhaltigkeit, in Neckel et al., Die Gesellschaft der Nachhaltigkeit, Transcript, Bielefeld, 85–91.
8. Streek, W. (2017): Vortrag in Wuppertal, 2015, zitiert nach Schneidewind, U., Palzkill, A. Von der expansiven zur reduktiven Moderne, in: Hollmann, J., Danielas, K., Anders wirtschaften, Springer Gabler, Wiesbaden, 178.
9. O`Riordan, L. (2017): Managing Sustainable Stakeholder Relationships, Springer, Wiesbaden, 37; 38.
10. Mazzucato, M, (2019): Wie kommt der Wert in die Welt? Campus, Frankfurt, 14.
11. http://businessandsociety.freshfields.com/business-and-society. Zugriff: 12.06.2018.
12. Besedovsky, N. (2018): Finanzialisierung von Nachhaltigkeit, in Neckel et al., Die Gesellschaft der Nachhaltigkeit, Transcript, Bielefeld, 34–36.
13. Neckel, S.: Völlig losgelöst, Wirtschaftswoche 33/2018, 73.
14. Mason, P. (2019): Clear Bright Future, Allen Lane, Penguin Random House, UK, 10.
15. Argarwal, D., Bersin, J., Lahiri, G. (2018): The rise of the social enterprise, Human Capital Trend Report, Deloitte Development LLC, 60.
16. Munzinger, H. et al.: Vier gewinnt, Süddeutsche Zeitung 23./24.02.2019.
17. Albright, M. (2018): Facism, Harper Collins, U.K., 238.

8

Können wir uns einigen?

Wer heute in die Zukunft blickt, wird kaum bezweifeln, dass moderne Technologie das Leben vieler Menschen fundamental verändern wird. Ungewiss bleibt, welche Menschen davon betroffen sein werden, und in welcher Hinsicht. Frey und Osborne haben im Jahr 2013 geschätzt, dass in den USA 47 Prozent der Jobs durch Automatisierung ersetzt werden können [1]. In Übertragung der Studie auf deutsche Verhältnisse stellte man fest, dass man das technische Automatisierungspotenzial anhand von beruflichen Tätigkeitsstrukturen, technischen Engpässen und Expertenbefragungen ermittelt hatte. Häufig jedoch verändern neue Technologien Arbeitsplätze, ohne sie zu beseitigen. Durch Automatisierung gewonnene Freiräume können von den Beschäftigten genutzt werden, um Tätigkeiten auszuüben, die nur schwer automatisierbar sind, sofern sie darauf vorbereitet werden. Zudem würden sich technische Potenziale in der Unternehmenspraxis weder zwangsläufig noch unmittelbar durchsetzen. Der Anteil der in Deutschland automatisierbaren Arbeitsplätze wurde auf 12 Prozent geschätzt. Betroffen seien insbesondere Geringqualifizierte und Geringverdiener [2].

Aus heutiger Sicht könnte die Einschätzung etwas anders ausfallen. Wir wissen mittlerweile mehr über das Potenzial, das in maschinellem Lernen, künstlichen neuronalen Netzwerken und Deep Learning steckt. Der Oberbegriff ist *Künstliche Intelligenz* (KI). Herbert Simon hat erkannt, dass die Komplexität des Geschehens in unserer Umgebung, die Fülle der Daten, Zustände, Ereignisse und deren gegenseitige Abhängigkeiten unsere kognitive Verarbeitungskapazität bei Weitem überfordert [3]. Das aber schränkt unsere Möglichkeit, auf einer soliden Wissensbasis jederzeit rational zu handeln, stark ein (mehr dazu in Kap 15).

Defizite wie diese motivieren zum Ausgleich durch Technik, und dieser Ausgleich funktioniert immer besser – dank der KI. Während wir uns zuweilen noch fragen, was eigentlich Intelligenz ist und was davon anständigerweise dem Menschen überlassen bleiben sollte, sind bereits KI-Systeme im Einsatz, die telefonisch einen Termin beim Friseur machen, ohne dass man ihr Maschinenwesen so einfach entlarven könnte.

Manchen KI-Systemen werden Emotionen, ja sogar Empathie attestiert. Andere Systeme stellen sich selbst Aufgaben, die sie selbstredend viel schneller lösen können als wir. Ein neues Stichwort lautet *Künstliche Neugier*. Ärzte und Patienten sind begeistert von der mitunter lebensrettenden Qualität KI-basierter, bildgebender Verfahren, die mit Mustererkennung arbeiten, und gerne nutzen wir Übersetzungsassistenten wie Google Translate oder besser noch DeepL (immerhin eine deutsche KI-Lösung!). Auch am „Lernen ohne Lehrer" wird längst gearbeitet.

Ob Erziehung, Pflege oder Sex – intelligente Maschinen dringen in Bereiche vor, in denen wir Menschen bislang unter uns waren. Je komplexer die Gesellschaft und ihre Probleme werden, desto attraktiver wird es angesichts der kognitiven Defizite des Menschen, Maschinen entscheiden zu lassen, die auf einer technisch denkbar einfachen Basis, binär codierten Spannungsunterschieden, über eine schier grenzenlose Rekombinationsmöglichkeit von Daten verfügen. Das ermöglicht Anwendungen von höchster Komplexität, denen jedoch keine „Stoppregel" innewohnt.

Armin Nassehi erkennt in der Digitalisierungstechnik eine Struktur, die ein ähnliches Ordnungsproblem löst wie die ausdifferenzierten Funktionssysteme der modernen Gesellschaft. Auf der Basis einfach codierter Institutionen mit verlässlichen Regelmäßigkeiten (in der Politik geht es um Macht, in der Wirtschaft um Geld, bei Juristen um Recht, in der Wissenschaft um Wahrheit, in der Kunst immer auch um Schönheit etc.) lassen sich vielfältige Kombinationen und Querverbindungen herstellen, was auch moderner gesellschaftlicher Praxis entspricht. Für Nassehi hat die Digitalisierung der Gesellschaft dort begonnen, wo man Regelmäßigkeiten und Muster gesellschaftlicher Prozesse nur noch mit digitalen Mitteln verstehen kann [4]. Die Digitaltechnik folgt demselben Muster wie die gesellschaftlichen Funktionssysteme: Sie kann ihren Formenreichtum und damit auch ihren Siegeszug in fast allen Praktiken der modernen Gesellschaft nur erreichen, weil sie strukturell ebenfalls um das Verhältnis von Einfachheit einerseits und Vielfalt andererseits gebaut ist.[1] Weil aber moderne Gesellschaften nur digital zu verstehen sind, können digitale Techniken an sie andocken. Das Bezugsproblem der Digitalisierung sei

---

[1] Ebd. 176; 177.

die komplexe Regelmäßigkeit des Sozialen mit ihren überindividuellen, veränderungsresistenten Mustern.[2]

Das Unbehagen, das die Digitalisierung hervorruft, beruhe auf ihrer (an sich ja gewünschten) hohen Funktionalität sowie der Grenzenlosigkeit ihrer Anwendungsmöglichkeiten. Das verführe zu düsteren Prognosen vom alles kontrollierenden (und seine Bewohner *konditionierenden*) Überwachungsstaat, von nie gekannter Akkumulation von Kapital und Macht in den Händen weniger und einer von menschlicher Arbeit befreiten Gesellschaft, deren Mitglieder durch alle möglichen, anders als im alten Rom jedoch zunehmend *virtuellen* Formen der Unterhaltung ruhiggestellt und bespaßt werden müssen. Die Digitaltechnik mache vormals unsichtbare, individuelle Verhaltensroutinen sichtbar und rekombiniere sie zu berechenbaren Verhaltensmustern. Immer mehr digitale Techniken greifen in soziale Prozesse ein und beeinflussen Handlungsverläufe. Auch Nassehi sieht in der digital bewirkten Kontrolle eine technisch und sozial bestimmende Produktivkraft der Zukunft,[3] deren Folgen nicht absehbar sind. Wie aber sehen KI-Experten (Nassehi ist Soziologe) die zukünftigen Anwendungen?

Mit Hinblick auf unsere Neigung, mit KI ausgestatteten *humanoiden Robotern* allzu menschliche Eigenschaften zuzuschreiben, gehen Experten davon aus, dass selbst in einem intelligenten Roboter im philosophischen Sinne niemand „zu Hause" ist. Auf absehbare Zeit bleibt es demnach Sachbeschädigung, einen Roboter zu zerlegen oder einen Computer voller Frust aus dem Fenster zu werfen [5]. Eine ganz andere Perspektive liefert Jürgen Schmidhuber. In seinem Schweizer Labor züchtet er Roboter, die in den Tiefen des Universums nach Ressourcen suchen sollen, die bei uns zur Neige gehen, um sie dann in selbstlernenden Prozessen für alle möglichen Zwecke zu nutzen. Auf dem evangelischen Medienkongress 2018 in München behauptete Schmidhuber, wohl nicht zur Freude aller meist theologisch vorgebildeten Zuhörer, der Mensch sei nicht länger die Krone der Schöpfung.

Der vielfach ausgezeichnete MIT-Absolvent Raymond Kurzweil erwartet für das Jahr 2045 die *Singularität*. In der Technologie steht dieser Begriff für eine Größe, die gegen unendlich tendiert, wie die Massendichte in „schwarzen Löchern". Ihr Basispunkt ist der Moment, von dem an von Menschen gemachte Maschinen so viel intelligenter (und potenziell auch moralischer) sind als alle Menschen zusammen, dass sie keine Menschen mehr benötigen, um sich selbst weiter zu verbessern. Diese *Superintelligenz* markiert den Beginn des *Transhumanismus*, die Entmystifizierung des menschlichen Geistes

---

[2] Ebd. 62; 56.
[3] Ebd. 224; 43.

und ein radikaler Bruch in der Geschichte des Menschen, mit positivem oder negativem Ausgang für die Menschheit (was auch Kurzweil sieht, der jedoch nach seinen Maßstäben optimistisch ist) [6]. Konsequent weitergedacht, wäre dann den Menschen angesichts einer intellektuell und moralisch höher stehenden Instanz auf Erden auch die Deutungsmacht darüber entzogen, was nachhaltige Entwicklung ist.

Solche Zukunftsbilder beantworten auch die Frage: „Wer programmiert hier demnächst wen?" Wenn der Mensch mit seinen Eigenschaften als Systemfehler gilt, wie es in IT-getriebenen Visionen den Anschein hat, verwundert es nicht, wenn manche Visionäre der Erfüllung menschlicher Bedürfnisse, wie z. B. selbstbestimmt handeln und Verantwortung übernehmen, mit Argwohn begegnen. Ihr Verständnis von Nachhaltigkeit dürfte ein anderes sein als das derzeit von den vereinten Nationen akzeptierte. Nassehi weist darauf hin, dass es die menschlichen Handlungsspielräume sind, die intelligente Maschinen nicht ausfüllen können. Deren Intelligenz sei im Gegensatz zur menschlichen algorithmisch begrenzt – durch *formale Logik* [7]. Wir oder unsere Nachkommen werden sehen, wer recht behält.

Weniger irritierend als die Klassifizierung des Menschen als Systemfehler ist die Vision, der zufolge KI-Systeme unter Aufsicht von Menschen und in Interaktion mit ihnen zum Erhalt des ökosozialen Systems beitragen, dessen Teil sie sind. Die Aussichten stehen nicht mal schlecht: Maschinelles Lernen wird noch einmal wesentlich effektiver, wenn Menschen mit Maschinen zusammenarbeiten, um z. B. automatische Suchprozesse mit menschlichem Wissen zu lenken [8]. MIT-Forscher Daron Acemoğlu gibt jedoch zu bedenken, dass sich der technologische Strukturwandel neuerdings, getrieben durch KI, auf der Wertschöpfungsleiter „emporarbeite". Davon wären dann z. B. auch Finanzanalyst*innen und Jurist*innen bedroht [9]. Nicht alle werden gewillt und geeignet sein, Künstler*innen, Altenpfleger*innen, Sozialarbeiter*innen oder Gastronom*innen zu werden. Was aus den vielen Fachleuten wird, die heute Getriebe, Kolben und Auspuffteile bauen, die man in einer E-mobilisierten Gesellschaft nicht mehr benötigt, steht noch auf einem anderen Blatt.

Eine völlig neue Qualität menschlicher Interaktion und kognitiver Potenz könnte demnächst durch Hirnimplantate erzeugt werden, die *Brainchats* ermöglichen, um Gedanken von einem Gehirn ins andere wandern lassen. Und wenn das menschliche Hirn zur Produktivkraft werde, sei „neuronale Optimierung" nicht weit, um z. B. Gedächtnisstörungen abzuschaffen. Da sich das nicht jeder werde leisten können, entstehe in Zeiten des *Neurokapitalismus* das neue *Hirnpräkariat*. Um nun derartige technologische Weichenstellungen nicht ein paar Unternehmern zu überlassen, die menschliche Gehirne zum Geschäftsmodell machen, sollen die Menschen entscheiden, was sie akzeptieren wollen, und was nicht [10].

Das Potenzial neurodigitaler Entwicklungen, genetischer Veränderungen und künstlicher Intelligenz zwingt uns dazu, miteinander auszuhandeln, was wir sein und tun, wie wir leben und arbeiten wollen, und in welchem Umfeld. Wie wahrscheinlich aber ist es, dass dabei gemeinsame, nachhaltig tragfähige Entscheidungen zustande kommen? Die Bedürfnisse und Interessen von uns Menschen unterscheiden sich nicht nur in unterschiedlichen Regionen der Welt, sondern auch zwischen Jung und Alt und unterschiedlichen sozialen Milieus, gerade auch angesichts zunehmend ungleicher Macht- und Vermögensverhältnisse und des Nebeneinanders von sozialem Aufstieg und Abstieg (Paternostereffekt). Weitere Konfliktlinien zeichnen sich zwischen Vertretern der „kosmopolitischen Hyperkultur", für die Globalisierung ein Mehr an kulturellen Ressourcen bedeutet, und den „Feinden einer offenen Gesellschaft" ab, repräsentiert von Nationalisten, Rechtspopulisten und religiösen Fundamentalisten in ihren jeweiligen nationalen Spielarten [11]. Sehr unterschiedliche Gegenwartserfahrungen machen auch Bewohner attraktiver urbaner Zentren und infrastrukturell vernachlässigter ländlicher Gebiete. Angesichts solcher Polarisierungstendenzen erscheint es eher unwahrscheinlich, dass in existenziellen Fragen Einigung auf einen gemeinsamen Nenner möglich ist. Im Gegenteil, die Positionen scheinen immer weiter auseinanderzudriften. Die sozialen Medien haben an dieser Entwicklung einen nicht unwesentlichen Anteil.

Die Interaktionslogik mächtiger Plattformbetreiber wie Facebook und Google basiert ja nicht auf einem ausgewogenen Gesellschaftsmodell, sondern auf einem waschechten *Geschäftsmodell*. *Connecting People* bedeutet zuallererst *Connecting Data*. Nach dem Prinzip maximaler Erregung werden Meinungen nach Mustern sortiert und akkumuliert, um Angebote nutzerfreundlich und ertragswirksam platzieren zu können. So entstehen Echokammern und digitale Gefolgschaften [12], die treuen *Follower*. Perspektivische Vielfalt, eine Stütze unserer demokratischen Grundordnung, sucht man in solchen Communities vergeblich. Die Akkumulation von Meinungen in den sozialen Medien erzeugt, wie der Gewaltforscher Andreas Zick es nennt, *digitale Affektkulturen*. Sie sind insbesondere für Menschen attraktiv, die ihr eigenes Schicksal beklagenswert finden und Aggressionen gegen Menschen mit offenbar komfortableren Schicksalen entwickeln. Sie werden sich zudem von gebrochenen Versprechen der Politiker und Schummeleien in der Wirtschaft abgestoßen fühlen. Im Ringen um mediale Aufmerksamkeit aber werden Substanz und Reflexion zu raren Gütern – *Fake News* lassen grüßen!

Was hingegen im Überfluss vermittelt wird, ist blanker Hass. Die IT-gestützte Verbreitung sinnfreier Hassbotschaften wird unter anderem von der menschlichen Neigung getragen, sich nur solchen Argumenten zu öffnen, die dem eigenen Weltbild entsprechen. Nach einer Studie des Hamburger Instituts für Friedensforschung und Sicherheitspolitik kennzeichnet es die Strategie rechtsextremer Akteure, in den sozialen Medien lokale Vorfälle von (tödlicher) Gewalt mit Beteiligung Zugewanderter zu präsentieren, um daraus dramatische Geschichten über eine „Migration von Messern" zu machen. Sie erzeugen eine überörtliche Identifikation mit den Opfern lokaler Vorfälle und verbreiten damit die Angst, die ganze Nation sei akut bedroht. Das ruft Widerstandsinstinkte hervor und verstärkt sie zu „Widerstandsfantasien", die sich, wie sich gezeigt hat, sogar in Tötungsdelikten entladen können.

Die selektive Betonung von Fakten und Gerüchten verstärkt einen interpretativen Rahmen mit Bezug auf ein bestimmtes, in diesem Fall angstbesetztes Thema. Wer sich daran orientiert, wird im Internet zum *Prosumenten*, der manipulative Informationen nicht nur *konsumiert*, sondern auch *reproduziert*, indem er oder sie die Informationen ungeprüft weitergibt. So können unter Umgehung etablierter Routinen der Wissensproduktion, z. B. in renommierten Instituten und seriösen Wissenschaftsredaktionen, manipulative Inhalte leicht verbreitet werden. Die virtuellen Strukturen der sozialen Medien machen es nahezu unmöglich, derlei Entwicklungen dem Handeln bestimmter Personen zuzuordnen. Da es kein greifbares Zentrum politischer Akteure gibt, die rechtsaußenlastige Dynamiken vorantreiben, ist nicht klar, wer verantwortlich gemacht werden soll. Was man dagegen tun soll, ist politisch umstritten [13].

Paul Mason nennt die Entladung von Gefühlen in den sozialen Medien *Technological Empowerment of Emotions* [14]. Mit Blick auf den Umgang mit medial verbreiteten Informationen erinnert sich Madeleine Albright an die Situation ihrer Generation: „We disagreed frequently, but at least we started from the same general base of information" [15]. Nassehi sieht im Medium Internet eine unerschöpfliche Quelle von Daten, die gesellschaftliche Praxis dokumentieren und anleiten. Die Gesellschaft erfahre hier über sich einerseits mehr als jemals zuvor, andererseits aber auch weniger als jemals zuvor, weil die Rekombinationsmöglichkeiten exponentiell steigen. Das Internet oszilliere zwischen „Komplexitätsverarbeitungskapazitäten" und „Überhitzungsrisiken" [16].

Die Reizüberflutung, die vom Internet ausgeht, veranlasst viele zur Konzentration auf Bekanntes und Bewährtes. Das kann persönliche Horizonte in einer Weise verengen, die das Urteilsvermögen in gefährlichem Ausmaß beeinträchtigt. Wie man dieser Gefahr begegnen kann, ist Thema im fünften Teil des Buches.

Die hier geschilderten Entwicklungen sind nicht dem technischen Fortschritt anzulasten. Es sind Menschen, die ihn erzeugen und nutzen, davon profitieren, und mitunter auch darunter leiden.

Literatur

1. Frey, C., Osborne, M. A. (2013): The Future of Employment: How Susceptible are Jobs to Computerization? University of Oxford.
2. Bonin, H. (2015): Übertragung der Studie von Frey/Osborne auf Deutschland, Endbericht, Zentrum für Europäische Wirtschaftsforschung, Mannheim, 23.
3. Simon, H. A. (1993). Homo rationalis. Die Vernunft im menschlichen Leben, Campus, Frankfurt, 45.
4. Nassehi, A. (2019): Muster. Theorie der digitalen Gesellschaft, Beck, München, 177; 291.
5. Lenzen, M. (2018): Künstliche Intelligenz. Was sie kann und was uns erwartet, Beck, München, 133.
6. Kurzweil, R. (2014): Menschheit 2.0. Die Singularität naht, Lola Books, Berlin.
7. Nassehi, A.(2019): Muster. Theorie der digitalen Gesellschaft, Beck, München, 252.
8. Lenzen, M. (2018): Künstliche Intelligenz. Was sie kann und was uns erwartet, Beck, München, 150.
9. Fischer, M.(2019): Automatisierung ist keine Naturgewalt, Wirtschaftswoche 11, 2019, 39.
10. Meckel, M. (2018): Das Kapital im Kopf, Wirtschaftswoche, 12, 2018, 24; 26.
11. Reckwitz, A. (2019): Das Ende der Illusionen – Politik, Ökonomie und Kultur in der Spätmoderne, Suhrkamp, Berlin, 47; 72.
12. Türcke, C. (2019): Digitale Gefolgschaft. Auf dem Weg in eine neue Stammesgesellschaft, Beck, München.
13. Fielitz, M, Marcks, H. (2019): Digital Fascism – Challenges for the Open Society in Times of Social Media, Berkeley Center for Right-Wing Studies Working Paper Series, July 16.
14. Mason, P.(2019): Clear Bright Future, Allen Lane, Penguin Random House, UK, 74.
15. Albright, M.(2018): Facism, Harper Collins, U.K., 237.
16. Nassehi, A. (2019): Muster. Theorie der digitalen Gesellschaft, Beck, München, 286; 289.

Teil III

Standpunkte und Synergiepotenziale

Wer nichts kannte als die private Seite des Lebens, war nicht eigentlich ein Mensch.
(Hannah Arendt [1])

Literatur

1. Arendt, H. (1992): Vita activa oder vom tätigen Leben, Piper, München (7. Aufl), 38–39.

9

Vielfalt der Perspektiven

Wie man Nachhaltigkeit interpretiert und welche Assoziationen man damit verknüpft, kann nicht „verordnet" werden. Nicht jeder, der den Begriff benutz, orientiert sich dabei am offiziellen Leitbild nachhaltiger Entwicklung, bei dem es darum geht, die Bedürfnisse der heutigen Generationen zu befriedigen, ohne zu riskieren, dass künftige Generationen ihre Bedürfnisse nicht befriedigen können. Worin aber unterscheiden sich Orientierungen zum Thema Nachhaltigkeit?

In diesem Kapitel kommen Menschen zu Wort, denen zu Nachhaltigkeit etwas einfällt, die sich damit auseinandersetzen und es für richtig halten, sich dazu zu äußern. Sie vertreten eine breite Palette beruflicher Betätigungsbereiche: Nachhaltigkeitsforschung, Umweltsoziologie, Demokratiebewegung, Unternehmerschaft, Technologie, künstliche Intelligenz, Kirche, Bildung und Politik. Durch Gespräche wollte ich herausfinden, was sie unter nachhaltiger Entwicklung verstehen, welche Motive sie antreiben, welche Voraussetzungen ihrer Ansicht nach erfüllt sein müssen, damit sich unsere Gesellschaft nachhaltig entwickeln kann, und welche Rolle sie dabei Organisationen zuschreiben. Weder kann die Auswahl der Gesprächspartner*innen Anspruch auf Vollständigkeit erheben, noch repräsentieren sie ihre gesamte Zunft. Der Zweck, unterschiedliche Assoziationen transparent zu machen, wurde dennoch erfüllt. Ich habe meinen Gesprächspartner*innen folgende Fragen gestellt:

1. Was bedeutet für Sie nachhaltige Entwicklung?
2. Was sind für Sie die zentralen Erfolgsfaktoren bei nachhaltiger Entwicklung?

3. Welche Rolle spielt dabei Ihre Profession? Wo liegen Ihrer Meinung nach Chancen, Grenzen und Gefahren?
4. Es wird heute verstärkt auf den Bedarf gesellschaftlicher Aushandlungsprozesse hingewiesen, z. B. zur Frage *Wie wollen wir leben*?
    a. Unter welchen Bedingungen können solche Prozesse erfolgreich sein?
    b. Wie stehen für Sie die Chancen, dass diese Bedingungen erfüllt werden?
    c. Wie könnten die Chancen verbessert werden?
5. Welche Rolle spielen Ihrer Meinung nach Unternehmen bzw. generell Organisationen bei nachhaltiger Entwicklung?
6. Was sind Ihre persönlichen Leitwerte?

Weltgemeinschaft im Fokus

Prof. Dr. Armin Grunwald ist Physiker und Professor für Philosophie. Er leitet das Institut für Technikfolgenabschätzung und Systemanalyse (ITAS) am Karlsruher Institut für Technologie (KIT) und ist dort Sprecher des Forschungsschwerpunkts *Mensch und Technik*. Darüber hinaus ist er Inhaber des Lehrstuhls Technikphilosophie und Technikethik am KIT. Beim Deutschen Bundestag leitet er das Büro für Technikfolgenabschätzung und ist weiterhin Sprecher des Programms *Technologie, Innovation und Gesellschaft* der Helmholtz-Gemeinschaft.

Für Armin Grunwald bedeutet nachhaltige Entwicklung eine dauerhafte, gerechte Entwicklung der Weltgemeinschaft. Dazu werden Indikatoren benötigt, die in die richtige Richtung weisen und die Entwicklung anhand des gemessenen Soll-Ist-Vergleichs steuerbar machen. Die Steuerung durch Ermittlung von Abweichungen des „Ist vom Soll" und Einleitung entsprechender Gegenmaßnahmen ist jedoch nur begrenzt wirksam. Keinesfalls kann beim Thema Nachhaltigkeit, das komplexen, meist intransparenten Einflüssen unterzogen ist, auf Reflexionsschleifen verzichtet werden. Dabei geht es nicht nur darum, die Relevanz gegebener Indikatoren zu überprüfen. Auch die Frage, welche Richtung in Zukunft die richtige ist, muss auf Basis neuer Erkenntnisse neu bewertet und beantwortet werden.

Die Philosophie kann in solchen Reflexionsprozessen für normative Fragen sensibilisieren, indem sie beispielsweise zur Übernahme von Verantwortung für andere Menschen und zur gerechteren Verteilung gesellschaftlicher Lasten mahnt. Technikfolgenabschätzung hingegen dient vor allem der Differenzierung und Bewertung von Potenzialen im Prozess nachhaltiger Entwicklung. Nachhaltigkeitsprinzipien wie ökologische Effizienz und Konsistenz können in aller Regel durch (design-)technische Innovationen realisiert werden, wie

z. B. erneuerbare Energien, neue Werkstoffe, Herstellungsverfahren und Stoffkreisläufe sowie durch neue Formen der Kooperation. Hier kann sich die Technikfolgenabschätzung am „Gestalten von Technik" beteiligen. Die Umsetzung des Suffizienzprinzips hingegen, das eine Abkehr von der bisherigen, uns so vertrauten Wachstumslogik vorsieht, erfordert eher einen Kulturwandel. Dazu wiederum kann die Philosophie wichtige Impulse liefern.

Gesellschaftliche Aushandlungsprozesse können gelingen, wenn in einer soziokulturell zunehmend bunten, durch eine Vielzahl unterschiedlicher Lebensstile und Präferenzen geprägten Gesellschaft unser repräsentatives Gesellschaftssystem mit seinen auf vier oder fünf Jahre ausgelegten Zyklen der parlamentarischen Machtausübung nicht das einzige legitime Instrument der gesellschaftlichen Entscheidungsfindung bleibt. Was wir nach Grunwalds Ansicht parallel dazu brauchen, ist eine erweiterte Form der Einbeziehung unterschiedlicher gesellschaftlicher Strömungen und Interessen. Diese gilt es so gut wie möglich miteinander in Balance zu bringen und in den politischen Entscheidungsprozess einfließen zu lassen.

Die Chancen dazu stehen in seinen Augen gegenwärtig schlecht. Im Hoffen auf bessere Lösungen übt sich Grunwald deshalb in Bescheidenheit. Durch regelmäßigen Kontakt mit Vertretern der Politik weiß er jedoch inzwischen, was geht und was nicht. Gleichzeitig betont er, dass man in bestimmten Positionen auch als Zweifelnder verpflichtet sei, Zuversicht zu vermitteln. Immerhin seien heute Umweltbewegungen und andere zivile Kräfte Wegbereiter neuer Lösungen, und große Dinge kommen oft nicht „von oben". Auf meine Frage nach den Chancen auf Besserung gesteht Armin Grunwald: „Dazu habe ich nicht den Knopf in der Hand." Hier sei langer Atem gefragt, und dicke Bretter müssen gebohrt werden. Zwar sei in weiten Teilen der Gesellschaft das Umweltbewusstsein gewachsen. Das gehe jedoch noch längst nicht einher mit einem verändertem *Umwelthandeln*: Alltagsroutinen, die sich in langen Jahren eingebürgert haben, verändert man nicht so ohne Weiteres. Zum Glück sei jedoch eine zunehmende Bereitschaft zum Mitdenken und Mitgestalten zu erkennen.

Organisationen, vor allem aber Unternehmen, spielen bei nachhaltiger Entwicklung eine zentrale Rolle. Durch Innovationen prägen sie unser Leben mitunter in hohem Maße, und nicht selten sind Unternehmen die Erfinder neuer Bedürfnisse. Erfindungen, wie z. B. das Smartphone, determinieren schon heute die Art und Weise, wie wir leben. Sensorbasierte, automatisierte Produktionsprozesse verändern über kurz oder lang die gesamte Industrielandschaft, und künstliche Intelligenz wird nicht nur die Arbeitswelt revolutionieren.

Armin Grunwald bekennt sich zum christlichen Glauben und orientiert sich an der Botschaft der Bergpredigt. Von zentraler Bedeutung sind für ihn friedliche Lösung von Konflikten und Achtung der Menschenrechte. Er folgt einem säkularisierten, christlichen Menschenbild, sieht jedoch auch die Gefahr mentaler „Filterblasen", in die Menschen in unserer Region allzu leicht geraten. Von den Problemen in anderen Regionen der Welt hätten wir oft keinen blassen Schimmer.

Ökosoziale Entwicklungsperspektiven

Prof. Dr. Karl-Werner Brand lehrte bis vor Kurzem Soziologie an der Technischen Universität (TU) München. Schwerpunkte seiner Arbeit sind Umweltsoziologie, soziale Bewegungen, Nachhaltigkeits- und Transformationsforschung. Bis 2005 leitete er auch den Forschungsschwerpunkt „Gesellschaft und Umwelt" an der Münchner Projektgruppe für Sozialforschung und ist Mitbegründer der Sektion Umweltsoziologie der Deutschen Gesellschaft für Soziologie (Anfang der 1990er-Jahre). Heute ist er freiberuflich als Berater, Autor und Dozent im Bereich *Sustainability Research Consulting* tätig.

Karl-Werner Brand orientiert sich in seinem Nachhaltigkeitsverständnis an der Definition der Brundtland-Kommission mit einer globalen, an den Grundsätzen intra- und intergenerationaler Gerechtigkeit orientierten Verknüpfung ökologischer und sozialer Entwicklungsperspektiven. Er ist davon überzeugt, dass die industrielle Entwicklung mit Hinblick auf ökologische und soziale Nebenfolgen korrigiert werden muss. In seinem Fach, der Soziologie, erlebt er gerade eine „zweite Welle" der Nachhaltigkeitsforschung, in der man eine größere, reflexive Distanz einnimmt zu den Veränderungen, die Nachhaltigkeit als normativer Bezugsrahmen im gesellschaftlichen Leben bewirkt hat. Hier ergibt sich z. B. die Frage, in wieweit diese Dynamiken die vom Konzept nachhaltiger Entwicklung anvisierten generellen Ziele, wie sie z. B. in den aktuellen „Sustainable Development Goals" (SDGs) noch einmal konkretisiert wurden, wirklich fördern. Der zentrale Fokus dieses Konzepts liege ja nicht auf Umweltproblemen, sondern auf der Herstellung global fairer, humaner Lebensbedingungen, die natürlich auch die natürlichen Voraussetzungen gesellschaftlichen Lebens berücksichtigen müssen. Dabei gilt es, ein neues, global konsensfähiges Entwicklungsmodell zu schaffen, das sich nicht (mehr) allein an den Funktionsbedingungen und Verwertungsimperativen der (Finanz-)Märkte und am Fetisch eines am BIP gemessenen materiellen „Fortschritts" orientiert, sondern die *Dekarbonisierung der Wirtschaft* vorantreibt, die natürlichen Ressourcen und Funktionsbedingungen gesellschaftlichen Lebens berücksichtigt und soziale Integration im Rahmen eines neuen, global fairen Wohlstandsmodells sicherstellt. Brand sieht in der Perspektive des „grünen", sozial regulierten, digitalen Kapitalismus einen durchaus realistischen Ansatz. Dabei sollten die Anstöße der *Postwachstumsdebatte* berücksichtigt werden. Eine „grüne Transformation" des Kapitalismus allein schaffe noch keine gerechte Welt.

Zentraler Erfolgsfaktor einer nachhaltigen Entwicklung ist für Brand die Berücksichtigung der strukturellen Transformationsdynamiken, in die die Bemühungen um nachhaltige Entwicklung eingebettet sind. Dazu gehören technische, ökonomische, politische und kulturelle Entwicklungsdynamiken, die zueinander vielfach in Spannung stehen: der Fortschritt von Wissenschaft und Technik (Digitalisierung, Biotechnologien usw.), eine kapitalistisch organisierte Wirtschaft mit der für sie typischen Logik der Kapitalverwertung, das politische Prinzip der Volkssouveränität, eine am Gemeinwohl orientierte Gestaltung gesellschaftlicher Entwicklungen und nicht zuletzt die Prinzipien der kulturellen Moderne (Autonomie, Menschenrechte usw.). Selbstbestimmung und die Entfaltung individueller Bedürfnisse sind darin hohe Güter. Die Herausforderung ist, divergente Interessen, die in immer weiter ausdifferenzierten Teilsystemen entstehen, im Sinne einer gemeinschaftlich tragfähigen Zukunft zu verknüpfen und die unterschiedlichen Konfliktfelder auszubalancieren. Das in den letzten Jahrzehnten dominierende neoliberale Gesellschaftsmodell gehöre auf den Prüfstand. Es verliere ohnehin weltweit an Akzeptanz, was mit dem Zerfall der globalen Führungsrolle der USA einhergehe. So würden einerseits regressive, nationalistisch-autoritäre Ordnungsmodelle aufleben. Andererseits aber biete gerade das weltweit (mehr oder weniger) institutionalisierte Leitbild nachhaltiger Entwicklung einen Referenzrahmen für die Entwicklung neuer, sozial tragfähiger Gesellschaftsmodelle.

Auf den Prüfstand gehören für Brand – neben einer Industrie, die auf fossilen Brennstoffen basiert – auch das etablierte, wachstumsbasierte Sozialsystem. Beides habe Abhängigkeiten, Interessengefüge und „mentale Infrastrukturen" geschaffen, die grundlegende Transformationen in Richtung nachhaltiger Entwicklung blockieren. Hier gilt es, historisch gewachsene Pfadabhängigkeiten zu beseitigen. Neue, integrative Lösungen, wie sie in Gesellschaft und Wissenschaft vielfach diskutiert und in Nischen z. T. auch erprobt werden, wurden von Seiten der Politik bisher jedoch nicht aufgegriffen. Das liege nicht nur an der Trägheit komplexer, miteinander verflochtener institutioneller Gefüge sowie an den Verflechtungen von Interessen und Macht, sondern auch am sektoralen Ressortprinzip der Politik und an ihrer Fokussierung auf kurzfristige Interessen, aktuelle Problemdebatten und mediale Resonanzen.

Angesichts wachsender Probleme können Wissenschaftler, soziale Bewegungen und „Non Governmental Organisations" (NGOs) einen gewissen Druck erzeugen, um neue, integrative Lösungen in den Blick zu nehmen. Brand ist sich jedoch darüber im Klaren, dass es ohne *Win-win-Arrangements* zwischen Wirtschaft, Politik und Gesellschaft nicht geht. Klimabedingte und andere Katastrophen schaffen – bei allem Leid, das sie für die Betroffenen bedeuten – allerdings auch immer wieder *Windows of Opportunities,* um Mehrheiten für radikalere Veränderungsschritte zu finden (z. B. Energiewende).

Den Einfluss seines Fachs empfindet Prof. Brand in diesem Kontext als eher gering, im Rang einzuordnen hinter der Ökonomie, der Technik oder den Politikwissenschaften. Er erklärt diesen Umstand mit der hohen Komplexität sozialer Prozesse, die soziologische Analysen zu erklären versuchen. Das liefert keine einfachen, klaren Kausalitäten und Lösungsansätze. Die Politik orientiert sich stattdessen – neben technischen Lösungen – eher am Modell des „mündigen", verantwortungsbewussten Konsumenten, der mit seinem Konsumverhalten die Wirtschaft in eine nachhaltige Richtung lenken könnte. Aber selbst wenn Nachhaltigkeit für den Konsumenten einen positiven Wert darstellt, verhält er sich oft alles andere als ökologisch konsequent. Der Boom bei *Sport Utility Vehicles* (SUVs) und Fernreisen ist ungebrochen. *Rebound-Effekte* machen energietechnische Gewinne durch neue Geräte, Bauweisen etc. meist zunichte.

Natürlich wünscht sich Brand, dass sich die Sozialwissenschaften stärker Gehör verschaffen. Schließlich sei die „Toolbox" sozialwissenschaftlicher Instrumente gut gefüllt mit modellbasierten, empirisch gestützten Betrachtungen zum Alltagshandeln, zu sozialen Milieus, Diskurs- und Machtverhältnissen, zu sozialen und soziotechnischen Systemdynamiken. Die institutionellen Ressourcen der Soziologie sind jedoch immer noch sehr begrenzt. Für Umweltsoziologie gibt es z. B. nach wie vor in Deutschland gerade ein oder zwei Professuren, auch wenn im Gefolge der Klimawandeldebatte in den vergangenen Jahren eine Reihe neuer Stellen für soziologische Klima- und Nachhaltigkeitsforschung geschaffen wurden. Gefahren gehen für ihn von seiner Disziplin nicht aus, schon aufgrund der selbstauferlegten Rolle als kritischer Beobachter des Geschehens.

Gesellschaftliche Aushandlungsprozesse gelingen nach der Auffassung von Karl-Werner Brand vor allem dann, wenn breitere Gesellschaftsgruppen national und länderübergreifend von ähnlichen Problemlagen betroffen sind. Im globalen Maßstab müssten allerdings das räumliche und zeitliche Auseinanderfallen von Verursachung und Betroffenheit, aber auch die Verlagerung von Problemfolgen (meist in die Länder des globalen Südens) berücksichtigt werden. Ein wichtiger Punkt im Rahmen von Nachhaltigkeitsprozessen sei die Frage, inwieweit die Ergebnisse partizipativer Dialoge und Konzeptentwicklungen in politische Entscheidungen einfließen. Zu oft habe man erfahren, dass die Ergebnisse, z. B. von Nachhaltigkeitsforen, in denen fruchtbare Vorarbeit geleistet wurde, in der Schublade landen. Wichtig ist auch, ein Gleichgewicht der Stimmen herzustellen. Im Übrigen sieht Brand auf lokaler und regionaler Ebene deutlich bessere Chancen zur Verständigung als auf nationaler oder internationaler Ebene. Die Komplexität der Probleme ist auf der lokalen Ebene geringer; Gemeinsamkeiten in der Entwicklung neuer, nachhaltigerer Modelle des Lebens und Wirtschaftens, der Entwicklung nachhaltiger Mobilitäts-, Wohn- und Ernährungsformen lassen sich hier sehr viel leichter finden. Brand weist in diesem Zusammenhang auch darauf hin, wie wichtig *Best Practices* sind, gute Beispiele also. Symbole, Bilder und Narrative spielen für die gemeinsame Entwicklung „nachhaltigerer" Alternativen eine wesentliche Rolle. Ihre Emotionalisierung trage jedoch auch zur Verschärfung gesellschaftlicher Konflikte bei.

Unternehmen können je nach Verhalten nachhaltige Entwicklung entweder blockieren oder fördern. Sie bewegen sich, zumindest in Deutschland und vielen anderen westlichen Ländern, in einem gesellschaftlichen Kontext, in dem das Leitbild der Nachhaltigkeit einen normativen Bezugsrahmen für Kritik und Legitimation liefert. Das kann rein symbolisch bleiben und *Green Washing* bedeuten. Die Aussicht auf neue Geschäftsfelder schafft oft aber auch *Win-win-Konstellationen*, die betriebliche Aktivitäten in eine „nachhaltigere" Richtung lenken. Bleibt also abzuwarten, welche Leitbilder und Handlungsorientierungen sich in den Firmen durchsetzen (was durchaus nach Branche, Unternehmens- oder Unternehmertyp unterschiedlich sein kann).

Persönlich orientiert sich Karl-Werner Brand an humanistischen Leitwerten. Dazu gehören Anerkennung der Menschenwürde und Menschenrechte, sozial gerechte Formen kollektiver Bedürfnisbefriedigung sowie Berücksichtigung der ökologischen Voraussetzungen menschlichen Lebens, aber auch der Eigenrechte der Tierwelt.

Zivilisationsprojekt

Prof. Dr. Uwe Schneidewind ist Präsident und wissenschaftlicher Geschäftsführer am Wuppertal Institut für Klima, Umwelt, Energie. Nach dem Studium der Betriebswirtschaft in Köln sowie Promotion und Habilitation in St. Gallen war er zuvor bei Roland Berger tätig, übernahm Lehr- und Führungsaufgaben an der Carl von Ossietzky-Universität Oldenburg und später die Professur für Innovationsmanagement und Nachhaltigkeit (Sustainable Transition Management) am Fachbereich Wirtschaftswissenschaft (Schumpeter School of Business and Economics) der Bergischen Universität Wuppertal. Er ist Mitglied im Wissenschaftlichen Beirat der Bundesregierung Globale Umweltveränderungen (WBGU), im Club of Rome, in der Deutschen UNESCO-Kommission DUK, im Hochschulrat der Universität Kassel, im Beirat der NRW-Bank und im Wissenschaftlichen Beirat des BUND. Weiterhin ist er Vorsitzender des Aufsichtsrats der Universität Witten/Herdecke und der Kammer für Nachhaltige Entwicklung der Evangelischen Kirche in Deutschland (EKD).

Für Uwe Schneidewind ist nachhaltige Entwicklung die Erweiterung der Menschenrechte auf alle heute und zukünftig lebenden Menschen – ein Zivilisationsprojekt also. Entscheidend ist dabei, so sieht er es heute, neben kluger politischer Rahmengestaltung die adäquate Berücksichtigung der soziokulturellen Komponente. Sie findet Ausdruck in *Zukunftskunst*, wie er es nennt: die Fähigkeit einer Gesellschaft, sich selbst im Sinne eines guten Lebens für alle zu transformieren.

Die Rolle der Wissenschaft in diesem Prozess ist ambivalent. Einerseits sei sie unverzichtbar, um mit aufgeklärtem Blick Horizonte zu erweitern, die gesellschaftliche *Literacy* nicht nur in technologischer, sondern auch in kultureller Hinsicht zu optimieren und damit wesentliche Impulse für gesellschaftliche Veränderungsprozesse zu liefern. Andererseits bleibe die Wissenschaft derzeit weit hinter ihren Möglichkeiten zurück, weil sie sehr stark auf sich selbst bezogen sei. Das gelte vor allem für die Wirtschaftswissenschaft, die zudem immer wieder mit ihrem Anspruch auf quasi naturwissenschaftliche Exaktheit scheitert. Impulse z. B. aus der Soziologie und der Geschichtswissenschaft, die jeweils die Rhythmik gesellschaftlicher Veränderungen in den Fokus nehmen, würden von der Wirtschaftswissenschaft zu wenig aufgegriffen. Den technischen Wissenschaften wiederum fehle das Gefühl für Zeitlichkeit, die man z. B. in *Reallaboren*, in denen unterschiedliche Akteure über längere Zeiträume interagieren, experimentell untersuchen könne. Zudem bestehe die Gefahr, dass die medial oft perfekt inszenierten Bilderwelten der Technologie auf die besonderen Erfordernisse eines soziokulturellen Transformationsprozesses übertragen werden. Die Herausforderung für jede wissenschaftliche Disziplin bestehe darin, den Spagat zwischen der wissenschaftsüblichen Anwendung eigener Begrifflichkeiten, Metriken und Methoden und dem interdisziplinären Integrationsbedarf, wie er bei nachhaltiger Entwicklung besteht, hinzubekommen.

Der dazu nötige gesellschaftliche Aushandlungsprozess bedarf einer demokratischen Basis, klarer Regeln für alle daran Beteiligten und ein klares Bewusstsein für Einflussmöglichkeiten. Weiterhin bedarf es einer lernorientierten, offenen Haltung, die verhindert, dass die Ergebnisse des Prozesses für individuelle Interessen missbraucht werden. Nicht zuletzt bedarf es auch einer „Öffnung des Optionenraums". An dieser Stelle weist Schneidewind darauf hin, dass zumindest unter Fachleuten Sachkonflikte relativ leicht lösbar sind. Das gelte auch für Interessenkonflikte, sofern es gelänge, *Win-win-Lösungen* zu finden. Überzeugungskonflikte hingegen, die sich z. B. auf Fragen des Umgangs mit Flüchtlingen oder der Nutzung der Gentechnik beziehen, erscheinen ihm nur schwer lösbar.

Insgesamt sieht Uwe Schneidewind die Chancen gesellschaftlicher Aushandlungsprozesse überall da gegeben, wo sich neue (technische) Möglichkeiten abzeichnen, z. B. im Bereich der Mobilität. Hier betreten neue Spieler das Spielfeld und es bilden sich neue Allianzen. Beim Thema Energiewende hingegen oder der Etablierung einer ressourcenschonenden Kreislaufwirtschaft ist der Einigungs- und Veränderungsprozess aufgrund unterschiedlicher wirtschaftlicher Interessen ins Stocken geraten. Hier könnten jedoch neue Narrative helfen, aber auch Nichtregierungsorganisationen (NGOs) und andere Teile der Zivilgesellschaft. Auch könnten neue technische Lösungen Wirkung entfalten, ausgedacht von pfiffigen Unternehmerinnen und Unternehmern.

Unternehmen können zur kulturellen Mobilisierung auf ganz unterschiedlichen Ebene beitragen, sofern sie sich nicht ausschließlich ihren Shareholdern verpflichtet fühlen. Öffentliche Organisationen, wie z. B. Sparkassen und Volksbanken, sind ohnehin gemeinwohlorientiert. Hier könnten dann Fragen wie jene, ob demnächst der Verkehr in einer Kommune von Google und Uber oder nicht lieber von einer kommunalen Genossenschaft gesteuert werden soll, zugunsten letzterer entschieden werden.

Uwe Schneidewind ist von der christlichen Trias Glaube – Liebe – Hoffnung geleitet. Der Glaube vermittelt ihm die Vorstellung, Teil einer faszinierenden Vision von Humanität zu sein. Liebe ist für ihn die Basis nachhaltiger Entwicklung, und die Hoffnung gibt ihm die Gewissheit, dass da etwas ist, für das sich zu kämpfen lohnt.

Begleiterin sozialer Prozesse

Claudine Nierth lebt in der Nähe von Hamburg. Neben ihren Tätigkeiten als Künstlerin, selbstständige Prozessbegleiterin und Politaktivistin ist sie Bundesvorstandssprecherin von „Mehr Demokratie e. V.", Mitglied des Aufsichtsrats der GLS Treuhand Bochum und Vorstandsmitglied bei der Gemeinnützigen Treuhandstelle Hamburg (GTS Hamburg). Dieser Verein sammelt und verwaltet Gelder, um sie an Menschen, Institutionen und Projekte weiterzugeben, die zukunftsweisende Ziele verfolgen. Auf diese Weise übernimmt der Verein Verantwortung für die sozialen, kulturellen und ökologischen Lebensgrundlagen unserer Gesellschaft und zukünftiger Generationen.

Seit mehr als 20 Jahren initiiert und begleitet Frau Nierth soziale Prozesse in Unternehmen und in der Gesellschaft. In Würdigung ihrer Arbeit für mehr Demokratie durch Wahlen, Abstimmungen und Bürgerbeteiligung wurde ihr von Bundespräsident Frank-Walter Steinmeier am 22. Mai 2018 das Bundesverdienstkreuz am Bande verliehen. Unser Gespräch fand in der Geschäftsstelle der GTS Hamburg statt.

Nachhaltige Entwicklung ist für Claudine Nierth ein Wertschöpfungsprozess, der in der Gegenwart beginnt und sich in der Zukunft entfaltet. Als Beispiel nennt sie den Baum, der heute gepflanzt wird, um morgen Früchte zu tragen, damit er „etwas weitergibt". Um diesen Prozess in Gang setzen und auf Erfolgskurs halten zu können, bedarf es zunächst einmal der Zustimmung aller Betroffenen. Weiterhin muss der Prozess wahrnehmbar und in seinem Fortschritt messbar sein. Und nicht zuletzt sollte sich der „Prozessanschieber" oder die Anschieberin im Prozessverlauf überflüssig machen, um nicht durch eine unnötig starke Abhängigkeit von einzelnen Personen (mit ihren naturgemäß begrenzten Ressourcen) den Gang der Dinge zu verzögern und zu erschweren.

Sich selbst sieht Frau Nierth als Prozessbegleiterin, die in unterschiedlichen sozialen Kontexten bislang ungenutzte Potenziale hebt, um mögliche (Denk-)Blockaden zu lösen und Phasen der Stagnation zu beenden. In Firmen und anderen Organisationen bringt und hält sie Dinge in Gang, indem sie die Beteiligten ungewohnten Situationen aussetzt. Das kann z. B. eine gemeinsame Reflexion über handlungsleitende Werte im Alltag sein, die sie durch Fragen und Aufgaben anregt und die den Teilnehmenden neue Blickwinkel eröffnet. Hier nutzt sie unterschiedliche Methoden, vom Design-Thinking und Co-Creation-Prozessen über Improvisationsmethoden und verschiedene Gesprächsmodule bis zu nonverbaler Kommunikation. Auf diese oder ähnliche Weise initiiert sie völlig neue Gemeinschaftserfahrungen mit neuen, von allen getragenen Werten, die das Vertrauen ineinander stärken und ein entspanntes, produktiveres Miteinander ermöglichen. Wichtig ist dabei auch die Erfahrung, Zugang zur eigenen Intuition zu finden, um Standpunkte besser artikulieren und stimmigere Entscheidungen treffen zu können. Frau Nierth ist immer wieder überrascht, welche Möglichkeiten Menschen dabei in sich selbst erkennen – und anschließend einbringen!

Eine besondere Rolle spielt diese Art von Prozessbegleitung im Prozess der Bürgerbeteiligung, wenn es zum Beispiel um den Standort eines neuen Gefängnisses geht, wie z. B. kürzlich in Rottweil. Ein Prozess mit dem Namen *Citizen Assembly* in Irland ist weit über die Landesgrenzen hinaus bekannt geworden. In einem vorbildlich gesteuerten Verfahren, das aus den drei Kernelementen *Bürgerversammlung* (als Dialogformat), *parlamentarischer Zwischenentscheid* und *finale Volksabstimmung* bestand, erlangte, für viele überraschend, nicht nur die Ehe für alle, sondern auch das Abtreibungsrecht Gesetzeskraft im katholischen Irland.

In öffentlichen Entscheidungsprozessen, die von meist sehr heterogenen Bürgern getragen werden, müssen Prozessbegleiter wie Teilnehmende vor allem zuhören, was die Menschen beschäftigt. Sie alle eint das Bedürfnis, wahrgenommen zu werden und (mit-)gestalten zu können. Wenn es gelingt, diese Grundbedürfnisse zu befriedigen, können nachhaltige Lösungen entstehen. Das funktioniert allerdings nicht voraussetzungslos. Nierth nennt einige Qualitätskriterien für solche Prozesse:

- Externe Moderation
- Alle Betroffenen miteinbeziehen
- Teilnehmende freistellen und ggf. entlohnen
- Ergebnisoffenheit
- Berücksichtigung aller verfügbaren Informationen (z. B. Fachwissen) und Alternativen
- Zufriedenheit aller mit dem Ergebnis
- Ergebnis muss kollektiv tragfähig sein
- Vor Beginn muss klar sein, was mit dem Ergebnis geschieht

Eine Gefahr sieht Claudine Nierth bei dieser Art der Entscheidungsfindung darin, dass die öffentlichen Auftraggeber versuchen, Bürgerdialoge zu instrumentalisieren oder ein *Management der Akzeptanz* daraus zu machen. Hier sei jedoch Vorsicht geboten, weil Menschen dies merken und sich dann unweigerlich zurückziehen. Um jedoch wirklich die *kollektive Intelligenz* einer Gruppe im Sinne besserer Lösungen zu nutzen, statt *kollektive Dummheit* zu säen, bedarf es weiterer Regeln, auf die geschulte Moderatoren achten:

- Zuhören und Bedeutungen erfassen
- Gegensätze aushalten, damit Neues entstehen kann
- Neugier auf das, was man (noch) nicht weiß

Die Situation in Deutschland ist nach dem Eindruck von Frau Nierth durch eine weitverbreitete parlamentarische Abwehrhaltung gegenüber einer umfassenderen Bürgerbeteiligung geprägt. Hier begegnen ihr Äußerungen wie „Ich bin doch gewählt, um die Bürger zu vertreten …!" oder „Wir sind gewählt, um den Bürger notfalls vor sich selbst zu schützen!", aber auch „Demokratisch kann nur beteiligt werden, wer die nötige Bildung hat!" Mit dieser Haltung zahle die Demokratie in Deutschland einen hohen Preis: Den Preis der *Nichtbeteiligung*. Das zeigt sich aktuell im wachsenden politischen Einfluss vermeintlicher gesellschaftlicher Randgruppen, die sich seit Langem im politischen Diskurs ausgegrenzt fühlen.

Gefragt nach der Rolle von Unternehmen bei nachhaltiger Entwicklung fällt ihr sofort die Experimentierfreudigkeit ein, durch die sich zumindest mittelständische Unternehmen mitunter auszeichnen. Wichtig sei hier jedoch eine gute Fehlerkultur und das Erleben einer gefühlt egalitären Interaktion, die frei ist von Machtspielen. Ohne die Art des Erlebens können sich die Potenziale der Beschäftigten auf der Suche nach optimalen Produktlösungen und die Art und Weise, wie die Produkte entstehen, nicht entfalten.

Ein wichtiger persönlicher Leitwert von Claudine Nierth stammt aus der Kunst: Stimmigkeit durch die Kombination von Wahrheit, Schönheit und Güte (im Sinne von Qualität). Im Übrigen glaubt sie fest an eine bejahende Schöpfungslogik, die darin besteht, dass die Natur ausgleichend wirkt (was für Menschen nicht zwangsläufig vorteilhaft ist). Sie möchte ihre Energie darauf verwenden, stimmige Dinge voranzubringen.

Kultursensible Pflege

Jasmin Arbabian-Vogel ist Vollblutunternehmerin im Bereich sozialer Dienste. Ihre Interkulturelle Sozialdienst GmbH in Hannover betreibt ambulante Pflege und Senioren-WGs in einer Gesellschaft, die soziokulturell zunehmend bunter wird. Mit einem 150-köpfigen Team aus Altenpflegern, Krankenschwestern, Ergo- und Physiotherapeuten aus ca. 20 verschiedenen Nationen setzt sie auf eine kultursensible Pflege, die über die üblichen, rein ethnisch orientierten Angebote hinausgeht. Außerdem betreibt sie eine Firma zur Unterstützung in der Haushaltsführung sowie ein Yogastudio, gedacht für Frauen und Männer mit Entspannungsbedarf, zu denen natürlich auch die eigenen Beschäftigten gehören. Ganz nebenbei ist sie auch Präsidentin des Verbandes deutscher Unternehmerinnen und in weiteren Wirtschafts- und Fachverbänden aktiv.

Den Begriff Nachhaltigkeit assoziiert Jasmin Arbabian-Vogel zunächst einmal mit langfristigem Bestand, der in ihrem Fall auf verantwortungsvoller Gestaltung ihrer Unternehmen basiert und zufriedene, loyale Mitarbeiterinnen und Mitarbeiter hervorbringt. Eine geringe Fluktuation der Beschäftigten bedeutet Planungssicherheit im umfassenden, strategischen Sinne, nicht nur bezüglich des Dienstplanes. Nachhaltigkeit bedeutet für sie weiterhin, unsere Gesellschaft in einer Verfassung zu halten, die sie „übergabefähig" für kommende Generationen macht.

Ein zentraler Erfolgsfaktor nachhaltiger Entwicklung ist für sie als Unternehmerin eine klare Vorstellung davon, was Nachhaltigkeit im eigenen Unternehmen überhaupt ausmacht. Dazu gehört z. B. die aktuell geplante Umstellung ihrer Pflegedienstautoflotte (Smart-PKWs) auf elektrischen Antrieb, aber natürlich auch ein Leistungsangebot, das den Bedürfnissen der Zielgruppen entspricht. Die Bestandssicherung eines Unternehmens erfordert, hinreichend attraktiv zu sein und zu bleiben, und zwar nicht nur für Kunden bzw. Patienten, sondern auch für persönlich und fachlich geeignete Fachkräfte, nach denen heute gerade in der Pflege händeringend gesucht wird. Unternehmerinnen und Unternehmer haben außerdem die Möglichkeit und Verpflichtung, sich auf unterschiedlichen Plattformen in Wirtschaft und Politik zu engagieren, um sich an Diskursen über Nachhaltigkeit zu beteiligen und damit Einfluss auf die positive Entwicklung unserer Gesellschaft zu nehmen. Die Chancen zum Gelingen von Aushandlungsprozessen, wie z. B. zur Frage, was ein gutes Leben ist, stehen für Arbabian-Vogel eher gut. Sie nimmt gesellschaftlichen Konsens darüber wahr, dass im Sinne von mehr Nachhaltigkeit gehandelt werden müsse, und spürt zunehmende Offenheit für neue Ansätze. Die technologische Entwicklung biete hier zudem wichtige Chancen.

Für wichtig erachtet sie in diesem Zusammenhang die stärkere Öffnung gesellschaftlicher Diskurse für junge Menschen, die oft einen starken Willen zur Beteiligung haben. Hier müsse man über neue Formate der Interaktion nachdenken. Schulen sollten, anstatt lediglich Programmierkurse anzubieten, lieber Medienkompetenz, ja sogar Lebenskompetenz erzeugen, um junge Menschen gesellschaftlich diskursfähiger zu machen. Im Übrigen stößt ihrer Meinung nach die Koedukation in Schulen an Grenzen. Das zeige sich vor allem dann, wenn Mädchen zwar an technischen Berufen interessiert sind, sie dieses Interesse jedoch in gemischten Klassen, in denen in den technischen Fächern meist die Jungs „das Sagen haben", nicht entfalten können. Generell sei eine Abkehr von tradierten, geschlechtsspezifischen Rollenbildern angesagt. Bei gesellschaftlichen Diskursen sieht Jasmin Arbabian-Vogel jedoch eine Gefahr darin, dass bestimmte Extrempositionen nicht mehr „anschlussfähig" sind.

Unternehmen sind für sie regional verwurzelte Orte, wo Menschen mit Fähigkeiten arbeiten, deren Nutzung eine nachhaltige Entwicklung überhaupt erst ermöglicht. Oft könne erst auf Basis der viel zitierten „Soft Skills" z. B. ökologisch sinnvoll gehandelt werden. Unternehmen sind dann Teil der Lösung, nicht Teil des Problems, wie kürzlich durch die Schummelei von Autoherstellern mit Abgaswerten von Dieselmotoren.

Wie schon ihre Unternehmen zeigen, ist Jasmin Arbabian-Vogel Verfechterin gesellschaftlicher Vielfalt. Toleranz, Offenheit für Andersartigkeit und Liberalität im ursprünglichen Sinne sind für sich wichtige Leitwerte.

In längeren Zeiträumen denken

Ferdinand Munk ist Inhaber und Geschäftsführer der Günzburger Steigtechnik GmbH, in der Leitern, Rollgerüste, Rettungstechnik und Sonderkonstruktionen aus Aluminium beispielsweise für die Wartung technischer Anlagen hergestellt werden. Das 1899 gegründete Unternehmen hat rund 300 Beschäftigte, unterhält 14 Vertriebsbüros in Deutschland und 20 Auslandsvertretungen weltweit. Jährlich verlassen mehr als 400.000 Leiternteile die Produktionshallen in Günzburg. Munk führt die Firma zusammen mit seiner Ehefrau Ruth, und auch die drei Töchter und der Sohn der beiden sind im Unternehmen tätig – ein Familienbetrieb im wahrsten Sinne also. Zudem ist er Stadtrat in Günzburg und Mitglied im Deutschen und Europäischen Normenausschuss für das Feuerwehrwesen sowie Beirat im Deutschen Feuerwehrverband. 2011 wurde er in den Wirtschaftssenat des Bundesverbandes mittelständische Wirtschaft (BVMW) und 2016 zum Senator h. c. berufen. Das Gespräch führten wir in der BVMW-Geschäftsstelle in Berlin.

Nachhaltige Entwicklung bedeutet für Ferdinand Munk, in längeren Zeiträumen zu denken, über den eigenen Tellerrand zu schauen und dementsprechend zu handeln. Als Unternehmer denkt er dabei zunächst einmal an seine Produkte, seine Kunden und den Wettbewerb: Welche Rolle spielen Aluminiumleitern im Wettbewerb der Zukunft? Wie lange noch ist der Rohstoff Aluminium verfügbar, wie lange bleibt er attraktiv? Wie können die Produkte umweltschonend verpackt werden? Wie kann Abfall vermieden und Energie gespart werden? Bei der Nachhaltigkeitsbewertung in den Bereichen Umwelt, Arbeitspraktiken und Menschenrechte, faire Geschäftspraktiken und nachhaltige Beschaffung erhielt das Unternehmen 2015 und 2017 von EcoVadis das CSR-Rating in Silber. Und natürlich denkt er auch daran, wer den Betrieb in Zukunft führen wird.

Ein besonderes Augenmerk gilt seinen Beschäftigten, deren Wohlergehen, den Werten, die sie vermittelt bekommen, und dem Beitrag, den jeder und jede von ihnen leisten kann. Hier spielt Inklusion eine wichtige Rolle: Das *2+1-System* im Betrieb sieht vor, dass Teams alters- und geschlechtsgemischt besetzt sind. Es werden Schüler mit besonderem Förderbedarf beschäftigt, die Berufsschullehrer auf die Prüfung zum Metallbauer vorbereiten. So werden wertvolle Arbeitskräfte gewonnen, die ohne diese besondere Förderung in einer leistungsorientierten, zunehmend dynamischen Arbeitswelt eher „hinten runtergefallen" wären. Fördermaßnahmen wie diese, die z. B. durch betriebliche Vortragsabende und Sportveranstaltungen ergänzt werden, erzeugen eine außerordentlich hohe Mitarbeiterbindung – man fühlt sich als „Munkianer". Durch die Vergabe von Bachelor- und Masterarbeiten holt man externe Perspektiven ins Haus und erweitert damit Horizonte und Gestaltungsspielräume. Dieses kulturelle Umfeld macht das Unternehmen für junge Fach- und Führungskräfte, nach denen allerorts händeringend gesucht wird, attraktiv. Probleme mit dem Führungsnachwuchs kennt man bei der Günzburger Steigtechnik nicht.

Für ein positives Naturverständnis ist ebenfalls gesorgt: Auf dem Betriebsgelände werden Bienenvölker auf Blumenwiesen sowie Schafe und Esel gehalten, denen die Beschäftigten und deren Familien an Familientagen begegnen. Imker zeigen, wie Honig entsteht. Anhand der firmeneigenen Fotovoltaikanlage wird erklärt, warum das Erzeugen von eigenem Strom durch Nutzung von Solarenergie ökologisch sinnvoll ist, und mit den Stadtwerken stimmt man die günstigsten Strombezugszeiten ab. Beschäftigte bilden Fahrgemeinschaften und machen Vorschläge zur Verbesserung der Energieeffizienz. Resultate solcher „Nachhaltigkeitsideenwettbewerbe" sind z. B. automatische Türanlagen und Vorrichtungen zum Auffangen von Wasser. Sehr erfolgreich war auch ein Projekt, bei dem Auszubildende Einsparmöglichkeiten bei Fahrwegen von Gabelstaplern ermittelt haben. Das alles, so betont Munk, sei das Ergebnis eines stetigen, kollektiven Lernprozesses.

Als Vater und Unternehmer will Ferdinand Munk Vorbild in nachhaltiger Entwicklung für seine Familie und seine Beschäftigten sein. Vorbildfunktion hat er auch als Kommunalpolitiker sowie als Verbandsfunktionär. In allen seinen Rollen wirkt Munk nicht nur als Multiplikator, sondern er lernt auch ständig dazu. Mit diesem Wissenszuwachs wachse potenziell auch sein Einfluss. Den will er jedoch nicht instrumentalisieren, um dadurch Macht über andere zu erlangen. Vertrauen ist für Munk eine wichtige Grundlage beim Aufbau neuer Beziehungen und eigentlich alternativlos. Diese Einstellung werde zwar mitunter missbraucht, aber das nimmt er in Kauf. Akteure wie er müssen jedoch auch erkennen, wenn Aufgaben zu groß werden, wenn das

Team zur Bewältigung von Aufgaben nicht stimmt, Verbissenheit ins Spiel kommt, und eben Macht missbraucht wird. Solche Entwicklungen sind Anlass zum Gegensteuern.

Die gegenwärtigen Bedingungen für gesellschaftliche Aushandlungsprozesse sieht Munk derzeit eher ungünstig. Das liege an der Dominanz eines wissenschaftlich gestützten, ökonomisch-technischen Systems, das die gesellschaftliche Entwicklung derzeit beherrsche. Hier stehe z. B. die Frage im Vordergrund, wie man menschliche Arbeit durch künstliche Intelligenz ersetzen könne. Die Intelligenz hingegen, die für die Erzeugung künstlicher Intelligenz nötig sei, sowie das Know-how in Robotik, werde gerade verkauft. In einem rohstoffarmen Land wie Deutschland sei Wissen die zentrale Ressource. Munk weist an dieser Stelle auf Transaktionen bei namhaften deutschen Unternehmen hin. Im Übrigen will er sich nicht von Algorithmen vorschreiben lassen, was er tun soll. Um solchen Entwicklungen entgegenzuwirken, sollten wir wieder mehr Stolz zeigen auf das, was in Deutschland erreicht wurde.

Die mittelständische Unternehmerschaft mit ihrer Bereitschaft, Verantwortung zu übernehmen und den Blick in die Zukunft zu richten, ist dabei ein wichtiger Aspekt. Organisationen, und speziell die Unternehmen, können durch Kooperation im Prozess des Gebens und Nehmens Erfahrungen austauschen und neues Wissen erzeugen, um die nachhaltige Entwicklung unserer Gesellschaft voranzutreiben. Ein Unternehmerverband, wie z. B. der BVMW mit seinen 60.000 Mitgliedern, könne durchaus einen positiven Einfluss auf die Zivilgesellschaft nehmen.

Ferdinand Munk orientiert sich am Grundsatz, dass man nichts *„mitnehmen*, sondern nur etwas *dalassen* könne. Als Unternehmer geht es ihm darum, dass möglichst viele Menschen in Arbeit sind, die sie ausfüllt, verbunden mit dem Gefühl, gebraucht zu werden.

Werkstoffe im Kreislauf

Prof. Dr. -Ing. Eckart Uhlmann hat Maschinenbau studiert und war Wissenschaftlicher Mitarbeiter und Oberingenieur im Bereich Fertigungstechnik am Institut für Werkzeugmaschinen und Fabrikbetrieb (IWF) der TU Berlin. Anschließend war er Prokurist und Bereichsleiter für Forschung, Entwicklung, Anwendungstechnik und Patentwesen bei einem weltweit führenden Anbieter von Schleifwerkzeugen.

Im Jahr 1997 übernahm er die Leitung des Fraunhofer-Instituts für Produktionsanlagen und Konstruktionstechnik (IPK) sowie die Leitung des Fachgebiets Werkzeugmaschinen und Fertigungstechnik am Institut für

Werkzeugmaschinen und Fabrikbetrieb der TU Berlin im Produktionstechnischen Zentrum Berlin. Prof. Uhlmann ist Fellow Member des College International pour la Recherche en Productique (CIRP), Präsident des Fraunhofer Project Centers „for Advanced Manufacturing" in Brasilien, Sprecher des Fraunhofer Leistungszentrums für Digitale Vernetzung, Berlin, Gutachter der Deutschen Forschungsgemeinschaft (DFG), Mitglied des Programmrates des „Futurium", Berlin, Mitglied und ehemaliger Präsident der „Wissenschaftlichen Gesellschaft für Produktionstechnik" (WGP) sowie Mitglied der Deutschen Akademie der Technikwissenschaften (acatech) und der Berlin-Brandenburgischen Akademie der Wissenschaften (BBAW). Wir sprachen zusammen in seinem Büro in Berlin.

Für Eckart Uhlmann ist der Begriff Nachhaltigkeit in den letzten Jahren nahezu ein „Unwort" geworden. Diejenigen, die es benutzen, ziehen seiner Meinung nach nur selten gleichzeitig die ökologische, ökonomische und soziale Dimension in Betracht, die das offizielle Leitbild umfasst und die nachhaltige Entwicklung so komplex und oft genug widersprüchlich macht. Berufsbedingt liegt sein Fokus bei nachhaltiger Entwicklung auf dem Umgang mit Werkstoffen, der Grundlage von Fertigungstechnologien und Maschinen sowie dem gesamten Fabrikbetrieb. Im Vordergrund stehen hier Anforderungen wie Rückgewinnung und Wieder- und Weiterverwendung sowie -verwertung, die tragende Elemente der Kreislaufwirtschaft sind. Nachhaltigkeit beginnt hier bereits im Entwicklungsstadium. Für eine Volkswirtschaft sei es von großer Bedeutung, im Sinne der Verfügbarkeit materieller Ressourcen möglichst autark zu bleiben und diese so lange wie möglich „im Kreislauf" zu halten. Ein wichtiger Aspekt waren anfangs die anfallenden Kosten und natürlich die Frage, wer diese trägt bzw. tragen kann. Weil jedoch Rohstoffe knapper werden, sei die Kreislaufwirtschaft ein zunehmend lukratives Geschäftsfeld.

Die konsequente Umsetzung der Kreislaufwirtschaft erfordert im technischen Bereich neue Verfahren und eine neue Logistik, um Produkte, die nach bisherigen Verfahren gefertigt wurden, zu zerlegen, einzelne Bestandteile wiederzuverwenden oder den Bestandteilen die darin verarbeiteten Rohstoffe zwecks Wiederverwendung zu entziehen. *De-Fertigung* stellt gänzlich andere Anforderungen als *Fertigung*. Um z. B. die Bestandteile einer Waschmaschine einem Materialkreislauf zuzuführen, muss mit neuen Anlagen und hoher Flexibilität die Zerlegung realisiert werden. Zudem bedarf es völlig neuer Verbindungstechnologien aus nachhaltigkeitsorientierten Konstruktionsprozessen, um die Demontage zu vereinfachen oder diese sogar erst zu ermöglichen. Hinzu kommt, dass sich Werkstoffe im Gebrauch durch *Degradation* verändern, bestimmte Materialeigenschaften verloren gehen und damit ihr Wert für den Materialkreislauf sinkt.

All das erfordere die Abwägung von Kosten-Nutzen-Aspekten, auch mit Hinblick auf die Energiebilanz. Uhlmann sieht deshalb auch Grenzen einer „radikalen Kreislaufwirtschaft" und stellt die Frage in den Raum, wie auf Basis heutiger Fertigungsprozesse nachhaltiges Wirtschaften möglich sei. Dabei ergeben sich Herausforderungen, wie der Umgang mit Kühlschmierstoffen aus der Produktion, die umweltgerecht entsorgt werden müssen und Ekzeme oder andere Hautkrankheiten erzeugen können. Das führe zu der Forschungsfrage, inwieweit eine Produktion „trockengelegt" werden oder Kühlschmierstoffe in einen geschlossenen Kreislauf gebracht werden können. Auch müsse man sich dem Thema „Kühlschmierstoffentsorgung und -aufbereitung" widmen, was derzeit um ein Vielfaches teurer sei als die Herstellung. Fertigungstechnisch sieht Uhlmann die Zukunft in Hybridprozessen, durch die bislang separat laufende Fertigungsschritte effizient miteinander verknüpft werden.

In der Beantwortung fertigungstechnischer Fragen und der Entwicklung adäquater Verfahren sieht Uhlmann die wichtigste Chance seiner Profession. Ein wichtiger sozialer Aspekt der Nachhaltigkeit ist jedoch auch die Frage, wie man Menschen länger im Arbeitsprozess halten kann, um von ihren Erfahrungen profitieren zu können. Hier wäre es wichtig, Assistenzsysteme wie z. B. *Cobots* zu entwickeln, um eine menschenzentrierte Automation zu ermöglichen.

Die zentrale Herausforderung nachhaltiger Entwicklung ist für Eckart Uhlmann die Integration der drei Säulen Ökologie, Ökonomie und Soziales. Eine nachhaltige Gesellschaft benötige eine stabile Volkswirtschaft mit hoher Produktivität und kürzeren Entwicklungszeiten. Mit dem Thema *Industrie 4.0* beschäftige man sich beim Fraunhofer-IPK seit ca. 15 Jahren. Die Umsetzung neuer Erkenntnisse in der Industrie, insbesondere in kleinen und mittleren Unternehmen (KMU), dem „Rückgrat der deutschen Wirtschaft", hinke jedoch hinterher. Zudem drifte die Innovationskraft in der Großindustrie und in den KMU immer weiter auseinander. Netzwerkeffekte, z. B. zwischen Zulieferern, die Entwicklungen gemeinsam vorantreiben könnten, werden zu wenig genutzt. Im Übrigen vermisst Uhlmann gut abgestimmte Zukunftsszenarien, die auf einheitlicher Beurteilung von Bedarfen und gemeinsamer Zielbildung basieren. Während beispielsweise in der chinesischen Volkswirtschaft Entwicklungen zentral gelenkt werden, führt die Heterogenität der Entwicklungsstandpunkte hierzulande dazu, dass Gesamtstrategien nur sehr schwer, wenn überhaupt, staatlicherseits angestoßen werden können.

Das beeinträchtige u. a. die Bereitschaft von Unternehmen, selbst Entwicklungsrisiken einzugehen.

Abhilfe könne durch ein systematischeres Vorgehen geschaffen werden, bei dem die betroffenen Parteien ihre Vorstellungen einbringen. So entsteht auf der Basis von Minimalkonsens ein von allen akzeptiertes Gesamtkonzept. Ausgangspunkt müsse die volkswirtschaftliche Ebene sein, um zunächst Fragen wie die, wie wir in Zukunft leben wollen, klären zu können. Schon darauf gäbe es jedoch in Deutschland keine Antwort, und selbst eine politisch konsolidierte Sicht auf die Dinge suche man vergeblich. Dringend erforderlich sei es, Horizonte zu erweitern, ggf. auch unter Beteiligung von Schlüsselpersonen aus dem Ausland.

Ein weiterer aussichtsreicher Lösungsansatz besteht für Uhlmann darin, selbst aktiv zu werden. Das Fraunhofer-Institut IPK unterhält Forschergruppen und eine Forschungseinrichtung in China und Brasilien, in denen nicht in erster Linie Technologietransfer stattfindet, sondern wo deutsche Forscher die Chance haben, in perspektivisch wichtigen Regionen „am Ball zu bleiben". Hier könnten sogar Abhängigkeiten von deutschem Know-how geschaffen werden. Wer meint, auf solche Präsenzen im Ausland verzichten zu können (zumal dann, wenn sie mit Kontakten auf höchster Ebene verbunden sind), sei entwicklungstechnisch bald aus dem Spiel.

Organisationen, die mit ihren Anspruchsgruppen die öffentliche Wahrnehmung stark beeinflussen, spielen bei nachhaltiger Entwicklung eine wichtige Rolle. Während jedoch z. B. Verbände, die Sprachrohr vieler Mitglieder mit heterogenen Interessen sind, eher unscharf in der Formulierung von Positionen bleiben müssen, könnten z. B. unternehmerische Vordenker mit Weitblick eine Menge bewirken.

Im Berufsleben lässt sich Eckart Uhlmann vom Grundsatz der Transparenz im Handeln gegenüber anderen leiten. Beim Bewältigen von Aufgaben versucht er, persönliche Interessen zugunsten vernünftiger Sachbeiträge zurückzustellen. Ideen sollen offen eingebracht werden. Sie können aber nur in einem Umfeld gedeihen, in dem Vertrauen, Verbindlichkeit und Verlässlichkeit nachhaltig kompetentes Handeln ermöglichen.

Linearer Innovationspfad

Dr. Damian Borth ist Ordinarius und Professor für Artificial Intelligence and Machine Learning an der Universität St. Gallen. Zuvor leitete er das Deep Learning Competence Center sowie den Bereich Multimedia Analysis & Data Mining am Deutschen Forschungsinstitut für künstliche Intelligenz

(DFKI) in Kaiserslautern, das führende deutsche Kompetenzzentrum für innovative Softwaretechnologien auf der Basis von Methoden der künstlichen Intelligenz. Im Jahr 2012 war er Visiting Researcher an der Columbia University, New York City, und entwickelte dort mit „SentiBank" erste Systeme zur visuellen Sentimenterkennung. Nach seiner Promotion 2014 war er Postdoctoral Fellow an der University of California, Berkeley, und dem International Computer Science Institute in Berkeley. Der Fokus seiner Arbeiten liegt im Bereich der Analyse großer Mengen unstrukturierter Daten wie Text, Bild, Video oder Zeitreihen mittels tiefer neuronaler Netze. Wir trafen uns am Rande eines „Finanzgipfels" in Wiesbaden, wo er über KI in der Finanzbranche referierte.

Mit nachhaltiger Entwicklung assoziiert Borth eine Entwicklung, die einem linearen, vor disruptiven Ereignissen eher verschonten technologischen Innovationspfad folgt. Darauf basierend könnten wir als Konsumenten immer bessere Leistungen in Anspruch nehmen, ohne dafür mehr Ressourcen zu verbrauchen, möglicherweise sogar weniger. In einem globalisierten Wettbewerb dürfe unsere Volkswirtschaft nicht stehen bleiben, sondern müsse Schritt halten mit Peergroups in Europa, USA, China etc. Davon hängen letztlich Wohlstand und ein gutes Leben für alle ab, mit einem starken Mittelstand als Rückgrat einer sozial insgesamt gesunden Gesellschaft. Dieses Ziel vor Augen, müssten alle Beteiligten ihren Zeithorizont auf mindestens drei Generationen erweitern – ganz im Gegensatz zu dem z. B. in der Politik üblichen Vier- bis Fünf-Jahreszyklus.

Die Chancen seiner Profession, der KI, sieht Borth in einem Umfeld schnellen Wandels, der längst auch die Politik erfasst hat (Thema Brexit, Handelsstreit, Bedeutungsverlust der Volksparteien etc.), in der Unterstützung von Nachhaltigkeitszielen. Das geschieht, wenn z. B. Maschinen in innovativen Produktionssystemen Daten erzeugen, die nachhaltige Entwicklung unterstützen, und mithilfe von kreativen Gründern neue Berufsfelder in diesem Bereich entstehen. Unter den vielen Start-ups, die er kennt, beschreibt er eines, das mithilfe von Satelliten auf der ganzen Welt die spontane Bildung neuer, armutsgetriebener Siedlungsbereiche erkennt, soziale Problemfelder also. Solche neuen Möglichkeiten der Beobachtung dienen z. B. auch dem Sustainable Development Goal No. 8: „Dauerhaftes, inklusives und nachhaltiges Wirtschaftswachstum, produktive Vollbeschäftigung und menschenwürdige Arbeit für alle fördern".

Die Grenzen der KI sieht Borth insbesondere in Europa im schnell wachsenden „Hunger auf Daten" bei den KI-Systemen, der in einer Region mit 27 unterschiedlichen Rechtssystemen kaum zu stillen ist. Eine weitere Grenze sieht Borth darin, dass selbst bei höheren Budgets für Forschung im Bereich

KI (die deutsche KI-Strategie sieht drei Mrd. Euro vor) der Vorsprung von Amerikanern und Chinesen kaum einzuholen sei. Die europäische Datenschutz-Grundverordnung, gedacht zum besseren Schutz der Privatsphäre, fördere allerdings kreative Ideen und Technologien. Als Beispiel nennt er die KI-basierte Synthese von Gesichtern, die natürlich wirken, aber keiner real existierenden Person gehören, deren Privatsphäre schützenswert wäre. Gleichzeitig entstehen derzeit Mechanismen zur Sicherung der Authentizität von Daten, die wie ein Fingerabdruck zur Signatur genutzt werden können. So kann z. B. im Finanzbereich der *Legal Entity Identifier* (LEI), der von einer gemeinnützigen Stiftung (Global Legal Entity Identifier Foundation, GLEIF) betrieben wird, für regulatorische Zwecke genutzt werden. Durch *LEI-Audits* können schon heute Finanztransaktionen datentechnisch abgesichert werden.

Gefahren im Bereich der KI sieht Borth erstens darin, dass Schlüsseltechnologien und das damit verbundene Wissen außerhalb Europas konzentriert werden. Zweitens kann KI im *Dual Use* der Technologie auch für militärische Zwecke eingesetzt werden und dann zur tödlichen Waffe werden. Drittens kann KI einen Einfluss auf demokratische Prozesse der Meinungsbildung nehmen. Und viertens ist es durchaus vorstellbar, dass demnächst digitale Assistenten als „technische Vertreter" Wohlhabender agieren. Solche KI-gesteuerten Systeme vereinbaren nicht nur Friseurtermine, sondern können ihre Besitzer generell bei sozialer Interaktion vertreten. Was das für das soziale Miteinander und das Vertrauen untereinander bedeutet, lässt sich leicht ausmalen.

Was den Schutz der Privatsphäre betrifft, befürwortet Prof. Borth, dass z. B. Ärzte zwar über alle fachlich notwendigen Daten verfügen sollten, für Versicherer hingegen der Zugriff auf diese Daten der Person aktiv freigegeben werden sollte. Hier sei die europäische Datenschutzverordnung (möglicherweise aus guten Gründen) jedoch so vage, dass sie durch nationale Gerichte für unterschiedliche Anlässe ausgelegt werden muss.

Den Ängsten, die für viele mit Digitalisierung und KI verbunden sind, könne vor allem die akademische KI-Community begegnen, indem sie ihren Elfenbeinturm verlässt und sich den Fragen der Nichtfachleute stellt. Hier geht es nicht nur darum, Einblicke zu gewähren, sondern der KI auch ein Stück von ihrer (teilweise selbst konstruierten) „Magie" zu nehmen, auf regulatorische Erfordernisse hinzuweisen und sich für deren Erfüllung einzusetzen. Irgendwann wird KI so normal sein wie Elektrizität; aber auch für deren Nutzung gibt es Regeln.

Gesellschaftliche Aushandlungsprozesse hat Borth selbst erlebt, in ersten, von der Politik initiierten Ansätzen. Er als Techniker hat mit Juristen und Geisteswissenschaftlern diskutiert. Ein Problem dabei ist die unterschiedliche

Terminologie zwischen diesen Disziplinen, teilweise auch unterschiedliche Assoziationen, zum Beispiel das Verständnis zentraler und dezentraler Organisationsstrukturen im Kontext der KI. Solche Hürden erschweren das gegenseitige Verständnis, abgesehen von Verständigungsproblemen zwischen unterschiedlichen Sprachräumen, die angesichts des globalen Charakters heutiger Entwicklungen überbrückt werden müssen. Mit Hinblick auf die längerfristige Wirksamkeit solcher Prozesse ist Borth jedoch skeptisch. Der Grund dafür ist die Macht der Kapitalerwertungsinteressen (Shareholder großer Unternehmen sind, neben Staaten wie China, z. B. auch die in den USA sehr mächtigen Pensionskassen). Die Erfolgserwartungen der Kapitalanleger in einer Wirtschaft, die mittlerweile ihrer eigenen Dynamik folgt, richten sich in der Regel auf Markt- und Technologieführer, und da gilt heute der Grundsatz: *Google macht's ja sowieso.*

Die Verantwortung der Unternehmen sieht Borth in der Wahrnehmung ihrer Wachstumspflichten und der Berücksichtigung nachhaltiger Wachstumstreiber wie den nicht-materiellen ESG (*Environment, Social, Governance*). Nachhaltigkeit hat damit ein wirtschaftliches Potenzial. Wichtige Hebel nachhaltiger Entwicklung liegen vor allem im Konsumentengeschäft (B2C), basierend auf dem Druck der Verbraucher, und bei den Energieversorgern (B2B) mit ihrem Zugriff auf erneuerbare Energien. Auch Unternehmen sollten eine Langfristperspektive einnehmen, was jedoch bei börsennotierten Firmen mit ihrer „Kultur der Quartalsberichte" eher unwahrscheinlich ist. Borth nennt in diesem Zusammenhang die Firma Zeiss, die als nicht börsennotiertes „Unternehmen mit längerem Atem" ihre heute auch wirtschaftlich sehr erfolgreiche Lithografie auf einer Lithiumscheibe entwickelt hat, mit der ein großer Teil des Halbleitermarktes bedient wird.

Damian Borth ist sich der Tatsache bewusst, dass das heutige Entwicklungstempo gerade auch in der KI für Forscher und Entwickler ein erhebliches Begeisterungspotenzial darstellt – viele sind vom Erfolg der letzten Durchbrüche überwältigt. Vor diesem Hintergrund lässt er sich einerseits von Objektivität und Nüchternheit leiten, achtet aber andererseits darauf, Meinungen kritisch zu hinterfragen und anderen gesellschaftlichen Gruppen mit der nötigen Sensibilität zu begegnen.

Vernunftbasierte Existenzsicherung

Dr. Manuela Lenzen hat in Philosophie promoviert und schreibt als freie Wissenschaftsjournalistin über Digitalisierung, künstliche Intelligenz (KI) und Kognitionsforschung u. a. für die Frankfurter Allgemeine Zeitung, die

Neue Zürcher Zeitung, Psychologie Heute, Bild der Wissenschaft sowie die Zeitschrift *Geist und Gehirn*. Ihr Buch „Künstliche Intelligenz – Was sie kann und was uns erwartet" ist 2018 erschienen. Das Gespräch führten wir in ihrem Haus im Lemgo.

Den Begriff Nachhaltigkeit verknüpft Manuela Lenzen ganz grundsätzlich mit dem, was vernünftig ist im Sinne der langfristigen Sicherung der eigenen Existenz. Gerade auch bei technischen Entwicklungen ist dies für sie ein zentraler Erfolgsfaktor nachhaltiger Entwicklung und spielt eine Rolle in der Reflexion darüber, welche Entwicklung, aus unterschiedlichen Perspektiven betrachtet, wünschenswert ist. Lenzen erläutert das am Beispiel der *Blockchain*-Technologie, die es einerseits erleichtert, in kurzer Zeit ohne die Einbeziehung Dritter komplexe Vertragswerke zu erstellen, um dadurch neue Partnerschaften schnellstmöglich in Aktion zu bringen. Andererseits verbrauchen solche Interaktionstechniken viel Energie und schaden damit der Umwelt. Dasselbe gilt für innovative Steuerungsansätze wie *Smart Home* und *Smart City*. Der immaterielle Charakter digitaler Technologien verführe dazu, den Bedarf an materiellen Ressourcen, wie in diesen Fällen an Strom, zu unterschätzen.

Technische Entwicklungen werden durch Forscher vorangetrieben, die ausprobieren, was geht. Gesichtserkennung funktioniert mithilfe von *Deep-Learning-Systemen* schon heute und Forscher behaupten, Menschen ihre sexuelle Orientierung ansehen zu können. In absehbarer Zeit könnten solche Systeme z. B. auch Erkrankungen von Menschen an deren Gesicht erkennbar machen. Es sei aber völlig offen, was man mit dieser Möglichkeit machen soll bzw. was damit angerichtet werden kann. Offenbar regt sich derzeit sogar in Teilen großer KI-Konzerne wie Google Widerstand gegen einen allzu freizügigen Umgang etwa mit der Software zur Gesichtserkennung. In einem Staat wie China könne man jedoch beobachten, wie ein staatliches Kontrollsystem die Speicherung individueller Daten mit hochentwickelten Techniken der Gesichtserkennung und staatlichen Sanktionsmechanismen verbindet. Generell sei es im Sinne nachhaltiger Entwicklung, die von einer Technologie betroffenen Teile der Bevölkerung „mitzunehmen". Gleichzeitig müsse jedoch eine Bildungsoffensive gestartet werden, um über mögliche Folgen einer Technologie umfassend aufzuklären.

Wissenschaftsjournalisten können größeren Teilen der Bevölkerung Technologien verständlich machen, indem sie die Sprache der Wissenschaft in Alltagssprache übersetzen. Damit tragen sie zur Orientierung bei und stärken die Urteilskraft der Bürgerinnen und Bürger. Forschenden können sie „auf den Zahn fühlen" und einen kritischen Blick auf Forschungsfragen, Methoden und Ergebnisse werfen. Eine der Aufgaben der Wissenschaftsjournalisten sei es auch, große Narrative, wie die von einer Technik, die sich selbstständig macht und den Menschen unterwirft, kritisch zu beleuchten. So könne man den Blick auf die wirklich relevanten Fragen in der Entwicklung und dem Einsatz einer Technologie lenken.

Die Grenzen ihrer Profession sieht Manuela Lenzen zunächst einmal darin, dass Journalisten nicht zwangsläufig alle technischen Zusammenhänge verstehen. Sie sind vielmehr darauf angewiesen, dass Forschende ihre Fragen beantworten und ihre Einschätzungen diskutieren – was diese in der Regel aber gerne tun. Weiterhin erschwere der *Anthropomorphismus*, in diesem Fall der Hang zur „Vermenschlichung" von Maschinen, eine sachgerechte Einordnung technischer Entwicklungen. Roboter sind und bleiben Fachidioten. Ein System mag den Weltmeister im Schach schlagen und ist trotzdem nicht in der Lage, Äpfel von Birnen zu unterscheiden. Fragen, wie etwa die nach einem kultursensiblen Umgang mit verschiedenen Menschen, sind dabei noch gar nicht berührt. Gefahren im Wissenschaftsjournalismus liegen für sie in Fehleinschätzungen, die zu Fehlurteilen führen können, aber auch darin, dass sich Journalisten unter Umständen für die Zwecke anderer instrumentalisieren lassen. Und nicht zuletzt beklagt Lenzen, dass es von ihresgleichen zu wenige gibt. Der Wissenschaftsjournalismus sei trotz seiner Bedeutung ein unsicheres und oft schlecht bezahltes Arbeitsfeld.

Gesellschaftliche Aushandlungsprozesse können erfolgreich sein, wenn es dafür geeignete Foren gibt und man sich der Mühe unterzieht, sie wirklich auszutragen. Außerdem müssen solche Prozesse ergebnisoffen sein und es müsse gewährleistet sein, dass jede(r) Beteiligte das nötige Wissen zur Beurteilung komplexer Sachverhalte vermittelt bekomme. Bezüglich der KI müsse man sich Zeit nehmen, die Dinge zu verstehen, bevor man gemeinsam Weichen für die Zukunft stelle. Hier hätten uns z. B. die Nachrichten über KI-basierte Wahlmanipulationen und Überwachungspraktiken „kalt erwischt". Zukunftsweisende Entscheidungen zur Richtung technischer Entwicklungen erfordern meist längere Zeithorizonte. Man werde zudem urteilsfähiger, wenn man Erfahrungen mit KI-Systemen und Robotern gemacht habe. Oft weiche dann Skepsis der Ernüchterung. Und natürlich müssen einmal getroffene Entscheidungen aufgrund neuer Erkenntnisse revidierbar sein.

Die Chancen, dass diese Bedingungen erfüllt werden, hält Manuela Lenzen insofern für gut, als dass relevante Informationen besser denn je verfügbar seien. Ihre ausgewogene Nutzung erfordere jedoch reflektierte Bürgerinnen und Bürger, die sich nicht der Meinungsakkumulationssystematik der sozialen Medien, die immer die Gefahr der Radikalisierung in sich trägt, aussetzen. Das Erleben echter Beteiligung kann solchen Gefahren vorbeugen. Besonders in der Arbeitswelt können starke Vertretungen wie z. B. Betriebsräte nützlich sein, weil sie Wissen vermitteln, Aushandlungsprozesse führen und die richtigen Fragen stellen. Wo solche Vertretungen fehlen, werde häufiger über den Kopf der Betroffenen hinweg entschieden (Beispiel: Krankenhaus).

Mit Hinblick auf die Rolle der Organisationen stellt Lenzen fest, dass sich insbesondere Unternehmen oft mit Nachhaltigkeit profilieren wollen. Die Frage sei, inwieweit sie dann auch gelebt wird. Organisationen mit vielen Beschäftigten, wie Konzerne oder große öffentliche Verwaltungen, haben die Chance, für viele Menschen Vorbild zu sein und Vorbilder zu schaffen. NGOs wie *Digitalcourage* und *AlgorithmWatch* schauen kritisch auf Entwicklungen im Bereich KI und teilen ihre Befunde in Newslettern und auf anderen Kanälen. Dabei weisen sie auf technische Alternativen (Suchmaschine *DuckDuckGo* etc.) oder neue Möglichkeiten zum Schutz persönlicher Daten hin. Die Bertelsmann Stiftung gibt einen Newsletter zur Algorithmenethik heraus.

Als Journalistin lässt sich Manuela Lenzen vom Grundsatz der Ehrlichkeit, der Unaufgeregtheit und des guten Handwerks leiten (insbesondere der Quellentreue). Wichtig ist für sie auch Neugier und ihr Reflexionsanspruch, der sie stets fragen lässt: „Wofür ist das gut?" In dem Zusammenhang berichtet sie von einem Gespräch im Verteidigungsministerium, bei der ihr die „entwaffnende Logik" des Wettrüstens begegnet sei (die ja zugleich einen „bewaffnenden Effekt" hat). Hier lautete das schwer zu widerlegende Argument: „Wenn wir nicht die KI in Waffensystemen nutzen, machen es die anderen, um uns damit zu bedrohen." Prinzipiell ist ihr wichtig, eine gute Balance zu halten zwischen *Technikskepsis* und *Technikeuphorie*.

Menschliches Leben und Umwelt

Dr. Dr. h. c. Volker Jung ist Pfarrer und Kirchenpräsident der Evangelischen Kirche in Hessen und Nassau. Von 2010 bis 2015 war er Vorsitzender der Kammer für Migration und Integration der Evangelischen Kirche in Deutschland (EKD) und in dieser Eigenschaft von 2011 bis 2013 Mitglied des Integrationsbeirates der Bundesregierung. Seit 2015 ist er Mitglied des Rates der EKD und Aufsichtsratsvorsitzender des Gemeinschaftswerks der Evangelischen Publizistik in Frankfurt – er gilt als „Medienbischof". Vom Rat der EKD wurde Jung zudem zum Sportbeauftragten der Evangelischen Kirche in Deutschland ernannt. Für seinen Einsatz für die Rechte Homosexueller und gleichgeschlechtlicher Partnerschaften erhielt er 2014 die „Kompassnadel" des Schwul-Lesbischen Netzwerkes Nordrhein-Westfalen sowie 2015 den Ehrenpreis des Bundesverbands der Lesben und Schwulen (LSU).

Volker Jung empfindet eine Entwicklung nachhaltig, wenn sie die Menschen in ihrer Umwelt in den Blick nimmt und darauf abzielt, ihnen ein gutes Leben in dieser Umwelt zu ermöglichen. Ein wesentlicher Erfolgsfaktor nachhaltiger Entwicklung ist Gerechtigkeit im Sinne von Teilhabe an den verfügbaren natürlichen und menschengemachten, kulturellen Ressourcen, zu denen Jung auch den technischen Fortschritt zählt. Teilhabe ist immer auch Mitgestaltung, die jedoch von kritischer Selbstreflexion begleitet sein sollte. Wichtige Erfolgsfaktoren nachhaltiger Entwicklung sind weiterhin Frieden und die Bewahrung der Schöpfung. Ein Mensch darf nicht auf Kosten anderer leben, weil jeder Mensch zur verantwortungsvollen Gestaltung des Empfangenen verpflichtet ist. Dabei spielt auch der Glauben eine wichtige Rolle, und zwar im doppelten Sinn: zum einen zur Stärkung des „Subjekts Mensch", zum anderen zur Einbindung des Subjekts in das „Kollektiv", die Gemeinschaft.

Aufgabe der Theologie und ihrer Institutionen sei es, Orientierungswissen zu vermitteln. Hier gelte es, Motivationsarbeit zu leisten und für eine Haltung zu werben, die menschliches Leben mit Verantwortung für den Erhalt und die Weiterentwicklung der Schöpfung verknüpft. Diese Haltung könne jedoch weder verordnet noch dürfe sie manipulativ vermittelt werden, denn niemand könne für sich in Anspruch nehmen, zu wissen, wie Leben generell „funktioniert".

Bei den Gefahren, die von der Theologie und der Kirche ausgehen, sieht Dr. Jung unterschiedliche Spielarten. In einer Spielart wird Glaubensgewissheit zu *Glaubenssicherheit*. Das bedeutet, dass der oder die Glaubende zumindest vorgibt, immer zu wissen, was richtig und falsch, gut und böse ist. Hier werde das Feld des Fundamentalismus betreten und die Gottesbeziehung instrumentalisiert, das Unverfügbare also verfügbar gemacht. Eine weitere Gefahrenspielart ist ein Organisationsverständnis, dem zufolge persönliche oder institutionelle Macht zur Durchsetzung von Interessen oder Verhaltensnormen missbraucht werde. Jung ist froh, dass Kirchen in heutiger Zeit in aller Regel keine Regierungsgewalt ausüben. Die dritte Gefahrenspielart besteht darin, am eigenen Anspruch zu scheitern. An dieser Stelle weist Jung auf das Dilemma der Institution Kirche hin, die allzu oft, typisch menschlich, hinter dem Anspruch der sie tragenden theologischen Prinzipien zurückbleibe (ein erschreckendes Beispiel dafür sind die Missbrauchsfälle in Teilen der christlichen Kirche). Diese Spannung zwischen Anspruch und Wirklichkeit habe die Christenheit von Anfang an geprägt. Man brauche jedoch Institutionen, und zwar in diesem Fall, um den Glauben im praktischen Leben vieler Menschen „werbend" verankern zu können. Das Modell des „Wandercharismatikers", der in den frühen Tagen des Christentums auszog, um die christliche Botschaft zu verkünden, sei zudem nicht beliebig reproduzierbar (hier gibt es eine Parallele zum *transformativen Führungsstil*, der zwar, sofern er Anwendung findet, von den Beschäftigten hochgeschätzt wird, der aber selten zur Anwendung kommt, weil entsprechende Führungskräfte ausgesprochen rar sind).

Ein ganz praktisches Beispiel für das Auseinanderklaffen von Anspruch und Wirklichkeit ist der ökologische Fußabdruck der Organisation, für die Dr. Jung Verantwortung trägt. Viele der von der evangelischen Landeskirche Hessen-Nassau mit ihren rund 20.000 Beschäftigten benutzten, oft historischen Gebäude (die teilweise unter Denkmalschutz stehen), sind alles andere als ökologisch sinnvoll gebaut und müssten dringend renoviert werden, um den selbst gesteckten Klimazielen näherzukommen. Solche im Sinne nachhaltiger Entwicklung berechtigten Forderungen rufen in einer dezentralen Organisation wie der Landeskirche jedoch Zielkonflikte in der Investitionsstrategie hervor.

Gesellschaftliche Aushandlungsprozesse, die in einer Demokratie geführt werden, hält Jung für aussichtsreicher als in anderen Gesellschaftsformen. Dazu müsse man den Diskussionsraum für möglichst viele gesellschaftliche Gruppen öffnen, was durch Nutzung digitaler Medien leichter werden dürfte. Bezüglich der gegenwärtigen Erfolgschancen solcher Prozesse hat Jung jedoch Zweifel, und zwar aufgrund der medialen und sonstigen Aktivitäten populistisch-polarisierender Gruppen. Es sei keineswegs garantiert, dass solche Gruppen einer Einladung zu Gesprächen über unsere Zukunft überhaupt folgen würden bzw. am Erfolg solcher Gespräche, und damit womöglich an einem Kompromiss, interessiert sind. Es käme auf einen Versuch an. Wichtige Aktivitäten wie gesellschaftliche Konsensprozesse müssen ausprobiert werden, um in einem experimentellen Raum (ähnlich einem *Reallabor*) in mehreren Lernschleifen die nötige praktische Erfahrung sammeln zu können. Zu Organisationen, speziell zu Unternehmen, hat Jung hingegen eine klare Meinung: Es sind überaus wichtige Gestalter wirtschaftlichen und gesellschaftlichen Lebens.

Die eigene Orientierung bezieht Volker Jung insbesondere aus dem Dreifachgebot der Liebe: Liebe zu Gott, Liebe zu den Menschen und Liebe zu sich selbst.

UNESCO-Projektschule

Gabriele Patten ist Oberstudiendirektorin, leitet das Luisen-Gymnasium in Düsseldorf und unterrichtet dort in den Fächern Biologie, Erdkunde und Musik. Die Schule kann auf eine mehr als 180-jährige Geschichte zurückblicken.

Gegründet als „Höhere Schule für evangelische Mädchen", lautete das Motto damals „In der Schule sei Fortschritt". Die Schülerschaft des Gymnasiums ist interkulturell vielfältig, eine besondere Mischung sozialer, kultureller, ökonomischer und religiöser bzw. weltanschaulicher Hintergründe. Seit 1992 ist das Luisen-Gymnasium Mitglied des Netzwerks der UNESCO-Projektschulen, und damit in besonderer Weise den Zielen und Leitlinien dieses Netzwerkes verpflichtet. Diese Leitlinien – Menschenrechtsbildung und Demokratieerziehung, interkulturelles Lernen und Zusammenleben in Vielfalt, Bildung für nachhaltige Entwicklung, Global Citizenship, Freiheit und Chancen im digitalen Zeitalter sowie UNESCO-Welterbeerziehung – bestimmen das Zusammenleben und -lernen an der Schule. Das Angebot im Bereich moderner Fremdsprachen ist ähnlich breit wie im Bereich der sogenannten MINT-Fächer. Neben dem deutschen Abitur kann man das französische Baccalauréat erwerben, das CertiLingua-Excellenzlabel und andere Sprachzertifikate. „Das Luisen" versteht sich als Schule, in der der Mensch im Mittelpunkt steht, als Ort gelebter Vielfalt und ganzheitlicher Menschenbildung. Wir sprachen miteinander im Büro der Schulleiterin.

Nachhaltige Entwicklung bedeutet für Gabriele Patten, die ökonomischen, ökologischen und sozialen Faktoren unserer Lebensweise so miteinander ins Gleichgewicht zu bringen, dass unser natürlicher Lebensraum erhalten wird und die dafür nötigen Ressourcen verfügbar bleiben. Verhaltensaspekte stehen für sie dabei im Vordergrund. Dazu gehört, Interesse an nachhaltiger Entwicklung zu entwickeln, sich der relevanten Einflussfaktoren bewusst zu werden, sich zu informieren und sowohl geografische Räume als auch gesellschaftliche Gruppen in den Blick zu nehmen – auch dann, wenn sich Räume und Gruppen in entfernten Gegenden der Erde befinden. Wir Menschen müssten dazu nicht nur ein stärkeres Bewusstsein für mögliche Folgen unseres Handelns entwickeln, sondern auch bereit sein, gesundheitlich, ökologisch oder sozial bedenkliche Verhaltensmuster, insbesondere beim Einkaufen, zu hinterfragen und ggf. abzulegen. Das gilt z. B. für den Erwerb stark zucker- und fetthaltiger Lebensmittel und billigster Kleidungsstücke, aber auch für die Inkaufnahme unnötiger Verpackungen und Transportwege sowie nicht nachhaltiger Produktionsbedingungen.

Schulen und ihre Lehrer können die ihnen anvertrauten jungen Menschen beeinflussen, indem sie Wissen vermitteln, Urteilskraft stärken und Haltungen prägen. Hier sei auch das soziale Lernen hervorzuheben, bei dem das persönliche Vorbild eine wichtige Rolle spielt. An dieser Stelle erinnert sich Gabriele Patten an ihre eigene Ausbildung und nennt den Begriff *Raumverhaltenskompetenz*. Im Übrigen verweist sie auf den offiziellen Auftrag der Schule, im Sinne von Kompetenzorientierung wissens- und methodenbasiertes

Lernen zu fördern. Wahrscheinlich könne das Lernen für nachhaltige Entwicklung verbessert werden, indem man den Schulen mehr Spielraum etwa in der gebäudetechnischen Ausstattung zubillige. Sie könnten dann selbst für eine Solaranlage auf dem Schuldach, optimale Wärmeisolation oder energieeffiziente Lampen sorgen. Der Verwirklichung solcher Wünsche seien im Schulbetrieb jedoch institutionelle Grenzen gesetzt. Zudem sei der Stoff vorgegeben und müsse in Klassen vermittelt werden. Da außerdem weder Meinungen noch Haltungen „verordnet" werden können, hänge die Wirkung bestimmter Botschaften immer auch von individuellen Faktoren ab. Ohne die entsprechende, einheitliche Grundeinstellung der Lehrenden zum Thema nachhaltige Entwicklung könne eine widerspruchsfreie, positive Prägung der Schüler durch die Schule nicht stattfinden. Und weil auch die „Haltung" der Lehrenden bei der Vermittlung solcher Inhalte eine Rolle spielt, kann die Information der Schülerinnen und Schüler auch davon geprägt sein. Man kann im System Schule nicht grundsätzlich ausschließen, dass einseitig informiert wird.

Der Frage, ob gesellschaftliche Aushandlungsprozesse aussichtsreich sind, begegnet Patten mit Skepsis. Sie befürchtet Mangel an Kompromissbereitschaft, zu große Beliebigkeit der Ergebnisse („Bauchladen"), starke Ichbezogenheit mancher Teilnehmer, eine gewisse Trägheit, Zustimmung, die nach dem Prozess nicht mehr gültig ist, aber auch ganz praktische, sprachbedingte Verständigungsprobleme beim Zusammentreffen von Menschen mit unterschiedlichen kulturellen Hintergründen. Deshalb sei bei solchen Prozessen ein hohes Maß an Konkretisierung, hohe inhaltliche und organisatorische Verbindlichkeit, das Abholen der Beteiligten da, wo sie stehen sowie eine insgesamt intensive Kommunikation und erfolgreiche Verständigung dringend erforderlich.

Organisationen an sich und Unternehmen im Speziellen spielen in den Augen von Gabriele Patten eine wichtige Rolle bei nachhaltiger Entwicklung: Nicht nur können sie das Einkaufsverhalten der Menschen in einer globalisierten Welt, sondern auch das Handeln der politischen Akteure beeinflussen. Diese wiederum können per Gesetz nicht nachhaltiges Verhalten sanktionieren. Allgemein können Organisationen Haltungen transportieren, Überzeugungsarbeit leisten, und mehr oder weniger auch die technische Entwicklung in eine vorteilhafte richtige Richtung lenken.

Leitwerte sind für Gabriele Patten Ehrlichkeit, Verlässlichkeit und Verantwortlichkeit anderen gegenüber. Ihr Blick ist vor allem auf Menschen gerichtet und nicht so sehr auf Institutionen.

Integrationsarbeit

Petra Köpping ist sächsische Staatsministerin für Gleichstellung und Integration, Abgeordnete des Sächsischen Landtages sowie Kreisrätin im Kreistag des Landkreises Leipzig. Nach ihrem Studium der Staats- und Rechtswissenschaften war sie sieben Jahre Bürgermeisterin der Gemeinde Großpösna und sieben Jahre Landrätin im Landkreis Leipziger Land. In dieser Zeit lernte sie die Interessen und Sorgen der Bürgerinnen und Bürger unmittelbar kennen. Direkt nach der Wiedervereinigung beider deutschen Staaten war sie jedoch zunächst fünf Jahre lang Außendienstmitarbeiterin der Deutschen Angestelltenkrankenkasse. 2018 arbeitete sie ein Jahr als Beraterin der Sächsischen Aufbaubank. Petra Köpping ist seit 2002 Mitglied der SPD. Sie steht für soziale Gerechtigkeit, tatkräftige Unterstützung der mittelständischen Wirtschaft, Stärkung der ländlichen Räume und für Löhne, von denen man seinen Lebensunterhalt bestreiten kann. Ihr Buch „Integriert doch erst mal uns" ist eine „Streitschrift für den Osten". Darin beschreibt sie eindrucksvoll die Folgen, die nach der Wende die Abwertung ganzer Biografien, die Übernahme der Deutungshoheit durch den „Westen" und die schockartige Einführung neoliberaler Praktiken in den neuen Bundesländern hervorgerufen hat. Wir sprachen zusammen in ihrem Büro in Dresden.

Nachhaltige Entwicklung bedeutet für die Politikerin Köpping, beim politischen Handeln nicht nur im zeitlich begrenzten Rahmen von Legislaturperioden zu denken und zu handeln, sondern auch das Schicksal kommender Generationen in den Blick zu nehmen. Dazu müsse immer wieder auch die generelle Ausrichtung überdacht werden. In der Politik sei das insofern nicht selbstverständlich, als dass es hier bestimmte Zwänge gäbe, wie z. B. in einer Koalitionsregierung die politische Ausrichtung des Koalitionspartners. Nachhaltigkeitsrelevante Themen wie Gleichstellung und Integration würden zudem oft mit eher traditionellen Inhalten verknüpft: Gleichstellung zwischen Mann und Frau, Integration von Menschen mit Zuwanderungsgeschichte etc. Aktuelle, regionale Inhalte wie Angleichung der Renten und Löhne zwischen Ost und West würden in der öffentlichen Wahrnehmung mitunter aus dem Blickfeld geraten.

Im Verfolgen einer nachhaltigen Entwicklung sollte man sich auf die eigenen Probleme fokussieren, ohne gleich die ganze Welt retten zu wollen. Sachsen z. B. ist das Bundesland mit der im Durchschnitt ältesten Bevölkerung in Deutschland. Hier werde dringend Unterstützung seitens der Bundespolitik benötigt, etwa durch eine sinnvolle Gestaltung eines Zuwanderungsgesetzes. Köpping erhofft sich zudem mehr Impulse aus der Wissenschaft:

Wissenschaftlerinnen und Wissenschaftler liefern zwar differenzierte Analysen. Noch wichtiger aber seien Lösungen, zumal solche, die in der Praxis wirklich funktionieren. Wichtig sei auch Flexibilität in Veränderungsprozessen. Ohne Flexibilität seien Kurskorrekturen nicht möglich.

Angesprochen auf die Rolle ihrer Profession als Politikerin bei nachhaltiger Entwicklung erinnert Petra Köpping daran, dass sie die politische Bühne zwar als Bürgermeisterin betreten, dieses Amt jedoch nicht in erster Linie als „politisch" empfunden habe. Für sie sei es eher ein Mandat zum praktischen Handeln gewesen, und noch heute ist sie insbesondere eine „Macherin", für die Erfahrung ein wichtiger Erfolgsfaktor ist. Das Verständnis von politischer Arbeit als solcher sei bei ihr erst später gewachsen, die besonderen Gestaltungsmöglichkeiten in der Politik hat sie insbesondere als Landrätin erleben dürfen. Im Rückblick auf diese Zeit stellt sie fest, dass damals ihr Gestaltungsspielraum deutlich größer gewesen sei als heute im Ministeramt. So konnte sie kommunale Gebiete von Grund auf neu aufbauen und Mitarbeiterinnen und Mitarbeiter nach deren Leidenschaftlichkeit für die Sache einstellen, ohne Rücksicht auf Parteibücher nehmen zu müssen. Mit dem Aufstieg in der politischen Hierarchie wachse der Einfluss begrenzender Faktoren. Persönliche Gestaltungsspielräume würden dadurch kleiner.

Gefahren erwachsen im politischen Handeln aus dem verantwortungslosen Gebrauch von *Fake News* sowie der Tatsache, dass Fakten nicht mehr akzeptiert werden. Wenn die „gefühlte Wahrheit" jeweils eine andere sei, gerate sogar die Demokratie in Gefahr. Hier spielten nach Ansicht Köppings auch manche Medien eine fragwürdige Rolle, zum Teil auch die öffentlich-rechtlichen. Sie nennt ein Beispiel: Während noch im Jahr 2015 der damalige Zugang Geflüchteter medial überwiegend positiv begleitet worden sei, erscheint ihr heute die Berichterstattung zu diesem Thema überwiegend negativ. Ausgewogen sei sie jedenfalls nicht.

Für gesellschaftliche Aushandlungsprozesse sei unsere Demokratie eine gute Basis und biete viele Möglichkeiten für gelingende Konsensprozesse. Wichtig seien breite Beteiligung Betroffener und kontroverse Diskussionen. Hier gäbe es jedoch eine gewisse zivilgesellschaftliche Hürde: Während 90 % der Bürgerinnen und Bürger in Sachsen die Demokratie befürworten, ist nur etwa die Hälfte davon bereit, sich aktiv einzubringen. Die Zivilgesellschaft müsse mehr Verantwortung übernehmen, das könne sie bereits im Wählerverhalten zeigen. Generell dürfe man nicht zulassen, dass sich Regierung zu sehr verselbstständigt, ohne die Betroffenen „im Boot" zu haben.

Die Chancen von Aushandlungsprozessen werden in Köppings Augen größer, wenn man Sachverhalte, die in einer Ursache-Wirkungsbeziehung miteinander stehen wie z. B. erfolgreiche Anwerbung ausländischer Fachkräfte,

Sicherung unserer Sozialsysteme und ein angenehmes Leben im Alter, nicht nur in ihrer Verknüpfung denkt, sondern anderen gegenüber auch so darstellt. Nur so könne das Verständnis komplexerer Zusammenhänge vertieft und die Neigung zu einseitig vereinfachenden Positionen abgebaut werden. Integratives Denken sei somit angesagt. Zudem gelte es, einmal erzielte Erfolge, wie in ihrem Fall in Sachen Gleichstellung, zu schützen.

Organisationen spielen bei nachhaltiger Entwicklung für Köpping eine wichtige Rolle. Vor allem größere Firmen würden erkennbar von der soziokulturellen Vielfalt ihrer Belegschaft profitieren und entsprechende Karrierepläne ausarbeiten. So könnten sie zu Vorreitern einer nachhaltigen Entwicklung werden, in der kulturelle Vielfalt ein erhaltenswerter Zustand ist. Dem Fach- und Führungskräftemangel begegne man heute mit neuen Berufs- und Arbeitszeitmodellen. Umgekehrt können jedoch Unternehmen die nachhaltige Entwicklung der Gesellschaft durch negative Haltungen und Verhaltensweisen wirksam blockieren.

Ministerin Köpping lässt sich vom Grundsatz der Menschlichkeit leiten. Anderen Menschen will sie auf Augenhöhe begegnen und ihre Sorgen und Nöten ernst nehmen. Wenn heute eine wachsende Politikverdrossenheit zu beobachten ist, habe das auch mit der „Entmenschlichung" von Politik zu tun. Ein Indiz dafür sei allein schon die Sprache. Welcher normale Bürger versteht heute noch Verwaltungsakte? Gerade auch politisches Handeln müsse sich einer einfachen Sprache bedienen.

Innovation City

Bernd Tischler hat an der Universität Dortmund Raumplanung studiert und sich nach einem Referendariat bei der Bezirksregierung Köln für den höheren technischen Verwaltungsdienst qualifiziert. Im April 1989 kam er zur Stadt Bottrop, wurde 1995 Leiter des Stadtplanungsamtes, dann leitender Baudirektor, und 2004 technischer Beigeordneter. 2009 erfolgte die Wahl zum Oberbürgermeister der Stadt Bottrop und die Ernennung zum Vorsitzenden des Planungsausschusses des Regionalverbands Ruhr, der 53 Städte und 5,5 Millionen Einwohner umfasst.

Oberbürgermeister Tischler wurde zu einem Hauptakteur im Wettbewerb „Innovation City Ruhr", den der Initiativkreis Ruhr im Frühjahr 2010 für die „Klimastadt der Zukunft" ins Leben rief und den die Stadt Bottrop gewann. Nachdem die Bundesregierung 2008 den Kohleausstieg beschlossen hatte, musste man sich in einer Stadt, deren Existenz auf der Steinkohle basiert, auf die „Zeit danach" vorbereiten. Es entstand ein belastbares Netzwerk aus

Wirtschaft, Wissenschaft, Verwaltung und Politik, das letztlich den Ausschlag gab für das Votum der Jury. Ziel des Projektes in Bottrop ist, einen klimagerechten Stadtumbau voranzutreiben, gleichzeitig aber einen Wirtschaftsstandort zu sichern, an dem im Dezember 2018 in der Zeche Prosper-Haniel das letzte Stück Steinkohle in Deutschland gefördert wurde. Konkret sollen in einer verdichteten Region mit 12.000 privaten und öffentlichen Gebäuden bis 2020 die CO_2-Emissionen halbiert und die Lebensqualität gesteigert werden. Häuser werden mit neuesten Energiespartechnologien in attraktive Wohnquartiere umgebaut, kommunale Einrichtungen wie Hallenbäder oder Kindergärten mit kostengünstigen, CO_2-armen Energien geheizt und innovative „grüne" Firmen angesiedelt. Auch in der Elektromobilität will die „Innovation City Ruhr" mit umweltfreundlichen E-Autos und E-Fahrrädern eine Vorreiterrolle übernehmen.

Basierend auf den Erfahrungen in Bottrop soll später das gesamte Ruhrgebiet energieeffizient umgebaut und auf diese Weise grüner, attraktiver und lebenswerter werden. Die Wirkung des Projektes geht jedoch weit über das Ruhrgebiet hinaus. Fachleute aus dem Ausland, sogar aus Russland, China, Japan und den USA, informieren sich in Bottrop über den Projektfortschritt (ein Harvard-Professor wies beim Rundgang durch das Rathaus schmunzelnd auf die Heizkörper aus der Kaiserzeit hin, die mittlerweile durch modernste Geräte ersetzt wurden). An unserem Gespräch im Bottroper Rathaus nahm auch Andreas Pläsken teil, Leiter der Stabsstelle Presse- und Öffentlichkeitsarbeit und Pressesprecher des Oberbürgermeisters.

Für Bernd Tischler bedeutet nachhaltige Entwicklung, in einer Stadt die Dimensionen Ökologie und Ökonomie miteinander „zu versöhnen" und dabei die betroffenen Menschen mitzunehmen. Er freut sich, dass er in seiner jetzigen Funktion die im Studium erlernte Theorie in die Praxis umsetzen kann. Bereits in den 1990er-Jahren, als von Kohleausstieg noch nicht die Rede war, hat er sich mit Fragen der Energieeffizienz und verbesserter Lebensformen auseinandergesetzt. Im Laufe des Projektes „Innovation City Ruhr" erkannte er, dass es wenig Sinn macht, mit fertigen Plänen zu den Bürgerinnen und Bürgern zu gehen, die damit wenig anfangen können. Deshalb werden die Haushalte heute von Quartiersmanagern besucht, die Hausbewohner nach ihren Wünschen fragen und gleichzeitig deren Erfahrungen in praktischer Lebensführung aufnehmen. Das gehört neben Workshops mit den unterschiedlichen Projektpartnern und anderen Formaten zur *Bottroper Methode* der Bürgerbeteiligung.

Ein weiterer wichtiger Erfolgsfaktor ist für Tischler Prozessinnovation, und zwar mit Hinblick auf neue Formen der interdisziplinären Zusammenarbeit. In Bottrop sitzen heute Menschen an einem Tisch, die sich sonst nie getroffen hätten. Nach der Verständigung auf eine gemeinsame Sprache habe er in diesen heterogenen Runden extrem viel gelernt. Zum Projektfortschritt hat wesentlich auch die Management GmbH beigetragen, durch die Vertreter der Stadt und der Partnerunternehmen Hauseigentümer im Pilotgebiet kostenlos in Fragen der energieeffizienten Umrüstung der Gebäude beraten. Um zu klären, welches Potenzial zur CO_2-Reduzierung im Gebäude steckt, kommen dabei z. B. Instrumente zur Thermografieanalyse und ein „Solarkataster" zum Einsatz.

Oberbürgermeister haben die Chance, mit längerem Atem ihrer Kommune einen Stempel aufzudrücken und parteiübergreifend Konsens zu erzeugen, sofern sie sich für bessere Lebensbedingungen und neue Arbeitsplätze in neu hinzugezogenen Unternehmen einsetzen. Natürlich besteht ein (politisches) Risiko des Scheiterns, wenn man sich stark auf ein Thema konzentriere, wie in diesem Fall den Wettbewerb.

Die Frage nach den Erfolgsbedingungen von Aushandlungsprozessen beantwortet Tischler mit Blick durch die „Bottroper Brille": entscheidend sei der Konsensprozess, der auf der Beteiligung des gesamten Stadtrates, der Bürger und der Kooperationspartner aus Wirtschaft und Wissenschaft basiert (das Projekt wird vom Wuppertal Institut für Klima, Umwelt und Energie wissenschaftlich begleitet). Ohne diese effektive Allianz und die Bürgernähe wäre ein solch komplexer Prozess deutlich schwerer, vermutlich würde er einen Rückzug auf formale Aspekte nach sich ziehen. Auf höherer Ebene dürfe man nur den strategischen Rahmen setzen, die Umsetzung jedoch müsse man der lokalen Gemeinschaft überlassen, ganz im Sinne kommunaler Selbstverwaltung. Andreas Pläsken ergänzt, dass der öffentliche Druck in Sachen Klimaschutz, der sich nach 50 Jahren theoriegeleitetem Diskurs in Sachen Nachhaltigkeit jetzt einstelle, vieles erleichtere.

Organisationen sind für Bernd Tischler und Andreas Pläsken unerlässliche Akteure bei nachhaltiger Entwicklung. Ohne deren Input und tatkräftige Beteiligung wäre ein Projekt wie „Innovation City" nicht denkbar – es lebt von neuen Formen der Zusammenarbeit. Firmen bräuchten jedoch erfahrungsgemäß ein Geschäftsmodell, das Aussichten auf eine *Win-win-Situation* enthält.

In seiner heutigen Funktion lässt sich Bernd Tischler von der Vision einer Stadt leiten, die sich stark verändert und in der hart an der Verknüpfung von Ökonomie, Ökologie und Sozialem gearbeitet wird.

10

Stimmige Bilder

Die im letzten Kapitel dokumentierten Gespräche bilden keineswegs alle denkbaren Facetten im Verständnis von Nachhaltigkeit ab. Dafür hätte der Kreis der Befragten deutlich erweitert werden müssen, z. B. um Angehörige unterschiedlicher Altersgruppen und Personen mit verschiedenen soziokulturellen Hintergründen. Das wäre ein anderes Buch geworden, und selbst das hätte nur einen Ausschnitt möglicher Standpunkte präsentieren können. Aber schon die hier vertretene, soziokulturell eher homogene Gruppe hat klare Unterschiede im Verständnis von Nachhaltigkeit zutage gebracht.

Die erste Frage lautete, was nachhaltige Entwicklung für die Gesprächspartner*innen bedeutet. Mehrere heben den Grundsatz der Gerechtigkeit und die Vorstellung vom Leben in einer intakten Umwelt hervor: gerechte Entwicklung der Weltgemeinschaft, Verknüpfung ökologischer und sozialer Entwicklungsperspektiven nach dem Grundsatz intra- und intergenerationaler Gerechtigkeit, Erweiterung der Menschenrechte auf alle heute und zukünftig lebenden Menschen, Lebensqualität für Menschen in ihrer Umwelt sowie Gleichgewicht ökonomischer, ökologischer und sozialer Faktoren zur Erhaltung des natürlichen Lebensraumes. Weiter nennt man Denkprozesse in längeren Zeiträumen, Wertschöpfungsprozesse mit Einbeziehung der Betroffenen sowie vernunftbasierte, langfristige Sicherung der eigenen Existenz. Einige nehmen die eigene Funktion in den Blick: Langfristiger Bestand durch verantwortungsvolle Gestaltung des Unternehmens, linearer technologischer Innovationspfad ohne disruptive Ereignisse, Fokus auf Rückgewinnung und Wiederverwendung als tragende Elemente der Kreislaufwirtschaft, Denken und Handeln über Legislaturperioden hinaus mit Blick auf kommende Generationen sowie Versöhnung von Ökologie und Ökonomie in einer Stadt unter

Mitnahme der Betroffenen. Unterschiede in den Antworten auf die Bedeutungsfrage lassen sich an der Größe des Systems festmachen, auf das man Nachhaltigkeit bezieht. Das denkbar größte System ist die Menschheit auf dem Planeten Erde. Kleinere *Teilsysteme* sind das politisch-technologische System, noch kleinere eine Stadt, und noch kleinere eine Organisation.

Die Erfolgsfaktoren nachhaltiger Entwicklung sind vielfältig. Dazu gehören Transformationsfähigkeit der Gesellschaft, Berücksichtigung unterschiedlicher Transformationsdynamiken, Ausbalancieren von Konfliktfeldern, interdisziplinäre Zusammenarbeit, Integration und Erprobung neuer Lösungen und Ausdehnung von Zeithorizonten über mehrere Generationen. Ganz praktisch geht es um Abwägung von Kosten-Nutzenaspekten, Steuerung durch Soll-Ist-Vergleiche und Wahrnehmbarkeit des Prozessfortschritts. Probleme im eigenen Umfeld sollen fokussiert und eine klare Vorstellung entwickelt werden, was Nachhaltigkeit mit Blick auf das eigene System ausmacht. Wir sollten mit Technologieführern Schritt halten und den Mittelstand stärken, basierend auf einer produktiven Volkswirtschaft und einer insgesamt gesunden Gesellschaft. Ein weiterer Erfolgsfaktor ist Bildung, die Interesse weckt, Wissen generiert bzw. zugänglich macht, Urteilskraft stärkt und Haltungen prägt. Dazu zählt auch Selbstreflexion. Weiterhin genannt werden Einbeziehung, Mitnahme, Zustimmung, Teilhabe und Mitgestaltung der Betroffenen. Diese Treiber nachhaltiger Entwicklung gehören wie auch die Nutzung von Erfahrungen älterer Beschäftigter insbesondere in den Zuständigkeitsbereich von Institutionen bzw. Organisationen.

Die Erfolgsfaktoren sind multidimensional und damit komplex. Die einzelnen Faktoren sind jedoch komplementär – sie ergänzen sich. Ihre Vielfalt zeigt einerseits, wie voraussetzungsvoll nachhaltige Entwicklung ist, und andererseits, welche Anforderungen daraus einzelne Akteure bzw. Organisationen, die nachhaltige Entwicklung befördern wollen, für sich ableiten können. Einen Eindruck von den Möglichkeiten, die es dafür gibt, liefern die Angaben zu Rollen und Chancen der eigenen Profession. Kraft ihrer Funktionen und Kompetenzen können die Befragten für normative Fragen sensibilisieren, Betrachtungen zum Alltagshandeln, zu sozialen Milieus, Diskurs- und Machtverhältnissen sowie sozialen und soziotechnischen Systemdynamiken anstellen und die Interaktion unterschiedlicher Akteure in Reallaboren beobachten. Durch Prozessbegleitung können Potenziale gehoben, (Denk-)Blockaden gelöst und neue Gemeinschaftserfahrungen initiiert werden. Man kann sich auf unterschiedlichen Plattformen in Wirtschaft und Politik engagieren, um sich an Diskursen über Nachhaltigkeit zu beteiligen und damit Einfluss auf die positive Entwicklung unserer Gesellschaft zu nehmen. Als Vater/Mutter und Unternehmer/Unternehmerin kann man Vorbild sein. Institute können neue Verfahren entwickeln. Mit kreativen Gründern und künstlicher Intelligenz können Nachhaltigkeitsziele unterstützt werden. Technologie kann verständlich gemacht, die Urteilskraft der Bürgerinnen und Bürger gestärkt und ein kritischer Blick auf Forschungsfragen, Methoden und Ergebnisse geworfen werden. Technische Narrative können kritisch beleuchtet, Orientierung und Wissen vermittelt, Haltungen geprägt und Politik kann gestaltet werden.

Die Vielfalt der Möglichkeiten macht deutlich, wie außerordentlich nützlich es wäre, sie durch Kooperation zu integrieren. Man braucht sie alle! Interdisziplinäre Kooperation wurde passend als Erfolgsfaktor genannt. Wenn dabei gleichzeitig Brücken zwischen Theorie und Praxis geschlagen werden, steigen die Chancen, die Selbstbezogenheit der Wissenschaft, die in einem Gespräch beklagt wurde, zu überwinden und Lösungen zu finden, die auch praktisch funktionieren. Dazu müssten Vertreter einzelner Disziplinen ihre Silos verlassen und über den eigenen Tellerrand blicken. Wie wichtig interdisziplinäre Kooperation ist, bestätigen auch die selbstkritischen Anmerkungen zu den Grenzen der eigenen Profession. Das macht einmal mehr deutlich, was man von Orchestern, Sportteams oder Forschergruppen seit Langem weiß: Wenn unterschiedliche „Typen" und deren Kompetenzen zusammenwirken, kommt etwas Gutes dabei heraus. Die kollektive Intelligenz dieser sozialen Systeme ist nicht künstlich, sondern natürlich, weil sie an menschliche Akteur*innen gebunden ist.

Was die Chancen gesellschaftlicher Aushandlungsprozesse betrifft, sind die Meinungen geteilt. Die Skeptiker weisen darauf hin, dass man einen langen Atem braucht und dicke Bretter bohren muss. Man erlebt parlamentarische Abwehrhaltung gegenüber einer umfassenderen Bürgerbeteiligung. Man erlebt die Dominanz des von der Wissenschaft gestützten, ökonomisch-technischen Systems, das sich der Frage widmet, wie menschliche Arbeit durch künstliche Intelligenz zu ersetzen sei. Vermisst werden gut abgestimmte Zukunftsszenarien, die auf einheitlicher Beurteilung von Bedarfen und gemeinsamer Zielbildung basieren. Hinderlich sind unterschiedliche Begrifflichkeiten und Assoziationen unterschiedlicher Disziplinen, Verständigungsprobleme im globalisierten Raum und die Macht der Kapitalverwertungsinteressen, aufgrund derer bei Investitionsentscheidungen Markt- und Technologieführer bevorzugt werden. Skeptisch ist man auch wegen der medialen und sonstigen Aktivitäten populistisch-polarisierender Gruppen, bei denen unklar ist, ob sie überhaupt an Gesprächen über unsere Zukunft teilnehmen würden und wie groß das Interesse am Erfolg solcher Gespräche wäre. Überzeugungskonflikte, z. B. im Umgang mit Flüchtlingen oder der Nutzung der Gentechnik, erscheinen schwer lösbar. Und schließlich beklagt man in Diskussionen den Mangel an Kompromissbereitschaft, die Beliebigkeit der Ergebnisse sowie die Ichbezogenheit, Trägheit und geringe Verlässlichkeit mancher Teilnehmer.

Angesprochen auf mögliche Chancen zur Erleichterung von Einigungsprozessen zeigt sich wieder ein stimmiges Gesamtbild: In systematisierten Prozessen, die idealerweise auf regionaler und lokaler Ebene stattfinden, sollte man unterschiedliche gesellschaftliche Strömungen und Interessen einbeziehen, zur Zufriedenheit der Teilnehmer ausbalancieren und in politische Entscheidungen einfließen lassen. Das bedarf einer demokratischen Basis, der Bereitschaft, Verantwortung zu übernehmen, sowie klarer Regel für alle Beteiligten. Relevante Informationen müssen verfügbar sein und genutzt, komplizierte Zusammenhänge veranschaulicht werden, Diskussionen müssen ergebnisoffen sein. Wichtig sind auch eine lernorientierte, offene Haltung, Reflexionsfähigkeit und Geduld bei Lernprozessen. Ergebnisse von Einigungsprozessen dürfen nicht für Einzelinteressen missbraucht werden. Junge Menschen sollte man stärker einbeziehen und deren Diskursfähigkeit durch neue Interaktionsformate verbessern. In Ergänzung dazu sollte man auf Konkretisierung sowie inhaltliche und organisatorische Verbindlichkeit achten, und im Übrigen die Beteiligten da abholen, wo sie stehen. Förderlich seien auch neue Erzählungen, Aktivitäten von Bürgerbewegungen und Nichtregierungsorganisationen sowie neue technische Lösungen.

Die Chancen auf Verständigung in Aushandlungsprozessen steigen, wenn breitere Gruppen der Gesellschaft, national und länderübergreifend, von ähnlichen Problemlagen betroffen sind. Angesichts wachsender sozialer Ungleichheit ist aber genau das eher unwahrscheinlich. Globale Katastrophen hingegen, von denen alle betroffen wären, wie z. B. von den Folgen eines nicht bewältigten Klimawandels, würden die „Konvergenz der Positionen" gleichsam erzwingen. Hier aber drängt sich die Frage auf: „Wollen wir darauf warten?"

Einige Befragte sehen Einigungschancen in neuen technischen Möglichkeiten, z. B. im Bereich Mobilität, neuen Spielern und neuen Allianzen, im Konsens darin, dass im Sinne von Nachhaltigkeit gehandelt werden müsse, und in der spürbaren Öffnung für neue Ansätze. Relevante Informationen seien heute besser verfügbar denn je. Die Demokratie sei eine gute Basis für Aushandlungsprozesse und biete zudem Chancen auf Konsens in weiteren Bereichen.

Stimmig ist auch das Bild zur Rolle von Organisationen bei nachhaltiger Entwicklung, die mehrere Befragte auf Unternehmen beziehen. Diese prägen die Art wie wir leben, insbesondere durch Innovationen. Sie sind „Erfinder neuer Bedürfnisse", können Entwicklungen vorantreiben, tragen zur kulturellen Mobilisierung bei und sind wichtige Gestalter wirtschaftlichen und gesellschaftlichen Lebens. Sie können durch ihre Haltung zu *Diversity* Vorreiter einer Entwicklung sein, in der kulturelle Vielfalt ein erhaltenswerter Zustand ist. Mittelständische Firmen sind experimentierfreudig und werden von Menschen geführt, die Verantwortung übernehmen. Sie sind meist regional verwurzelt und haben Beschäftigte, die nachhaltige Entwicklung erst möglich machen. Firmen können in Wahrnehmung ihrer ökonomischen Pflichten nachhaltige Wachstumstreiber stärken, das Einkaufsverhalten der Menschen in einer globalisierten Welt und das Handeln der politischen Akteure beeinflussen. Organisationen beeinflussen mit ihren Anspruchsgruppen die öffentliche Wahrnehmung, können Vorbild sein und Vorbilder schaffen. Alle Befragten bescheinigen Organisationen eine wichtige Rolle bei nachhaltiger Entwicklung.

Die letzte Frage bezog sich auf die persönlichen Leitwerte. Genannt wurden Menschlichkeit, Achtung der Menschenrechte und der Menschenwürde, die christliche Trias Glaube – Liebe – Hoffnung, das Dreifachgebot der Liebe und der Glaube an die Schöpfungslogik mit der Kombination aus Wahrheit, Schönheit und Güte im Sinne von Qualität. Weitere Leitwerte sind Ehrlichkeit, Verlässlichkeit und Verantwortlichkeit, Vielfalt, Toleranz, Offenheit für Andersartigkeit und Liberalität im ursprünglichen Sinne. Genannt wurden auch Transparenz im Handeln gegenüber anderen, Zurückstellung persönlicher Interessen zugunsten vernünftiger Sachbeiträge, Vertrauen, und Verbindlichkeit. Man lässt sich von Neugier leiten, von kritischem Bewusstsein, Unaufgeregtheit, dem Grundsatz guten Handwerks und einer guten Balance zwischen Technikskepsis und Technikeuphorie. Handlungsleitend sind weiterhin Objektivität, Nüchternheit und Sensibilität gegenüber anderen gesellschaftlichen Gruppen. Zu den Leitwerten gehört auch der Wunsch, dass möglichst viele Menschen Arbeit haben mögen, die sie ausfüllt, verbunden mit dem Gefühl, gebraucht zu werden. Diese Leitwerte deuten auf feste Grundsätze hin. Sie basieren jedoch teilweise auf unterschiedlichen Überzeugungen sowie auf unterschiedlichen Quellen der Orientierung.

Die Auswertung der Gespräche zeigt, dass Nachhaltigkeit unterschiedliche Assoziationen hervorruft und dass die Erfolgsfaktoren nachhaltiger Entwicklung äußerst vielfältig sind. Sie beinhalten aber beachtliches Synergiepotenzial (in der Wirtschaft *Verbundeffekte* oder *Economies of Scope* genannt). Im Bericht der Brundtland-Kommission steht der Satz: „There is a growing need for effective international co-operation to manage ecological and economic interdependence" [1]. Der Kooperationsbedarf betrifft internationale Institutionen ebenso wie nationale, regionale und lokale Akteure.

Synergie ist eine Ressource ohne materielle Substanz und ohne kalkulierbaren Finanzwert. So gut wie alle genannten Lösungsansätze gehören in diese Kategorie, auch die Lösungen zur Verbesserung gesellschaftlicher Aushandlungsprozesse, deren Chancen mehrheitlich skeptisch beurteilt werden. Sie zu verbessern erfordert umfangreiche Maßnahmen der Kommunikation, der Koordination und der Entwicklung. Förderlich sind eine demokratische Basis, die Verfügbarkeit relevanter Informationen, mehr Offenheit für neue Ansätze, neue technische Möglichkciten, neue „Spieler" und neue Allianzen, aber auch das wachsende Bewusstsein für die Notwendigkeit, gemeinsam zu handeln.

Deutlich wird, welche Rolle Organisationen bei nachhaltiger Entwicklung spielen bzw. spielen können. Die meisten meiner Gesprächspartner*innen sind in Organisationen tätig. Worin aber besteht die besondere Rolle von Organisationen bei nachhaltiger Entwicklung? Was sind das für Gebilde, und wie entfalten sie ihre Wirkung?

Literatur

1. World Commission on Environment and Development (1887): Our Common Future, Oxford University Press, 9.

Teil IV

Organisationen und Kapital ohne Finanzwert

Das Statut, unter dem der Mensch auf der Erde steht, ist ein poetisches, das heißt eines des Hervorbringens. (Giorgio Agamben [1])

Literatur

1. Agamben, G. (2012): Der Mensch ohne Inhalt, Suhrkamp, Berlin, 79.

11

Organisationen prägen unser Leben

Wenn man jemanden fragt, was eine Organisation ist, wird man vielleicht von der letzten Grillfete oder dem Kindergeburtstag hören, den jemand vorbereitet und zur Freude aller geladenen kleinen und großen Gäste durchgeführt hat. Im Alltagsgebrauch versteht man unter Organisation meist den *Prozess des Organisierens*: Geplante Ereignisse sollen durch gestaltendes Handeln möglichst reibungslos ablaufen. Dieses Organisationsverständnis ist *funktional*. Versteht man unter Organisation die Strukturen, Prozesse und Hilfsmittel, die man braucht, um Ereignisse realisieren und Ziele erreichen zu können, ist das Verständnis *instrumental*. Denkt man aber an jene sozialen Gebilde, in denen Menschen miteinander handeln, um einen bestimmten Zweck zu erfüllen, ist das Organisationsverständnis *institutional* [1]. Das gilt auch für den Begriff im Plural: Organisationen sind „Institutionen", in denen Strukturen und Prozesse existieren und Instrumente genutzt werden.

In der Organisationstheorie bringen Soziologen, Psychologen, Wirtschaftswissenschaftler, Ingenieure, Politologen und Pädagogen unterschiedliche Auffassungen ein. Für die Klassiker der Organisationstheorie waren Organisationen Instrumente für das In-Gang-setzen von Abläufen. Klassische Ansätze sind das *Scientific Management* von Frederic Taylor (1856–1915), die *Administration industrielle et générale* von Henri Fayol (1841–1925) und der Bürokratieansatz von Max Weber (1864–1920). Taylor entkoppelte die Planung der Arbeit von ihrer Ausführung, teilte die Ausführung in präzise geplante Schritte und bereitete damit den Weg zur Massenfertigung. Fayol betonte die universelle Gültigkeit der Schrittabfolge *Planung, Organisation, Anweisung, Koordination und Kontrolle,* heute besser bekannt als *Command and Control*. Weber schließlich suchte den Idealtyp der Herrschaftsausübung und fand ihn in der bürokratischen Organisation. Ideal fand er diesen Organisationstyp deshalb, weil er die feudalen, willkürlichen Herrschaftsformen ersetzte. Mit Paradigmen wie Fachlichkeit, Unpersönlichkeit und Berechenbarkeit wurde die Weber'sche Bürokratietheorie zur Grundlage einer Art von Organisation, die unser Leben in besonderer Weise begleitet: die öffentliche Verwaltung [2].

Auf der klassischen Schule basieren alle Ansätze, in denen die von Fayol beschriebene Schrittabfolge Grundlage der „Ordnung der Dinge" ist [3]. Darauf basiert auch die betriebliche Organisationslehre, ein spezifisch deutscher Ansatz, der zwischen 1930 und 1970 entwickelt wurde. Unternehmen *sind* danach keine Organisation, sondern sie *haben* eine. Damit liegt auch dieser Lehre ein instrumentales Organisationsverständnis zugrunde [4].

Der Bedarf, soziale Gemeinschaften *zu organisieren*, ist so alt wie soziale Gemeinschaften selbst. Unsere steinzeitlichen Vorfahren lebten in Gruppen, die gezwungen waren, ihre Existenz durch organisierte Arbeitsteilung (Jagen, erlegte Tiere zubereiten, Waffen und Kleidung anfertigen etc.) zu sichern. Die Pyramiden in Ägypten, deren bauliche Perfektion uns auch heute noch fasziniert, hätte man ohne Organisation nicht bauen können. Die alten Ägypter benötigten dafür sowohl Prozesse (Material beschaffen, bearbeiten etc.) als auch Strukturen (Transportmittel, Lagerstätten, Unterkünfte etc.) und natürlich Instrumente (Seilzüge, Rampen, Hämmer etc.). Später entwickelten sich soziale Gemeinschaften wie Klöster, Fürstentümer, Gilden und Zünfte. Im Verlauf der industriellen Entwicklung entstanden große Unternehmen mit überpersönlichen Strukturen von Funktionen, mehreren Führungsebenen und allgemeinen Verhaltensregeln. Zusammen mit öffentlichen Verwaltungen, Schulen und Hochschulen, Krankenhäusern etc. sind solche Organisationen typische Erscheinungen der *Moderne*. Im 20. Jahrhundert tritt dann der *Manager* in Erscheinung, ein höherer Angestellter, dessen Wirken auf der Trennung von Eigentum und Verfügungsgewalt basiert.

Eine analytische Sicht auf Organisationen bietet die Systemtheorie. Sie wird zum einen von der Kybernetik (Lehre von der Steuerung komplexer Systeme) und ihrer Anwendung in sozialen Prozessen geprägt. Kernbegriffe dieser Lehre sind, neben *System* (offen oder geschlossen), *Rückkopplung, Selbstregulation, Selbstorganisation, Homöostase, Fließgleichgewicht* und *Varietät*. Prominente Vertreter dieser Lehre und ihrer Varianten sind Norbert Wiener, William R. Ashby, Stafford Beer, Heinz von Foerster und Frederic Vester. Jay Forrester und Peter Senge haben sich ausgiebig mit *System Dynamics* beschäftigt. Zum anderen sieht die *sozialwissenschaftliche Systemtheorie* (mit Niklas Luhmann als ihrem bekanntesten Vertreter) in Organisationen soziale Systeme, die sich durch bestimmte Eigenschaften von ihrer Umwelt abgrenzen [5]. Sie legen fest, was sie sind bzw. sein wollen, wozu sie da sind, was für sie „Umwelt" ist und welche eigenen und Umweltelemente für sie wichtig sind.

Moderne Gesellschaften kennzeichnet eine hohe funktionale Differenzierung ihrer Organisationen bzw. Institutionen. Diese liegen nicht, wie in feudalen Herrschaftssystemen, „übereinander", sondern „nebeneinander", was die organisationale Landschaft wesentlich unübersichtlicher macht. Differenzierung erzeugt Abgrenzung. Die wiederum setzt eine Auswahl voraus, *a Choice*, die auf Entscheidungen basiert. Der Nutzen solcher Entscheidungen besteht darin, die Vielfalt möglicher Zustände eines Systems, die Ausdruck seiner Varietät oder Komplexität ist, auf die *erwünschten* zu reduzieren. Ein soziologischer Grundsatz besagt, dass Ordnung nur da möglich ist, wo Verhaltensmöglichkeiten eingeschränkt sind [6]. Nach diesem Grundsatz ist die Komplexität unseres Umfeldes ohne Auswahl, ohne eine Optionen begrenzende Selektionsleistung nicht zu bewältigen, wenngleich das durch Auswahl Ausgeblendete unbekannt bleibt und für das System zur (bösen) Überraschung werden kann. Das gestraffte Sortiment eines Herstellers, das nicht mehr den Bedürfnissen seiner Zielgruppe entspricht (z. B. weil der Hersteller die aktuellen Bedürfnisse seiner Zielgruppe gar nicht kennt, sein Wissen somit unvollständig ist), wird für den Hersteller zum Problem. Unsicherheit und Risiko sind konstituierende Merkmale systemischer Planungs- und Steuerungsprozesse. Hier zeigt sich ein wichtiger Unterschied zu den Prämissen der klassischen Schule, die von risikofreier Planbarkeit soziotechnischer Systeme ausgeht [7].

Organisationen sind durch die Merkmale *Zweck, Mitgliedschaft* und *Hierarchie* charakterisiert [8]. Sie können über die Ausgestaltung dieser Merkmale mehr oder weniger frei entscheiden, im Rahmen kultureller Normen, politischer Vorgaben und praktischer Grenzen. Das versetzt sie in die Lage, eine eigene Identität zu entwickeln und zu pflegen. Organisationen, deren Zweck nicht definiert ist, lösen Irritationen aus („Wozu seid ihr eigentlich da?"). Zwecksetzungen basieren auf Entscheidungen, durch die man auf andere Zwecksetzungen verzichtet. Diese bewusste Beschränkung von Möglichkeiten reduziert nicht nur eine Art von Komplexität, die wir als lähmend empfinden, sondern hat auch den Vorteil, dass Kräfte zum Verfolgen des nunmehr definierten Zwecks gebündelt werden können. Dementsprechend empfiehlt Petra Köpping, sich erst einmal um die eigenen Probleme zu kümmern, als gleich die ganze Welt retten zu wollen. Beschränkung kann zudem die Fantasie anregen, mit welchen Mitteln der gesetzte Zweck am besten zu erreichen ist. Auch Fantasie gehört zu den Instrumenten, die im Umgang mit komplexitätsbedingtem Nichtwissen zum Einsatz kommen (mehr dazu in Kap. 15).

Eine Mitgliedschaft können Organisationen unter die Bedingung stellen, dass Personen, die Mitglied sind oder werden wollen, Werte, Ziele, Regeln, Kommunikationswege und Anforderungen, aber auch informelle Routinen und Sonderaufgaben jenseits ihrer offiziellen Funktion akzeptieren. Tun sie es nicht, kann die Mitgliedschaft ausgeschlossen bzw. beendet werden. Die Möglichkeit, Mitgliedschaft an Bedingungen zu knüpfen, versetzt Organisationen in die Lage, die zum Realisieren von Zwecken und Erreichen von Zielen nötige Konformität der Handlungen zu erzeugen.[1] Hierarchien regeln formell die sozialen Beziehungen in der Organisation und tragen zur Koordination des Mitgliederverhaltens bei. Sie regeln aber auch Zuständigkeiten, horizontal wie vertikal, und schützen Organisationen davor, dass ihre Mitglieder Anweisungen nur dann befolgen, wenn sie sich von ihren Vorgesetzten mitgerissen fühlen oder den Sinn der Anweisungen sofort erkennen.[2] Das wird nicht immer der Fall sein. Gleichwohl müssen Organisationen jederzeit handlungsfähig sein. Zweck, Mitgliedschaft und Hierarchie bilden dafür den Ordnungsrahmen. Die Abstimmung aller Aktivitäten in diesem Rahmen ermöglicht die Kohärenz der Aktivitäten. Das macht Organisationen nicht nur wirksamer, sondern begünstigt auch ihre nachhaltige Entwicklung. Wie wirksam eine Organisation schließlich ist, hängt jedoch auch von weiteren Faktoren ab, die wir später genauer untersuchen. Worin aber besteht die besondere Rolle von Unternehmen bei nachhaltiger Entwicklung?

Organisationen bestimmen große Teile unseres Lebens. Wir machen der Reihe nach Bekanntschaft mit der Entbindungsstation eines Krankenhauses, dem Kindergarten, der Grundschule, weiterführenden Schulen, Universitäten, kleinen und großen Firmen, Bürgerbüros, der Kreisverwaltung beim Anmelden unseres Autos, dem TÜV, Sportvereinen, Freibädern, Kinos und Theatern. Mitunter kommen wir in Kontakt mit der Polizei, mit Arztpraxen, politischen Parteien und der Kirche, mit Serviceorganisationen wie Caritas und Diakonie, Lions und Rotary. Unser Arbeitsleben verbringen wir auch dann in einer Organisation, wenn wir als Freiberufler die Phase der Ich-AG hinter uns lassen konnten und weitere Personen beschäftigen. Aufgrund der Durchdringung unseres Alltagslebens haben Organisationen eine außerordentlich hohe gesellschaftliche Prägekraft. Allein in Deutschland leben mehr als 40 Millionen Menschen in Beschäftigungsverhältnissen, in großen, mittleren, kleinen und kleinsten Organisationen, in Körperschaften des privaten und öffentlichen Rechts [9]. Die übrigen Deutschen, Kinder und ältere Menschen, werden aller Voraussicht nach noch Erfahrungen mit einer Beschäftigung

---

[1] Ebd. 32.
[2] Ebd. 72.

machen oder haben sie bereits gemacht. Von jemandem, der sein Leben lang nie Mitglied einer Organisation war, kann aus gutem Grund behauptet werden, dass er am Rande der Gesellschaft lebte [10].

Organisationen haben den Anspruch, bestehen zu können, sonst hätte sie ja niemand gegründet. Dieser Anspruch erfordert, Mitgliedern und sonstigen Austauschpartnern etwas Begehrenswertes anzubieten: eine sichere Existenz (wenn die Mitglieder gleichzeitig Beschäftigte sind), Autos mit attraktiven Eigenschaften, frisches Gemüse, eine Baugenehmigung, einen Personalausweis, umfassende Bildung, schnelle Gesundung, erfüllende Gemeinschaft, spirituelle Erfahrungen, kurzweilige Unterhaltung etc. Weil Organisationen etwas Begehrenswertes anbieten müssen, sind sie Experten im Befriedigen von Bedürfnissen – der zentrale Aspekt nachhaltiger Entwicklung.

Bereits mit dem Anspruch auf Bestanderhalt befinden sich Organisationen auf dem Weg in Richtung Nachhaltigkeit – nicht im Sinne der Weltgemeinschaft, sondern im Sinne des eigenen Systems. Dieser Weg ist planbar und weniger konfliktbeladen als der Versuch, die Gesellschaft insgesamt nachhaltiger zu machen. Der Grund für diese günstige Ausgangslage ist der Ordnungsrahmen mit den Elementen Zweck, Mitgliedschaft und Hierarchie. Dadurch können Dinge relativ leicht durch- und umgesetzt werden, ungeachtet nicht beabsichtigter Folgen. Wenn solche Folgen eintreten, muss nachgebessert werden. Aber auch das gelingt in Organisationen aus den genannten Gründen besser als in Systemen ohne formalen Rahmen.

Abgesehen von Anbietern im Online-Business erbringen Organisationen ihre Leistungen durch ihre Mitglieder, die oft Beschäftigte sind: Inhaber*innen, Führungskräfte, Mitarbeiter*innen, Ärzt*innen, Pfleger*innen, Beamt*innen, Dozent*innen, Forscher*innen etc. Da sie meist einen größeren Teil ihres Lebens in ihrer Organisation verbringen, erwarten sie von ihr auch mehr als Kund*innen, Patient*innen, Schüler*innen, Bürger*innen etc., wenngleich natürlich auch diese „externen Anspruchsgruppen" von der Organisation profitieren. Beschäftigte aber haben umfassendere Bedürfnisse: ein auskömmliches Gehalt, Anerkennung, Schutz der Gesundheit, Bildung, Sicherheit, die Möglichkeit, Lebenspläne zu realisieren etc. Hier drängt sich der Vergleich mit dem Elternhaus auf, das ebenfalls für die Befriedigung umfassender Bedürfnisse zuständig ist, wenngleich in einer anderen Lebensphase. Im Zeitalter verflüssigter Zugehörigkeiten bekommt Mitgliedschaft einen neuen Stellenwert.

Organisationen erfüllen potenziell viele Funktionen, die für nachhaltige Entwicklung relevant sind: Sie sichern Existenzen, wecken Begehrlichkeiten, sind Orte sozialer Interaktion, erzeugen Sinngemeinschaften, vermitteln Orientierung, fördern Karrieren, prägen Überzeugungen, Haltungen und

Werteskalen und entwickeln bestandserhaltende Ressourcen. Jede Organisation kann ihren Stoffwechsel mit der Natur regulieren, indem sie möglichst wenig nicht erneuerbare Ressourcen und möglichst viele Anteile „sauberer" Energie verbraucht und die Umwelt nicht mit Emissionen und toxischen Abfällen belastet. Wie aber können Organisationen Nachhaltigkeit entfesseln?

Literatur

1. Schulte-Zurhausen, M. (2014): Organisation, Vahlen, München, 7.
2. Bogumil, J., Jann, W. (2009): Verwaltung und Verwaltungswissenschaft in Deutschland, VS Verlag für Verwaltungswissenschaften, Wiesbaden, 137; 138.
3. Steinmann, H., & Schreyögg, G. (2005): Grundlagen der Unternehmensführung (6. Aufl.), Gabler, Wiesbaden (erste Auflage 1990), 54.
4. Schulte-Zurhausen, M. (2014): Organisation, Vahlen, München, 13.
5. Luhmann, N. (1984): Soziale Systeme, Suhrkamp, Frankfurt.
6. Nassehi, A. (2019): Muster. Theorie der digitalen Gesellschaft, Beck, München, 36.
7. Steinmann, H., & Schreyögg, G. (2005): Grundlagen der Unternehmensführung (6. Aufl.), Gabler, Wiesbaden (erste Auflage 1990), 140; 141.
8. Kühl, S. (2011): Organisationen, VS Verlag für Sozialwissenschaften, Wiesbaden, 17.
9. https://statistik.arbeitsagentur.de/Navigation/Statistik/Statistik-nach-Themen/Beschaeftigung/Beschaeftigung-Nav.html. Zugriff: 15.12.2018
10. Kühl, S. (2011): Organisationen, VS Verlag für Sozialwissenschaften, Wiesbaden, 11; 12.

12

Viraler Effekt

Weil Organisationen ihre eigene Existenz sichern, Bedürfnisse befriedigen, produktive Ressourcen entwickeln und verantwortungsvoll mit natürlichen Ressourcen umgehen müssen, sind sie ideale Akteure der Nachhaltigkeit, und zwar unabhängig von ihrem Zweck. Davon können auch andere profitieren. Das Beispiel der Firma von Ferdinand Munk in Günzburg zeigt, wie über die Beschäftigten und deren Familien der Nachhaltigkeitsgedanke in das zivilgesellschaftliche Umfeld der Firma getragen wird. Das hat mit dem Produkt „Konstruktionen aus Aluminium" gar nichts zu tun (abgesehen davon, dass die Konstrukteure auch die Sicherheit der Nutzer im Blick haben, was unbedingt nachhaltigkeitsrelevant ist). Diese Transferleistung formt ein Image, das es der Firma ermöglicht, auch in einer Kleinstadt stets geeignete Fach- und Führungskräfte zu bekommen.

Offenheit in Nachhaltigkeitsfragen birgt aber noch weitere Potenziale. Ihre Kunden bindet die Günzburger Steigtechnik nach Aussage des Inhabers durch hochwertige Produkte, professionelle Auftragsabwicklung, Zuverlässigkeit, Offenheit, Vorteile für Stammkunden und die Strahlkraft der Marke. Geschäftspartner der Firma sind neben Kunden auch Lieferanten, Spediteure, Mit-Produzenten („verlängerte Werkbänke"), Banken, das Finanzamt, die Stadtverwaltung und der Steuerberater. Sie alle haben ein soziales Umfeld, das sie beeinflussen. Abb. 12.1 zeigt die Organisation mit ihren Einflusssphären.

Während die Organisation und ihre Mitglieder die innere Sphäre bilden, befinden sich in der erweiterten Sphäre externe Anspruchsgruppen: die Familien der Beschäftigten, Kunden, Lieferanten, Banken, die Stadt etc. Sie alle profitieren von der Organisation, wie diese von ihnen.

Abb. 12.1 Einflusssphären einer Organisation

Die externen Anspruchsgruppen stehen mit der Organisation im Austausch von Leistungen und sind ebenso wie die Beschäftigten an ihrem Wohlergehen interessiert. Externe Austauschpartner, die ebenfalls Organisationen sind, werden mehr über die Erfolgsfaktoren nachhaltiger Entwicklung erfahren wollen, müssen doch auch sie ihren Bestand sichern und damit nachhaltiger werden. Sie werden sich mit der Organisation, die darin offenbar Kompetenz besitzt, auch über dieses wichtige Thema austauschen wollen. Und wenn sie dabei mehr darüber lernen, wie nachhaltige Entwicklung „funktioniert" und wie man sie als gestaltende Kraft nach außen tragen kann, können auch sie ihre Einflusssphären erweitern, was klar zum eigenen Vorteil ist. So entsteht ein „viraler Effekt", durch den Nachhaltigkeit in die äußere Sphäre, das gesellschaftliche Umfeld, getragen und dadurch buchstäblich „entfesselt" werden kann (Abb. 12.2).

Anfang März 2020 hat das neuartige Coronavirus SARS-CoV-2, das sich Monate zuvor in der chinesischen Provinz Hubei ausgebreitet hatte, sich im Rachenraum vermehrt, die Infektionskrankheit Covid-19 hervorruft und zu Todesfällen geführt hat, Europa und fast alle deutschen Bundesländer erreicht. Ministerien, Gesundheitsämter, Krankenhäuser und Arztpraxen sind alarmiert, und mit ihnen die gesamte Zivilgesellschaft. Fachleute rechnen zu diesem Zeitpunkt mit einer Pandemie.

Der virale Effekt, den ich hier beschreibe, ist alles andere als lebensbedrohlich. Die Ansteckung möglichst vieler mit der Idee der Nachhaltigkeit ist nicht nur gewollt – sie ist dringend erforderlich! Sie geht von Organisationen aus, die mit Beschäftigten, Kunden*innen, Mandant*innen, Bürger*innen,

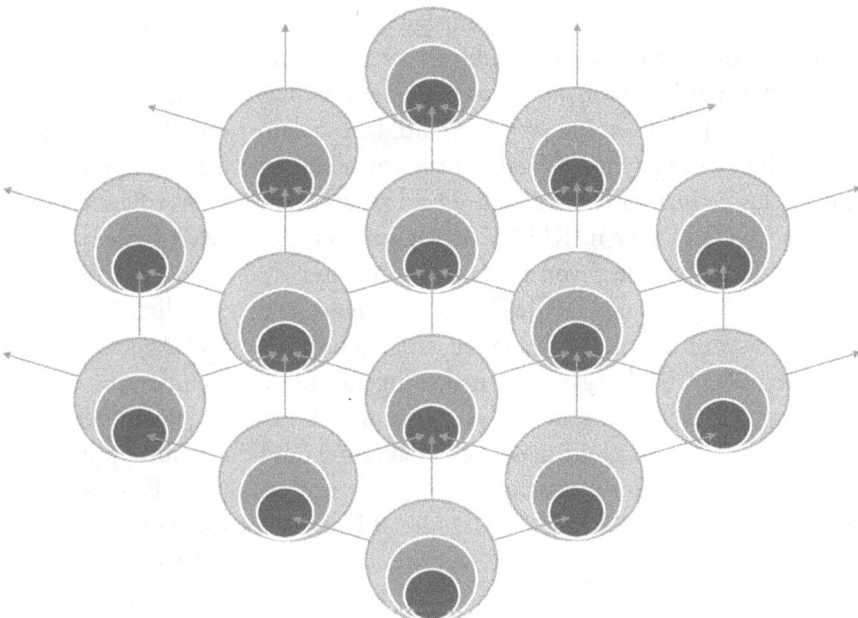

Abb. 12.2 Der virale Effekt

Patient*innen, Schüler*innen, Studierenden und ihrem Publikum in Austauschbeziehungen stehen. Sie alle haben Partnerorganisationen, mit denen sie sich ebenfalls austauschen können. Inhalte, von denen beide Seiten profitieren, stärken die Beziehung. Dass innovative Nachhaltigkeitskonzepte sogar Interessenten aus fernen Ländern anlocken, zeigt das Beispiel der Innovation City Bottrop, ein nachhaltig wirksames Konglomerat unterschiedlicher Organisationen.

Ferdinand Munk verspürt viel Sympathie für diesen Ansatz und möchte seinen Einfluss als Akteur der Nachhaltigkeit demnächst ausweiten. Wie aber denken die Verantwortlichen in Organisationen über den „viralen Effekt", die nicht der Wirtschaft zuzuordnen sind? Um das zu erfahren, sprach ich mit dem Vorstandsvorsitzenden eines Wohlfahrtsverbandes, der Leiterin des Amtes für Migration und Integration der Stadt Düsseldorf, einer Behörde also, und dem Intendanten des Theaters „Junges Schauspiel" im Düsseldorfer Schauspielhaus.

Programminnovator
Die Diakonie Düsseldorf legt als evangelischer Gemeindedienst und Wohlfahrtsverband ihren Fokus auf partnerschaftliche, nachhaltige Mitgestaltung einer gerechten Sozialordnung in der Landeshauptstadt. 4400 haupt- und

ehrenamtliche Mitarbeiter*innen engagieren sich an 180 Standorten für die Menschen und helfen ihnen, Zukunft zu gestalten. **Thorsten Nolting**, der Vorsitzende des Vorstands, verantwortet die Balance zwischen sozialen, ökologischen und ökonomischen Nachhaltigkeitszielen, wenngleich der gesellschaftliche Beitrag seiner Organisation vor allem im sozialen Bereich liegt. Hier deckt die Diakonie das gesamte Feld zwischen präventiver Kinderbetreuung (ca. 3000 Kinder in KITAs, Arbeit *im und am* sozialen System Familie etc.) bis zum Abmildern von Einsamkeit im Alter ab.

In ihren Programmen ist die Diakonie *Innovator*. Erst kürzlich wurden Demenz-WGs mit 10 bis 12 Personen eingerichtet, die das Angebot der acht Pflegeheime sinnvoll ergänzen. In der Jugendhilfe achtet man auf die Entwicklung von Selbstwirksamkeit als „Sprungbrett" für die Jugendlichen. Ein Lieblingsprojekt von Nolting ist die Verlagerung des Lebensmittelpunktes behinderter und chronisch erkrankter Kinder aus Heimen in Familien. Über 300 Familien und eine Vollzeitstelle für 10 Kinder, die die häusliche Betreuung begleiten, beraten und den Pflegeeltern auch mal die Chance auf Urlaub und freie Wochenenden verschaffen, sind eine echte Erfolgsgeschichte (zumal, da diese Art der Unterbringung in vielen Fällen ca. 1000 Euro pro Kind und Monat günstiger als die Heimlösung ist).

Neben den Innovationen bei Leistungen investiert die Diakonie Düsseldorf in ihre Beschäftigten. Eine Fortbildungsakademie mit eigenen Dozent*innen sorgt für bedarfsgerechte Aus- und Weiterbildung. Kompetenzanalysen, Mitarbeiterbefragungen, Mitarbeitergespräche und Zielvereinbarungen mit Führungskräften sind ebenso Standard wie das jährliche Betriebsfest im ZAKK, einem Düsseldorfer Szenetreff. Partner der Diakonie sind insbesondere die anderen Wohlfahrtsverbände, aber auch die Stadt als „Kunde" und Dialogpartner sowie Ärzte im Umfeld der Einrichtungen, Schulen, die Jugendhilfe und nicht zuletzt Unternehmen, die sich unter dem Motto „Sozial gewinnt" einbringen. Ein Beispiel dafür sind die vier „Welcome-Points" für Geflüchtete.

Einen „viralen Effekt" der Nachhaltigkeit sieht Thorsten Nolting derzeit insbesondere bei den KITAs und im „Haus der kleinen Forscher". Hier schafft man bei Kindern Bewusstsein für Umweltfragen. Dasselbe versucht man auch in allen anderen Einrichtungen, und sei es mit Öko-Tee und -Kaffee. Ein gezielter Austausch mit Partnern über die eigene Nachhaltigkeit findet derzeit nicht statt; hier wolle man den Eindruck des „Missionierens" vermeiden.

Thorsten Nolting kann sich sehr gut vorstellen, Erkenntnisse zur Entwicklung des intellektuellen und sozialen Kapitals seiner Organisation, ja sogar Teile dieses Kapitals, mit verbündeten Organisationen auszutauschen, um gemeinschaftlich zu lernen, Bündnisse zu stärken und so die gestaltende Kraft der Nachhaltigkeit zu „entfesseln".

Gesellschaftliche Teilhabe
Das Amt für Migration und Integration der Stadt Düsseldorf bietet Ausländerinnen und Ausländern, Migrantinnen und Migranten, Geflüchteten und Menschen ohne Wohnung einen umfassenden Service mit kurzen Wegen und sichert ihnen den Zugang zu sozialer und gesellschaftlicher Teilhabe. Über 140.000 Düsseldorferinnen und Düsseldorfer mit ausländischem Pass und über 1000 Menschen ohne Wohnung finden im Amt eine zentrale Anlaufstelle in der Stadt. Hinzu kommen 5000 in Düsseldorf ansässige Unternehmen aus 139 Ländern, 40 konsularische Vertretungen, 33 ausländische Handelsvertretungen und eine internationale Schule mit einer Schülerschaft aus insgesamt 44 Ländern.

Miriam Koch leitet dieses Amt mit ca. 500 Beschäftigten. Mit Nachhaltigkeit verbindet sie zunächst einmal eine intakte Umwelt und einen sinnvollen Umgang mit der Klimakrise, für den es nur noch ein relativ kleines Zeitfenster gibt. Düsseldorf müsse sich besser auf Starkwetterereignisse vorbereiten und bestimmte Straßen „runterkühlen", z. B. durch Beschattung und Bepflanzung. Der Klimawandel lässt jedoch auch weitere Flüchtlingswellen erwarten, die Kapazität der Unterkünfte müsse daran angepasst sein. Gleichzeitig aber müsse die gesamte Unterkunftslandschaft, z. B. für Obdachlose, klimagerecht umgebaut und neue Möglichkeiten der Wohnraumbeschaffung müssen geschaffen werden, vorzugsweise durch mehr öffentlich geförderten Wohnraum. Bei allem darf die Qualität des interkulturellen Miteinanders nicht zu kurz kommen. Düsseldorf lebt von Zuwanderung, und zunehmende Engpässe in Bereichen wie Pflege oder Verwaltung erhöhen die Dringlichkeit einer gelingenden Integration von Menschen mit Zuwanderungsgeschichte.

In der Landeshauptstadt ist nachhaltige Entwicklung ein gesellschaftspolitisches Leitbild, das auf den 17 Zielen nachhaltiger Entwicklung, den „Sustainable Development Goals" (SDGs) basiert. Kommunen spielen nach Ansicht von Miriam Koch eine zentrale Rolle bei der Umsetzung der Nachhaltigkeitsziele, da sie viel näher an den Menschen dran sind als die Nationalstaaten. Ihr Amt nimmt Bezug auf Ziele wie inklusive Stadtgestaltung, menschenwürdigen, angemessenen und bezahlbaren Wohnraum, Möglichkeit des lebenslangen Lernens und Geschlechtergerechtigkeit (mehr zu den SDGs in Kap. 14).

Mit Hinblick auf die eigene Nachhaltigkeit fällt es ihr derzeit schwer, die Betriebsbereitschaft ihrer Organisation aufrechtzuerhalten. Abgesehen vom Fachkräftemangel bilde man in der Verwaltung *Generalisten* aus. Für die Anforderungen ihres Amtes benötige man jedoch *Spezialisten*. Vom Umzug an einen neuen Standort erhofft sie sich, betriebliches Gesundheitsmanagement realisieren, ein eigenes Ausbildungskonzept einführen und Kernleistungen des Amtes digitalisieren zu können, um Wege einzusparen, Prozesse transparenter zu machen und die Beschäftigten zu entlasten. Außerdem strebt sie eine andere Vergütungsregelung für Fachkräfte im Rückkehrmanagement an und möchte ein Programm zur Mitarbeiterbindung einführen.

Zu den Partnern des Amtes für Migration und Integration gehören andere Verwaltungsämter, Wohlfahrtsverbände, Wohnungsgesellschaften, Armenküchen und der „Runde Tisch für Obdachlosigkeit". Ein Austausch über die Belange der eigenen Organisation erfolgt derzeit mit gleichen Ämtern benachbarter Kommunen. Miriam Koch kann sich aber vorstellen, das Thema „nachhaltige Organisation" auch mit den anderen Partnern zu diskutieren, sodass neues Wissen und neue Ideen entstehen und nach außen getragen werden.

Geschichten, die Mut machen
Das „Junge Schauspiel" ist das Kinder- und Jugendtheater des Düsseldorfer Schauspielhauses, des einzigen Staatstheaters des Landes Nordrhein-Westfalen. Mit 211 Premieren und mehr als zwei Millionen Zuschauern in 40 Jahren, zahllosen Ehrungen und Preisen (Deutscher Kindertheaterpreis, Deutscher Jugendtheaterpreis, deutscher Theaterpreis DER FAUST, Düsseldorfer Integrationspreis für „Café Eden" etc.) sowie Einladungen zu Festivals nach Brasilien, Korea, Israel, in die Türkei, nach Österreich, Ungarn und Rumänien ist das „Junge Schauspiel" eine wichtige Säule des traditionsreichen Schauspielhauses, wo einst Gustav Gründgens Intendant war (1947–1955). Der Auftrag des Theaters lautet, kleinen und größeren Leuten Geschichten zu erzählen, die Mut machen, in dieser komplexen Welt zu leben und das Leben aktiv zu gestalten.

Stefan Fischer-Fels ist Mitglied des Leitungsteams und Leiter des „Jungen Schauspiels" am Düsseldorfer Schauspielhaus. In seinem Theater werden Grundfragen des Zusammenlebens inszeniert, Haltungen zur Menschlichkeit und Weltoffenheit vermittelt und Reflexionsanregungen gegeben. Möglich sei das jedoch nur in einem gesellschaftlich liberalen Umfeld, das derzeit zunehmend unter Druck gerate. Mit Hinblick auf die von der Staatengemeinschaft 2015 vereinbarten 17 Nachhaltigkeitsziele, auf die man sich im „Jungen Schauspiel" beziehen will, muss man sich in einem Theater fragen, welche Geschichten es dazu auf der Bühne erzählt, und wie man sie erzählt.

Gleichzeitig muss man sich fragen, wie das Theater mit Herausforderungen wie Freizeit, Diversität, Geschlechtergerechtigkeit, Machtasymmetrie, Wiederverwendung von Bühnenbildern und Fernreisen zu Festivals umgeht, die noch nicht in einer Weise gelöst sind, die den gesellschaftlichen Realitäten bzw. Erfordernissen entspricht. Hier treffe eine „Ideologie von Arbeitsbesessenheit bis hin zur Selbstausbeutung", mit der Theaterleute wie Fischer-Fels groß geworden sind und zu der die Überzeugung gehört, ein künstlerisches Produkt sei „nie fertig" (was nicht selten zu Proben bis in die Nacht hinein führe), auf das Wertesystem junger Künstlerinnen und Künstler, die Rücksichtnahme auf ihre Work-Life-Balance fordern und um persönliche Freiräume kämpfen. Wenn jedoch das „Prinzip Arbeitnehmerschutz" auf die Kunst übertrage werde, um die gerade auch in Theatern so wichtigen „Humanressourcen" erhalten und entwickeln zu können, müsse sich ein Ensembletheater organisatorisch von Grund auf ändern. Diesem Veränderungsdruck stehe jedoch ein Subventionssystem gegenüber, das den Fokus auf Zuschauerzahlen und Auslastung setzt. Das „System Stadttheater" müsse somit dringend reformiert werden, und sei es in kleinen Schritten, und selbstverständlich müssen möglichst alle Theater sowie „die Politik" in diesem Prozess konstruktiv mitspielen.

Das „Junge Schauspiel" kooperiert mit kommunalen Organisationen wie dem Schulverwaltungsamt, dem Kulturamt, dem Jugendamt, dem Amt für Migration und Integration und kommunal tätigen NGOs, mit Berufsverbänden für Theater wie der „Assitej" und dem „Arbeitskreis Theater für junges Publikum NRW". Auch Stefan Fischer-Fels kann sich gut vorstellen, in solchen Kreisen Nachhaltigkeit zu thematisieren und gemeinsam neue Lösungen zu finden – im Sinne des Bestandserhalts und der Weiterentwicklung dieser Organisationen und ihrer Fähigkeit, ihrem Auftrag auch in Zukunft gerecht zu werden.

Diese Beispiele zeigen, dass Organisationen auf unterschiedliche Weise Nachhaltigkeit als Kraft entfesseln können: generell durch ihr Streben nach Bestandserhalt, das sie veranlasst, sich selbst nachhaltig zu entwickeln, mit entsprechend positiver Außenwirkung. Weiterhin dadurch, dass sie ihr Wissen mit verbündeten Organisationen teilen und dadurch die Außenwirkung exponentiell steigern. Drittens, indem sie offizielle Nachhaltigkeitsziele mehr oder weniger gezielt unterstützen, und viertens, indem sie mit neuen technischen Lösungen nachhaltigeres Wirtschaften ermöglichen oder mit besonderen Dienstleistungen die sozialen Ziele unterstützen. Natürlich können auch zivilgesellschaftliche Bewegungen Kraft entfalten, und erhebliche Kraftreserven liegen zudem in Synergien von Expert*innen unterschiedlicher Disziplinen, was im dritten Teil des Buches klar zum Ausdruck kam. Ich komme am Ende des Buches darauf zurück.

Die Einsichten geben Anlass, den Blick auf die Ressourcen zu richten, mittels derer Organisationen wirksam werden. Menschen gestalten den Umgang mit natürlichen Ressourcen, den „Stoffwechsel" ihrer Organisation mit der Natur, indem sie Entscheidungen treffen sowie Strukturen, Abläufe und Regeln definieren. Während aber ihre Körper aus „Materie" bestehen (Knochen, Muskeln, Bindegewebe, Organe, Blut, Nerven etc.), hat das, was diese Materie nutzbar macht, ihre Ideen, Haltungen, Kenntnisse und Fähigkeiten, keine materielle Substanz. Gleichwohl bestimmen diese Ressourcen in hohem Maße das Potenzial, das Gesellschaften produktiv macht und nachhaltige Entwicklung ermöglicht. Im nächsten Kapitel werde ich dieses besondere Kapital näher untersuchen.

13

Die Emanzipation der immateriellen Ressourcen

Aufstieg der Intangibles
Die Befunde zu Beginn dieses Buches deuten darauf hin, dass die ökosozialen Probleme unserer Zeit durch Menschen verursacht sind. Aber nicht nur die Probleme, sondern auch die Segnungen des Fortschritts basieren auf der Art und Weise, wie Menschen fühlen, denken und lernen, was sie antreibt, was sie wissen, entwickeln, herstellen und gestalten, wie sie interagieren und kooperieren. Jakob Fugger wäre ohne seinen Ehrgeiz, seine Neugier und Risikobereitschaft, seine buchhalterische Genauigkeit, sein organisatorisches Geschick und seine Beziehungsfähigkeit nicht der reichste Mensch der Geschichte geworden. Weil solche Produktivfaktoren im Gegensatz zu Bodenschätzen und Fabrikanlagen keine materielle Substanz haben, nennt man sie *immaterielle Ressourcen, immaterielle Vermögenswerte, intellektuelles Kapital, Intangible Assets* oder einfach *Intangibles*. Vieles davon entsteht in Organisationen.

Baruch Lev schreibt: „Intangible assets are non-physical sources of value (claims to future benefit) generated by innovation, unique organizational designs, or human resource practices" [1]. Mit Intangibles sind, wie auch mit Krediten und Forschungsexpeditionen, Erfolgserwartungen verknüpft. Weil man ihre Bedeutung als Wachstumshebel erkannt hat, investieren Firmen in Europa und den USA etwa seit Beginn der Finanzkrise im Jahr 2007 mehr in immaterielle Güter und Ressourcen als in materielle [2]. Zum besseren Verständnis dieser besonderen Ressourcenart soll auch hier eine kurze historische Einbettung erfolgen.

Im 15. Jahrhundert hat man begonnen, materielle Vermögenswerte wie Geld, Boden, Sachanlagen und Lagerbestände systematisch zu dokumentieren. Im Jahr 1494 erklärte Lucia Pacioli die Regeln der doppelten Buchführung, die dann Jakob Fugger nördlich der Alpen einführte und die bis heute gültig sind. Die Geschichte des systematischen Umgangs mit immateriellen Ressourcen ist vergleichsweise sehr jung – sie beginnt mit dem Strukturwandel in der Wirtschaft in den 1970er-Jahren. Dieser Wandel leitete die Ära der *postindustriellen Ökonomie* ein, in der wir uns heute befinden und die weite Teile unseres Lebens beeinflusst.

In manchen Regionen der westlichen Welt (Mittlerer Westen der USA, Nordengland, Nordfrankreich, Wallonien, Ruhrgebiet, weite Teile Ostdeutschlands) setzte nach den ökonomisch wundersamen Nachkriegsjahren eine regelrechte *Deindustrialisierung* ein. In dessen Verlauf fiel der Anteil der im Industriesektor Beschäftigten allein in Deutschland von 48 Prozent im Jahr 1960 auf 27 Prozent im Jahr 2017, während der Anteil im Dienstleistungssektor entsprechend zunahm. Heute begegnen uns in diesem Sektor einerseits gut qualifizierte „Wissensarbeiter*innen", und andererseits Ausübende vermeintlich „einfacher" Tätigkeiten wie Transport, Gebäudewartung, Sicherheit, Pflege, Gastronomie etc. Ausgelöst wurde diese Entwicklung auf Anbieterseite durch die Tatsache, dass die Produktivität der *fordistischen Produktionsweise* ausgereizt war. Gleichzeitig bahnte sich mit der Digitalisierung nicht nur die Automatisierung von Produktionsschritten, sondern auch die Verbreitung globaler Produktionsnetzwerke an (und damit die Verlagerung der Produktion in bis dahin schwach industrialisierte Regionen mit niedrigeren Standort- und Lohnkosten).

Auf der Seite der Konsumenten war mittlerweile der Bedarf an standardisierten Gütern des Grundbedarfs (Grundausstattung des Hauses/der Wohnung, Elektrogeräte, Auto, Gesundheitsgrundversorgung, massentouristisch organisierte Fernreisen etc.) gesättigt. Im Sinne der Wachstumslogik musste jetzt die Beschaffenheit der Güter über ihre Grundfunktionen hinausgehen. Nunmehr mussten verstärkt die immateriellen, eher „singulären" Sphären der Kultur, der Emotionen, des Erlebens, der Gesundheit und des Wohlbefindens, der Bildung und der Identität, des „ästhetisch und ethisch Wertvollen" angesprochen werden. In den „Sphären individueller Selbstverwirklichung", deren Anziehungskraft das Pflichtgefühl und den Konformitätsdruck der Nachkriegsjahre allmählich ablöste, sind Sättigungseffekte kaum zu befürchten. Die verstärkte Nachfrage nach Gütern des (funktional schwerer fassbaren) kognitiv-habituellen Bereichs erhöhte jedoch ihre Komplexität. Außerdem machte sie auch Anbieter zu *Nachfragern* von immateriellen Gütern wie IT-, Design-, Marken-, Rechts-, Personal- und Organisationsberatung, aber eben auch von einfacheren Dienstleistungen [3].

Weitere Gründe für den Bedeutungszuwachs immaterieller Güter und Ressourcen liegen in der Intensivierung des Wettbewerbs in den 1980er-Jahren, die durch Globalisierung, die (politisch veranlasste) *Finanzialisierung* der Wirtschaft und die dynamische Entwicklung der Informationstechnologie ausgelöst wurde. Der stärkere Wettbewerbsdruck, der mit dieser Entwicklung einherging, zwang die Unternehmen, ihre Ressourcen besser als bisher zu nutzen. Hiroyuki Itami untersuchte 1980 die Strategien japanischer, amerikanischer und europäischer Unternehmen und fand bei den Japanern einen Umgang mit Intangibles, wie man ihn im Westen bis dahin nicht kannte. Die englische Ausgabe seines Buches erschien 1987 unter dem Titel „Mobilizing Invisible Assets" [4]. Taktgeber der Entwicklung in Japan war die Firma Toyota. Eiji Toyoda, der Leiter des Unternehmens, revolutionierte zusammen mit seinem Produktionschef Taiichi Ohno die Herstellung von Autos, indem sie anders als bei der bei Ford und General Motors in den USA vorherrschenden Taylor'schen Produktionsweise (die beide ausgiebig vor Ort studiert hatten) Teamarbeit, kontinuierliche Verbesserung unter Einbeziehung von Kunden und Lieferanten, Just-in-Time-Belieferung und die verschwendungsfreie Nutzung materieller Ressourcen einführten.

Ergebnis dieser *Lean-Offensive* war die signifikante Steigerung der Qualität und Flexibilität, bei deutlich reduzierten Kosten und Entwicklungszeiten [5]. Trotz gewisser Unterschiede in Details entwickelten die japanischen Autobauer in den 1960er-Jahren gegenüber den Massenproduzenten der westlichen Welt Vorteile, die ihren Anteil an der Welt-Autoproduktion von 1958 bis 1988 von unter 2 Prozent auf fast 30 Prozent katapultierte.[1] Westliche Autobauer sahen sich nunmehr veranlasst, ebenfalls Lean-Strategien zu implementieren. Es waren vor allem Ingenieure von Toyota, mit deren Hilfe der schwäbische Sportwagenhersteller Porsche in den 1990er-Jahren aus der Verlustzone herauskam und zu einem der profitabelsten Autobauer der Welt wurde. Entwicklungen wie diese richteten den Fokus auch in westlichen Industrieländern auf immaterielle Ressourcen, wenngleich zunächst vor allem in der Wissenschaft.

Forscher wie Rumelt, Wernerfelt und Barney haben sich mit betrieblichen Ressourcen beschäftigt und fanden, dass nachhaltige Wettbewerbsvorteile auf der Fähigkeit von Menschen beruhen, sich Wissen anzueignen, zu nutzen und miteinander zu teilen, Strategien zu ersinnen und umzusetzen, Beziehungen untereinander, zu Kunden und strategischen Partnern zu entwickeln, aus Ideen innovative Produkte zu machen und Marken zu formen. Ihr ressourcenbasierter Ansatz war die Antwort auf Michael Porter, der Erfolgspotenziale damals vor allem in der richtigen Positionierung im Spiel der Wettbewerbskräfte im Markt sah [6]. Eric Sveiby veröffentlichte 1987 „The Know-how Company" [7]. Im selben Jahr veröffentlichten Johnson und Kaplan ihren

---

[1] Ebd. 69.

Artikel „Relevance Lost: The Rise and Fall of Management Accounting". Darin bezweifeln sie den Sinn einer Rechnungslegung, in der wichtige Ressourcen schlicht nicht vorkommen [8]. Fünf Jahre später stellten Robert Kaplan und David Norton die „Balanced Scorecard" vor, das heute wohl am weitesten verbreitete integrative Steuerungsinstrument für Organisationen [9]. Weitere Vordenker im Bereich Intangibles sind:

- E. T. Penrose *(The Theory of the Growth of the Firm,* 1958)
- Peter Drucker *(The New Realities in Government and Politics,* 1989)
- Peter Senge *(The Fifth's Discipline,* 1990)
- Tom Stewart (führte 1991 den Begriff *Intellectual Capital* ein)
- Gordon Petrash (wurde 1993 erster Direktor für *Intellectual Property* bei Dow Chemical)
- Leif Edvinsson (beschrieb 1993 den Aufbau einer *Wissensbilanz* für Skandia)
- Baruch Lev (organisierte 1998 die erste Konferenz zur *Wissensbilanzierung*)

Trotz ihrer offensichtlich durchschlagenden Wirkung finden immaterielle Ressourcen im Management oft nicht die Beachtung, die sie verdienen. Warum ist das so?

Ein wichtiger Grund für die Missachtung ist, dass man immaterielle Ressourcen monetär nicht bewerten kann. Ideen, Haltungen, Kenntnisse und Fähigkeiten sind nicht in Geldeinheiten darstellbar – es gibt dafür keinen „Marktpreis". Deshalb werden sie auch nicht in der Bilanz von Unternehmen abgebildet und bleiben damit als Erfolgsfaktor, zumindest bilanziell, unsichtbar. Sie sind „Kapital ohne Finanzwert". Bilanziell berücksichtigt werden hingegen Patente, Markenrechte und Lizenzen, die zwar ihrem Charakter nach ebenfalls immateriell sind, für die man aber Marktwerte berechnen kann. Ihrer Entwicklung gehen jedoch umfassende Lern- und Koordinationsprozesse voraus, in die man investieren muss, um marktfähige Ergebnisse erzielen zu können. Investitionen in Forschung, Weiterbildung, Kommunikation, Reorganisation etc. erscheinen als *Aufwand* in der Gewinn- und Verlustrechnung. Damit sind sie permanent der Gefahr ausgesetzt, in Zeiten wirtschaftlichen Drucks dem Rotstift zum Opfer zu fallen. Das macht zwar Bilanzen sofort „schöner", kann aber Erfolgspotenziale unwiederbringlich vernichten. Der Umgang mit Intangibles wird weiterhin dadurch erschwert, dass ihre Wirkung vom jeweiligen Kontext abhängt. Außerdem wirken sie meist indirekt, zeitverzögert und zusammen mit anderen Ressourcen, was die Wirkungsabschätzung ebenso erschwert wie die Zuordnung von Finanzmitteln [10]. Für immaterielle Ressourcen gilt, dass man sie prinzipiell

- nicht sehen und berühren kann,
- nicht durch Finanztransaktionen nachweisen kann,
- nicht im üblichen Sinn „besitzen" kann,
- nicht (versehentlich) zerstören kann,
- durch Gebrauch nicht vermindern, aber vermehren kann,
- erst bemerkt, wenn sie fehlen, nicht aber wenn sie da sind,
- ohne Werteverlust simultan nutzen kann [11].

Anders als Wasser und fossile Energieträger wird Wissen durch Nutzung nicht *verbraucht*, sondern *vermehrt*, weil man durch seine Nutzung weitere Erkenntnisse gewinnt. Dieser Effekt wird durch Interaktion und Kooperation verstärkt, und Netzwerkeffekte sorgen für weitere Verstärkung. Nach dem Metcalfe'schen Gesetz ist der Wert eines Netzwerkes proportional zum Quadrat der mit ihm verbundenen Benutzer. Vermehrung durch Nutzung, simultane Nutzbarkeit und Netzwerkeffekte machen immaterielle Ressourcen *skalierbar* – eine Eigenschaft, die auf dem Prozessieren von Daten basiert.

Welches Ertragspotenzial dieser Eigenschaft zugesprochen wird, zeigt der Wert börsennotierter IT-Unternehmen und Betreiber digitaler Plattformen. Am 5. Februar 2020 betrug die Marktkapitalisierung (in Milliarden €) von Apple 1259, von Microsoft 1235, von Amazon 921, von Alphabet (ex Google) 837 und von Facebook 545. Diese Firmen sind die Spitzenreiter der US-Börsen und gehören zusammen mit einigen chinesischen Firmen zu den monetär wertvollsten Unternehmen unserer Zeit. Der Öl-Gigant Exxon Mobil, der vor der digitalen Revolution zu den Spitzenreitern gehörte, rangierte mit einem Marktwert von 231 Mrd. € deutlich hinter den IT-Firmen. Den deutschen Aktienindex (DAX) führte mit einem Marktwert von 150 Mrd. € die Firma SAP an, der größte deutsche Softwareanbieter. Dahinter, mit großem Abstand, der durch die Fusion mit Praxair aufgewertete Gase-Spezialist Linde (103 Mrd. €). Der Wert der Vorzugsaktien von Volkswagen, immerhin größter Autobauer der Welt, dessen Umsatz im Jahr 2018 mit 236 Mrd. Euro zehnmal höher war als der von SAP, betrug 84 Mrd. €. Das ist gerade mal 1/15 des Marktwertes von Apple, obwohl Apples Umsatz in dem Jahr mit 208 Mrd. Euro noch unter dem von VW lag [12, 13].

Börsenwerte basieren nicht auf der kalkulierten Substanz einer Organisation, sondern auf Kauf- und Verkaufbewegungen, die von teilweise spekulativen Erfolgs- bzw. Misserfolgserwartungen ausgelöst und von Personalentscheidungen, technologischen und politischen Entwicklungen, Marktveränderungen und anderen internen und externen Ereignissen kurzfristig beeinflusst werden. Selbst für börsennotierte Firmen, die einen verschwindend kleinen Anteil aller

Organisationen repräsentieren, ist der Börsenwert kein verlässlicher Leistungsindikator, eben weil ihr wichtigstes Kapital keinen kalkulierbaren Finanzwert hat. Was aber sind die besonderen Herausforderungen beim Umgang mit immateriellen Ressourcen?

Weil es für Intangibles keinen Marktpreis gibt, kann man sie nicht *verkaufen*. Geld, das man investiert, sieht man nicht wieder, sofern sich die Investition nicht irgendwann einmal auszahlt – entweder, weil Glück im Spiel ist oder – besser noch – eine tragfähige Strategie, verbunden mit der Bereitschaft, Risiken in Kauf zu nehmen. Investitionen in den Erwerb von Wissen, in Produktentwicklung und organisationale Umgestaltung können leicht zu *Sunk Costs* werden. Vor diesem Risiko stehen heute die deutschen Autobauer, die massiv in die Entwicklung von Autos mit Elektroantrieb investieren. Ob sich das jemals auszahlt, wissen sie nicht, weil in dieser Technologie derzeit andere die Nase vorn haben.

Die Wahrscheinlichkeit, eingesetztes Geld zu verlieren, wächst mit der Nichtexistenz einer smarten Strategie. Auch die kann man weder anfassen noch finanziell bewerten, noch durch Gebrauch zerstören. Als Ursprung strategischen Denkens gelten die Betrachtungen zur Kunst der Kriegsführung, die der chinesische General und Philosoph Sunzi, ein Zeitgenosse von Konfuzius, ca. 500 v. Chr. formulierte und an denen sich sogar Napoleon orientiert haben soll. Sunzi beschrieb strategische Aspekte wie Planung, Einschätzung von Raum, Zeit und Gelände so wie taktische Gefechtsregeln [14].

Auf eine Kurzformel gebracht, besteht eine Strategie in einer Absicht und den Maßnahmen zur Realisierung dieser Absicht. Von den Maßnahmen kann man auf die nötigten Ressourcen schließen. Was aber macht eine gute Strategie aus? Hier einige Qualitätskriterien, die, obwohl bereits im 20. Jahrhundert formuliert, auch heute gültig sind:

- Eindeutig in der Formulierung
- Ziele und Maßnahmen passen zusammen (Konsistenzanforderung)
- Angemessene Reaktion auf Ereignisse im Umfeld (Konsonanzanforderung)
- Mit vorhandenen oder geplanten Ressourcen umsetzbar (Machbarkeitsanforderung)
- Erzeugen einen Wettbewerbsvorteil (gilt auch im Wettbewerb um Fachkräfte!)
- Entsprechen den Werten der Führungskräfte (wegen ihrer besonderen Hebelwirkung)
- Fördern das Engagement der Mitarbeiter*innen
- Liefern den gewünschten gesellschaftlichen Beitrag [15, 16]

13 Die Emanzipation der immateriellen Ressourcen

Wer eine gute Strategie entwickeln will, benötigt Wissen, Intuition, Imagination, analytisches Talent, Interaktions- und Integrationsfähigkeit. Mitunter muss man den eingeschlagenen Kurs ändern, um nicht Schiffbruch zu erleiden. All das ist immateriell, eine Erfolgsgarantie gibt es nicht. Das veranlasst manche dazu, Zeit, Geld und Hirnschmalz gar nicht erst in die Entwicklung einer Strategie zu investieren. Entsprechend gering sind dann die Erfolgsaussichten.

Weil immaterielle Ressourcen mehrfach nutzbar sind, werden von der Idee, die ich ausgebrütet habe und von der ich jetzt profitiere, bald auch andere profitieren. Steve Jobs gilt nicht nur als Erfinder des iPhones, sondern auch als Erfinder der Produktkategorie „Smartphone", von der außer Apple längst auch andere Anbieter profitieren. Solche *Spillovers* sind für andere ein *Free Lunch* [17]. Wenn das aber schon so ist, kann es besser sein, gleich zu kooperieren als zu versuchen, gute Ideen für sich zu behalten. Kooperation aber, die dem Austausch von Ideen, Wissen und Erfahrungen dient, bringt noch ein weiteres Merkmal immaterieller Ressourcen zur Entfaltung: Sie werden durch Synergien wirkmächtiger. Ridley schreibt: „Exchange is to cultural evolution like sex is to biological evolution" [18]. In Ideen, Forschungsergebnissen, Designformen, Organisations-, Beratungs-, Kommunikations- und Bildungsansätzen steckt erhebliches Synergiepotenzial, weil ihr Wert durch Koordination und Integration steigt. Das erinnert uns an die Erkenntnisse im dritten Teil des Buches. Nachhaltige Entwicklung wird leichter, wenn Synergien genutzt und Kompetenzen gebündelt werden. Das erfordert von Vertreter*innen unterschiedlicher Disziplinen nicht nur Interaktionsfähigkeit, sondern auch die Bereitschaft, ihre Kompetenzen „anschlussfähig" zu machen. Ich werde das am Ende des Buches wieder aufgreifen.

Es gehört nicht viel Fantasie dazu, von einer Welt, die volatil, unsicher, komplex und mehrdeutig ist (im amerikanischen Army War College erfand man dafür nach Beendigung des kalten Krieges das Kunstwort *VUCA*, aus **v**olatile, **u**ncertain, **c**omplex, **a**mbiguous), Überlebensstrategien abzuleiten: Schneller und umfassender lernen, auf neue Erkenntnisse schneller reagieren, neue Dinge einfach ausprobieren, auf Uvorhersehbares vorbereitet sein. Diese Empfehlungen von Bennet & Lemoine beziehen sich ganz überwiegend auf immaterielle Ressourcen [19].

Immateriell ist auch der stärkste Beschleuniger unseres Lebens, die *Informationstechnologie* (soweit es sich dabei um Software und Daten handelt). Das Internet hat völlig neue Informationsräume geschaffen – „Informatisierung" ist der neue Fortschrittsmotor. In solchen Räumen bearbeiten, speichern und teilen Menschen Informationen (das sind zu aussagefähigen Sachverhalten verknüpfte Daten) und interagieren oft ausschließlich *digital*. Die neuen

Informationsräume oder *Information Spaces* werden dadurch zu „sozialen Handlungsräumen" [20]. Deren Produktivität hängt jedoch von persönlichen Verhaltensweisen ebenso ab wie von der Qualität von Strategien, Strukturen, Prozessen und Konzepten, immateriellen Faktoren also, denen man keinen Finanzwert zuordnen kann.

Ein Organisationskonzept, das heute in aller Munde ist und von der „VUCA-Situation" mit ihren vielen Unwägbarkeiten abgeleitet werden kann, ist *Agilität*. In agilen Organisationen ist offenbar alles miteinander verbunden, transparent und flexibel, und funktioniert dennoch auf wundersame Weise wie aus einer Hand. Wertschöpfungsketten sind systemisch über Funktionsgrenzen hinweg integriert. Von den Menschen in agilen Organisationen erwartet man, dass sie eigenverantwortlich handeln, offen und respektvoll miteinander umgehen und sich in Teams selbst organisieren [21]. Soweit der Anspruch. Agilität basiert nahezu ausschließlich auf immateriellen Ressourcen.

Um Wertschöpfung als einen Prozess zu veranschaulichen, an dem in unterschiedlichen Phasen unterschiedliche Ressourcen beteiligt sind, wird sie auch als *Transformation* beschrieben. Dieser Begriff wird aktuell nicht nur für den digitalen Wandel unserer Gesellschaft, sondern auch für ihre nachhaltige Entwicklung benutzt. Immaterielle Ressourcen sind die Voraussetzung dafür, dass solche Transformationen gelingen und dass, im kleinen Maßstab, organisationale Zwecke überhaupt erfüllt werden können. Die wohl bekannteste Darstellung einer Transformation von Gütern ist die Sequenz der Perspektiven der Balanced Scorecard (Abb. 13.1) [22]

Die wertvollsten Unternehmen unserer Zeit sind durch geschickten Umgang mit immateriellen Ressourcen groß und reich geworden. Ganz offensichtlich lohnt es sich, auf diesem Gebiet Meisterschaft zu erwerben. Das gilt auch dann, wenn es gar nicht um Finanzgewinn, sondern um nicht monetäre,

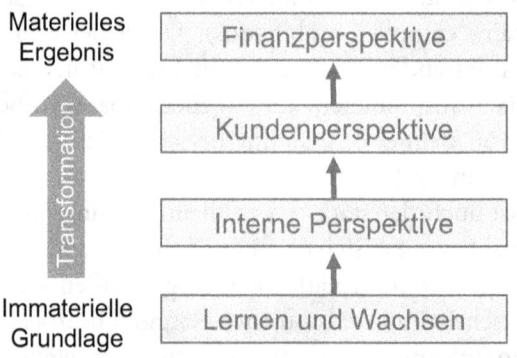

Abb. 13.1 Perspektiven der Balanced Scorecard (vgl. [22])

soziale oder ökologische Ziele und Ergebnisse geht. Das Modell im nächsten Abschnitt verdeutlicht die Bedeutung immaterieller Ressourcen für jede Art von Organisation.

Wie in Organisationen Wert entsteht
Ressourcen muss man differenzieren, um sie gezielt nutzen und entwickeln zu können. Um ihre Bedeutung hervorzuheben, bezeichnet man sie auch als *Kapital*. Dazu gehören *Naturkapital* (Luft, Wasser, Sonne, Bodenschätze), *kultiviertes Naturkapital* (Wälder, Stadtparks, Fischfarmen, Viehherden), *Sachkapital* (Gebäude, Anlagen, Einrichtungen) und *Finanzkapital*. Diese Kapitalarten haben eine materielle Substanz bzw. wie das Finanzkapital einen monetären Wert. Sie lassen sich problemlos voneinander unterscheiden, anders als Kapitalarten, die auf immateriellen Ressourcen basieren. Diese haben, wie wir jetzt wissen, weder eine materielle Substanz, noch kann für sie ein Finanzwert bestimmt werden. Immaterielle Kapitalarten sind aufgrund ihres mitunter als *weich* bezeichneten Charakters schwerer voneinander abgrenzbar. Entsprechend groß ist die Vielfalt der Begriffe. Einig ist man darin, Ressourcen, die an Personen gebunden sind, als *Humankapital* zu bezeichnen. Damit sind die (potenziell) wertschöpfenden Eigenschaften von Menschen gemeint, nicht jedoch die Menschen selbst.

Die Kapitalisierung menschlicher Eigenschaften hat Humanisten, Philosophen und Kritiker des Neoliberalismus (nach heutigem Begriffsverständnis eine Ideologie, nach der alle Bereiche der Gesellschaft nach Effizienzkriterien des Marktes gemessen, gesteuert und bewertet werden [23]) auf den Plan gerufen. Sie sehen darin eine Instrumentalisierung des Menschen, und die ist es tatsächlich. Die Frage ist, inwieweit das auch den Vorstellungen der betroffenen Menschen entspricht. Der Ökonomie, dem Fach, das auf den Umgang mit Ressourcen quasi spezialisiert ist, wohnt eine „Mittel-Zweck- und Kosten-Nutzen-Logik" inne. Dagegen ist nichts einzuwenden, solange man die Eigenschaften der Ressourcen, die Kosten verursachenden Mittel also, richtig einschätzt. Beim Humankapital gilt es, freien Willen, Gefühle und Bedürfnisse, ja sogar *Würde* in Betracht zu ziehen. Auch Nicht-Profit-Organisationen funktionieren nach der Mittel-Zweck-Logik. Max Weber hat dieses Begriffspaar benutzt, um das Verhältnis von Politik (bestimmt den Zweck, das „Wünschenswerte") und Wissenschaft (erkundet die dafür nötigen Mittel, das „Machbare") zu skizzieren [24].

Immanuel Kant unterscheidet drei Wertebegriffe: den *Zweck an sich selbst* (innerer Wert, Würde), etwas *Zweckdienliches* (ein Mittel) und den *ökonomischen Wert*, der sich in einem Preis ausdrückt [25]. Einen Preis gibt es für

Humankapital nicht, aber zweckdienlich ist es schon. Jeder, der eine Organisation leitet, ist dazu verpflichtet, die Würde der darin beschäftigten Menschen zu achten. Gleichwohl wird er oder sie diese Menschen danach aussuchen, ob sie zur Erfüllung des von der Organisation bestimmten Zwecks beitragen können, und zwar auch dann, wenn der Zweck ein ausschließlich wohltätiger ist. Auch Wohltaten können ohne geeignete Mittel nicht erbracht werden. Mit der Eignung und dem Einsatz „für einen Zweck" wird auch der Mensch zum „Mittel", am besten mit dessen (aufgeklärter) Zustimmung. Wie wir noch sehen werden, zahlt sich ein würdevoller Umgang mit der Ressource Mensch auch ökonomisch aus. Gleichwohl mögen sich Leitende in ihrer Haltung dazu unterscheiden.

In der Nachhaltigkeitsliteratur wird weiterhin *Sozialkapital* angeführt, das entsteht, wenn Menschen beisammen sind. Fukuyama hält Sozialkapital für das immateriellste aller immateriellen Aktivposten und damit für ein „besonders unsicheres Erbe" [26]. Weil es Austauschprozesse vereinfacht, gilt es als *Transaktionskostenvertilger* [27]. Mit Blick auf Kunden und sonstige Anspruchsgruppen, von deren Zuspruch das Schicksal vieler Organisationen abhängt, stößt man häufig auf *Beziehungskapital*. Weit größer noch ist die begriffliche Vielfalt für eine Art von Kapital, das durch Interaktion bzw. Kooperation in Büros, Meetings und Workshops, an Kaffeeautomaten, in Co-Working-Spaces etc. entsteht und das auf neuen Erkenntnissen basiert. Weil es aber an diesen Orten entsteht, können Organisationen einen *Besitzanspruch* darauf erheben. Man nennt es *intellektuelles Kapital, Organisationskapital, Strukturkapital* oder *Wissenskapital* [28, 29]. Es beinhaltet jenes kollektive Wissen und jene Fähigkeiten, die Organisationen in die Lage versetzen, hinreichend attraktive Güter zu erzeugen und anzubieten. Nur das sichert ihren Bestand.

Vollkommen schlüssig ist keiner der zuletzt genannten Begriffe. Auch Beschäftigte verfügen über intellektuelles oder Wissenskapital, zum Organisationskapital würde man auch materielle Ressourcen rechnen, und die „Struktur" alleine ist als Kapitalart eher dürftig. Ich werde deshalb das immaterielle Kapital, das in Organisationen entsteht und auf das sie ein Besitzrecht geltend machen können, „Wissenskapital der Organisation" nennen. Das grenzt einerseits zum Wissen ab, das Beschäftigte morgens zur Arbeit mitbringen und abends wieder mit nach Hause nehmen, andererseits zum Sachkapital, das in Form von Gebäuden, Anlagen und technischen Instrumenten die Wirkung immaterieller Faktoren unterstützt. Besitzansprüche am Wissenskapital seitens der Organisation können durch Prozessbeschreibungen, Handbücher, Patente und natürlich auch durch Produkte abgesichert werden. Das in der Organisation entstandene Wissen ist darin enthalten.

Die Fähigkeit und Bereitschaft der Beschäftigten, durch soziale Prozesse Wissenskapital für die Organisation zu erzeugen, ist Grundlage der Entwicklung organisationaler Kompetenzen. Diese bilden ein Muster im Umgang mit komplexen Anforderungen, das von außen nicht vollständig erschlossen werden kann, weil es auf einer meist intransparenten Auswahl und Verknüpfung materieller und immaterieller Ressourcen basiert [30]. Mit der Effektivität der sozialen Interaktion steigt das Wertschöpfungspotenzial der Organisation, ihre kompetenzbasierte Gestaltungskraft, ihre *kollektive Wirksamkeit* mit Hinblick auf den gesetzten Zweck. Organisationale Kompetenzen (die Begriffe *Kernkompetenz* und *Schlüsselkompetenz* heben ihre Bedeutung hervor) begründen die Wettbewerbsfähigkeit einer Organisation und damit ihr Nachhaltigkeitspotenzial, auch wenn sie nicht um Kunden, Mandanten oder Patienten, sondern „nur" um geeignete Mitglieder bzw. Beschäftigte kämpfen muss. Gleichzeitig bieten sie Chancen für Synergien, die Kooperationen mit anderen Organisationen oder Fachleuten sinnvoll macht.

Anhand der Kapitalarten können wir jetzt untersuchen, wie Wertschöpfung in Organisationen vonstattengeht. Ähnlich wie bei den Perspektiven der Balanced Scorecard kann man sie als Sequenz bestimmter Kapitalarten in unterschiedlichen Phasen darstellen. Abb. 13.2 zeigt diese Phasen für Organisationen mit ganz unterschiedlichen Zwecksetzungen. Unterschiede zeigen sich erst in Phase fünf. Während Unternehmen typischerweise Gewinnabsichten hegen, geht es in Krankenhäusern, Schulen, Behörden, Instituten etc. zumindest *auch* darum, Güter wie Gesundheit, Bildung, Sicherheit, Umweltschutz etc. zu vermitteln. Auch solche Güter müssen möglichst wirtschaftlich an den Mann oder die Frau gebracht werden. Naturkapital ist der externe Faktor, der in jeder Phase eine mehr oder weniger große Rolle spielt. Größer ist sie bei Organisationen mit nennenswertem Stoffwechsel mit der Natur, die

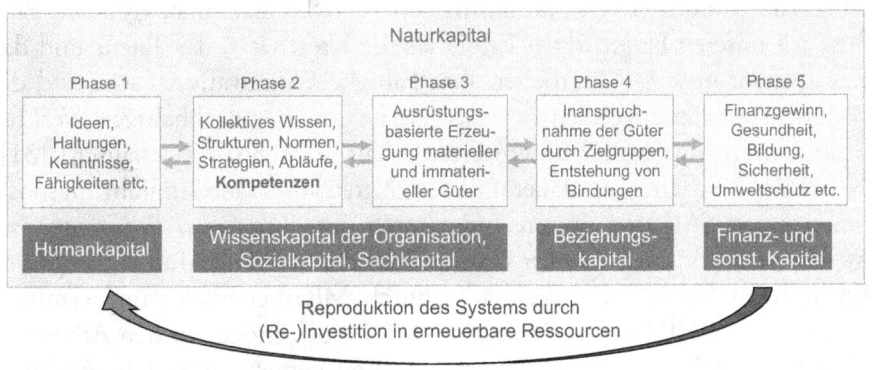

Abb. 13.2 Phasen der Wertschöpfung in Organisationen

nicht nur Energie, sondern auch Rohstoffe verbrauchen, Schadstoffe ausstoßen oder größere Abfallmengen erzeugen.

Organisationale Wertschöpfung beginnt in Phase 1 mit Ideen, Haltungen, Kenntnissen und Fähigkeiten etc., typischen Bestandteilen des Humankapitals. Durch Interaktion und Kooperation (den Unterschied erkläre ich später) entstehen in Phase 2 kollektives Wissen (das manche Organisationen z. B. für Patente nutzen), Strukturen, Normen, Strategien, Abläufe, insbesondere aber *Kompetenzen*. Mit denen können in Phase 3 Güter, Produkte und Dienstleistungen erzeugt bzw. gestaltet und verbessert werden. Sofern die angepeilte Zielgruppe die Güter in Phase 4 in Anspruch nimmt, ist davon auszugehen, dass jemand in Phase 5 die Rechnung begleicht – die Zielgruppe selbst, Krankenkassen, der Steuerzahler oder sonstige Dritte. Dadurch entsteht bei kommerziellen Geschäften Finanzgewinn. Alle Zielgruppen werden von den Gütern profitieren, sofern deren „Designer" nicht völlig daneben gelegen haben. Damit stellt sich das erhoffte Ergebnis ein – der Organisationszweck wird erfüllt.

Anhand dieses Modells wird jedem klar, warum man Beschäftigte gut behandeln sollte. Organisationen sind im 21. Jahrhundert angesichts hochvolatiler Märkte, komplexer Anforderungen der Nachfrager nach Gütern, extremen Wettbewerbs und äußerst dynamischer technischer und sozialer Entwicklungen mehr denn je darauf angewiesen, dass ihre Mitglieder Engagement und Leidenschaft entwickeln, ihr Wissen kundtun, Erfahrungen einbringen, robuste Beziehungen aufbauen, bereit sind, auch mal die Extrameile zu laufen und mit anderen zusammenzuarbeiten. Das alles zahlt in die organisationalen Kompetenzen ein. Realisierbar ist das alles jedoch nur, wenn die Bedürfnisse der Mitglieder respektiert werden. Vorgesetzte sollten sich deshalb dafür interessieren.

Im integrierten Geschäftsbericht für 2018 schreibt der Anführer im Deutschen Aktienindex (DAX), die Firma SAP: „Nichts hat einen größeren Einfluss auf unseren langfristigen Erfolg als die Kreativität, das Talent und das Engagement unserer Mitarbeiter. Ihre Fähigkeit, innovativ zu sein und die Bedürfnisse unserer Kunden zu verstehen, liefert einen nachhaltigen Wert für unser Unternehmen und unsere Gesellschaft" (Originaltext englisch) [31]. Neben der Beschäftigungsdauer und dem Anteil von Frauen in Führungspositionen nutzt SAP zwei weitere Indikatoren, um ihre *Social Performance* zu messen: den „Business Health Culture Index" (BHCI) und den „Employee Engagement Index", die regelmäßig durch Mitarbeiterbefragung ermittelt werden. Der BHCI erfasst Aussagen zum Wohlbefinden, zu den Arbeitsbedingungen und zur Führungskultur. Der Engagement-Index gibt Auskunft über die Einsatzbereitschaft, die Loyalität und das „Einstehen für SAP"

(*Advocacy*) der Beschäftigten. Im Jahr 2017 betrug der Wert für diesen Index 85 %. Durch Regressionsanalyse ermittelt man den Einfluss dieser Indikatoren auf Finanzdaten wie Wachstum und Profitabilität. Veränderungen im BHCI sind positiv mit dem Engagement-Index korreliert, und Veränderungen in diesem wiederum positiv mit Profitabilität und Wachstum.[2] Im Umkehrschluss müssen Firmen, die nicht genug für das Wohlbefinden ihrer Beschäftigten, gute Arbeitsbedingungen und eine positiv erlebte Führung tun, finanzielle Nachteile in Kauf nehmen.

Ist nicht auch Information eine Art Kapital? Selbstverständlich. Informationen bilden das zentrale Nervensystem einer jeden Organisation (angedeutet durch die Pfeile zwischen den Phasen). Sie entstehen durch Interaktionsprozesse, in denen Daten ausgewählt, bereinigt, strukturiert, kombiniert, verdichtet, bewertet, gespeichert, verteilt und genutzt werden. In Internet-basierten Interaktionsräumen, im Online-Verkehr und bei Plattformbetreibern wird dieses Kapital vorzugsweise technisch erzeugt und von Algorithmen und künstlicher Intelligenz verarbeitet, die zusammen mit der Hardware zur Ausrüstung gehören. Als Grundlage von Entscheidungen in jeder Phase der Wertschöpfung ist Information eine Art *Querschnittskapital*. Algorithmen sind zu binär codierten Verfahrensanweisungen verdichtete Informationen mit immateriellem Charakter, wenngleich sie erst durch Prozessoren und sonstige Hardware nutzbar werden. Durch ihre hohe Funktionalität (sie erfüllen immer ihren eng definierten Zweck) ähneln sie materiellen Gütern insofern, als dass man sie exakt beschreiben und testen kann (z. B. in Scrum-Teams mit ihren kurzen Entwicklungszyklen, den *Sprints*). Noch aber sind es Menschen, die Algorithmen designen und Wertschöpfung zielgerichtet in Gang setzen.

In einer Studie haben wir die Erfolgsfaktoren unterschiedlicher, aber durchweg erfolgreicher Organisationen miteinander verglichen, darunter Firmen unterschiedlicher Branchen und Größen, ein Hochschulinstitut und eine Anwaltskanzlei. Heraus kam, dass persönliche Haltungen, Ehrgeiz und Kreativität, Orientierung durch Führung, Kooperationsfähigkeit und Nutzung von Synergien organisationsübergreifend entscheidend für den Erfolg sind [32]. Das bestätigt die überragende Bedeutung des Kapitals ohne Finanzwert, Teil dessen die Kompetenzen sind, die Organisationen zukunftsfähig machen. Deren Wert hängt von der Art und Weise ab, wie man miteinander umgeht und was man daraus macht.

Aber gelten die Regeln eines wertschätzenden Umgangs in der Wissensökonomie, in der wir uns befinden, nicht vor allem für die „Wissensarbeiter*innen"

---

[2] Ebd. 234; 214; 215.

mit ihren prestigeträchtigen Hochschulabschlüssen, gut bezahlten Jobs und ihrer (zumindest potenziell) hohen Identifikation mit interessanten Aufgaben, nicht hingegen für Angehörige der *Service Class* mit ihren „einfachen" Tätigkeiten? Keineswegs, wie ich meine. Auch wer Dienste leistet, für die man keine hohe formale Qualifikation benötigt und die vielleicht nicht ständig „den ganzen Menschen" mit seinem Intellekt, seiner Neugier und seiner unbändigen Tatkraft fordern, macht Beobachtungen und Erfahrungen, die wertvolle Anregungen hervorbringen können. Und auch in Funktionen wie der Raumpflege wünscht sich niemand eine hohe Fluktuation, ganz abgesehen davon, dass es die meisten Beschäftigten schätzen, wenn sie anderen Beschäftigten vertrauen können, was auch immer deren Aufgabe ist.

Kapital ohne Finanzwert bestimmt das Verhalten von Organisationen und beeinflusst deren natürliche Umgebung, die Höhe und Stabilität des Finanzkapitals und die Prägekraft ethischer Normen. Es ermöglicht die Befriedigung von Bedürfnissen, macht Organisationen zukunftsfähiger und damit nachhaltiger. Es ist eine volkswirtschaftlich elementare Größe. Ein Kapitalismus, der die universellen Menschenrechte ebenso respektiert wie die planetaren Grenzen und zu dessen zentralen Paradigmen nicht nur Akkumulation von Finanzkapital und dieses Kapital vermehrende Verwertung, sondern auch der verantwortungsvolle Umgang mit Human-, Sozial- und organisationalem Wissenskapital gehört, hat ein freundlicheres Gesicht. Kapitalismus dieser Spielart ist um vieles nachhaltiger als die Variante, von der einst Marx und Engels zu wissen glaubten, sie sei dem Untergang geweiht.

Haskel und Westlake bemerken, dass Organisationen, die mit Hinblick auf Erfolge als *Nachzügler* gelten (*Lagging Organizations*), schneller denn je hinter die Spitzenreiter (*Leading Organizations*) zurückfallen. Den Grund dafür vermuten sie darin, dass Erstere große Mühe haben, mit Kapital ohne Finanzwert adäquat umzugehen [33]. Auf persönlicher Ebene gehört dazu sicher auch die Fähigkeit, sich trotz der zahlreichen Ablenkungen unserer lauten, digital-medialen Umwelt zu konzentrieren, zu lernen und über längere Phasen produktiv zu arbeiten. Der Computerwissenschaftler Cal Newport schreibt dieser Fähigkeit (er nennt sie *Deep Work*) wachsende Bedeutung zu [34]. Wer sie beherrscht, ist im Vorteil.

Die Überlegungen in diesem Kapital haben gezeigt, dass die Art und Weise, wie Organisationen ihr Kapital ohne Finanzwert handhaben, von existenzieller Bedeutung für sie selbst ist. Sie ist aber auch von großer Bedeutung für die nachhaltige Entwicklung unserer Gesellschaft und deren natürliche Umgebung, weil sie die Chance eröffnet, Nachhaltigkeit als Kraft zu entfesseln. Wenn aber dieses Potenzial so bedeutsam ist, müssen wir uns fragen, welchen Stellenwert es in den bekannten Rahmenkonzepten nachhaltiger Entwicklung hat und welchen Gebrauchswert man diesen Konzepten für Organisationen zuschreiben kann.

Literatur

1. Lev, B. (2011): Intangibles, Management, Measurement, and Reporting, Brookings, Washington, 7.
2. Haskel, J., Westlake, S. (2018): Capitalism without Capital, Princeton University Press, 25.
3. Reckwitz, A. (2019): Das Ende der Illusionen – Politik, Ökonomie und Kultur in der Spätmoderne, Suhrkamp, Berlin, 145–155.
4. Itami, H., Roehl, T.W. (1987): Mobilizing invisible assets, Harvard University Press, Cambridge, MA.
5. Womack, J. P., Jones, D.T., Roos, D. (1991): The Machine that changed the world, Harper Collins, New York.
6. Porter, M. (1980): Competitive Strategy: Techniques for Analyzing Industries and Competitors, New York.
7. Sveiby, K.E. (1987): The Know-how-company, Bloomsbury.
8. Johnson, H.T., Kaplan, R.S. (1987): Relevance lost – the rise and fall of management accounting. Management Accounting; Jan 1987; 68, 7.
9. Kaplan, R. S., Norton, D. P. (1992): The Balanced Scorecard – Measures that Drive Performance, in: Harvard Business Review, Vol. 70, 1992, 71–79.
10. Kinne, P. (2009): Integratives Wertemanagement – Eine Methodik zur Steuerungsoptimierung immaterieller Ressourcen in mittelständischen Unternehmen, Gabler, Wiesbaden, 2.
11. Stanfield, K. (2002): Intangible Management, Tools for Solving the Accounting and Management Crisis, Academic Press, San Diego, 45–47.
12. https://de.statista.com/statistik/daten/studie. Zugriff: 05.02.2020.
13. https://www.boerse-online.de/index/marktkapitalisierung. Zugriff: 05.02.2020.
14. Sunzi (2013): Die Kunst des Krieges, Insel Verlag, Frankfurt, (erste Aufl. 2009).
15. Andrews, K.R. (1987): The Concept of Corporate Strategy, Irwin, Homewood, IL.
16. Rumelt, R. P. (1991): How Much Does Industry Matter? In: Strategic Management Journal, Vol.12, No. 3, 1991, 167–186.
17. Haskel, J., Westlake, S. (2018): Capitalism without Capital, Princeton University Press, 78.
18. Ridley, M. (2010): The Rational Optimist, How Prosperity Evolves, Fourth Estate, 453, zitiert nach Haskel, J., Westlake, S.: Capitalism without Capital, Princeton University Press, 2018, 81.
19. Bennet, N., Lemoine, J. (2014): What VUCA really means for you. Harvard Business Review, January–February.

20. Boes, A., Kämpf, T. et al. (2016): Digitalisierung und Wissensarbeit, in: Aus Politik und Zeitgeschichte, 66. Jahrgang, 18–19/2016, 34.
21. Boes, A., Kämpf, T., Langes, B., Lühr, T. (2018): Lean und agil im Büro, Forschung aus der Hans-Böckler-Stiftung, Transcript, 13.
22. Kaplan, R. S., Norton, D. P. (2000): The Strategy-Focused Organization, Harvard Business School Press, Boston, 42; 43.
23. Davies, W. (2015): Spirits of Neoliberalism, in The World of Indicators. The Making of Governmental Knowledge through Quantification. Rottenburg, R. et al.(Hg.), Cambridge (UK), zitiert nach Schlaudt, O.: Die politischen Zahlen, Klostermann, Frankfurt, 2018, 33.
24. Weber, M.: Der Sinn der Wertfreiheit der soziologischen und ökonomischen Wissenschaften, in: Logos 7, 40–88, zitiert nach Schlaudt, O. (2018): Die politischen Zahlen, Klostermann, Frankfurt, 18; 19.
25. Schlaudt, O. (2018): Die politischen Zahlen, Klostermann, Frankfurt, 30.
26. Fukuyama, F. (1999): Social Capital and Civil Society, International Monetary Fund, zitiert nach Schlaudt, O. (2018): Politische Zahlen, Klostermann, Frankfurt, 134.
27. Schlaudt, O. (2018): Politische Zahlen, Klostermann, Frankfurt, 134.
28. Roos, G., Roos. J., Dragonetti, N., Edvinsson, L. (1997): Intellectual capital: navigating in the new business landscape, New York University Press.
29. Mouritsen, J., Bukh, P.N., Larsen, H.T., Johansen, M.R. (2001): Developing and managing knowledge trough intellectual capital statements, Journal of Intellectual Capital, Vo.3/2001, 10–19.
30. Schreyögg, G., Eberl, M. (2013): Organisationale Kompetenzen, Kohlhammer, Stuttgart, 50; 51; 39.
31. SAP Integrated Reporting 2018, 221.
32. Kinne, P. (2017): Blockadefreie Unternehmen. Die Mikroebene von Gewinnern in der Vierten Industriellen Revolution. Springer Gabler, Wiesbaden.
33. Haskel, J., Westlake, S. (2018): Capitalism without Capital, Princeton University Press, 116.
34. Newport, C. (2016): Deep Work, Grand Central Publishing, New York, 14.

14

SDGs und andere Rahmenkonzepte

Siebzehn Ziele

Vor dem Hintergrund der Erkenntnisse im Bericht des Club of Rome und der Erfahrung des ersten Ölschocks im Jahr 1973 wuchs weltweit die Sensibilität für die planetaren Grenzen des Wachstums. Steigende Umweltbelastung, weltweite Rezession, Schuldenkrise und Arbeitslosigkeit in den 1980er- Jahren mit fatalen Folgen für die Entwicklungsländer führten zu einer Reihe von Initiativen und Studien, die sich mit der Problematik befasst haben (Brandt-Report, Palme-Report etc.). 1983 nahm die UN-Kommission für Umwelt und Entwicklung (Brundtland-Kommission) ihre Arbeit auf, mit dem Auftrag, Handlungsempfehlungen für eine nachhaltige Entwicklung zu erarbeiten. In ihrem 1987 veröffentlichten Bericht hob die Kommission drei Grundprinzipien hervor: die globale Perspektive mit der untrennbaren Verknüpfung von Umwelt- und Entwicklungsaspekten, die intergenerative Perspektive mit Blick auf zukünftige Generationen und die intragenerative Perspektive im Sinne der Verteilungsgerechtigkeit zwischen den heute lebenden Menschen. Diese Prinzipien verdichtete man zu einer Art „Gebrauchsform", indem man die ökologische, die ökonomische und die soziale Dimension nachhaltiger Entwicklung voneinander unterschied. Auf der UN-Konferenz für Umwelt und Entwicklung (UNCED) von 1992, dem „Erdgipfel" von Rio de Janeiro, gewann die Idee nachhaltiger Entwicklung dank verschiedener Dokumente weltweit Publizität und politische Gestaltungskraft.

In den Jahren danach gab es mehrere Rio-Folgekonferenzen, die darauf abzielten, das Leitbild nachhaltiger Entwicklung („eine Entwicklung ist nachhaltig, wenn sie die Bedürfnisse der heutigen Generationen befriedigt, ohne zu riskieren, dass künftige Generationen ihre Bedürfnisse nicht befriedigen können") in konkretes Handeln der Staaten umzusetzen. So wurden 1997 auf der Klimakonferenz von Kyoto Mengenziele für die Emission von Treibhausgasen und 2000 in New York „Millenniumsziele" unter Einbeziehung des Kampfes gegen Armut vereinbart [1]. 2015 wurde auf dem UN-Gipfel für nachhaltige Entwicklung in New York die Agenda 2030 für nachhaltige Entwicklung mit den 17 „Sustainable Development Goals" (SDGs) verabschiedet. Zwei Monate später entstand das „Pariser Klimaabkommen". Hier vereinbarten 195 Staaten, den Anstieg der Durchschnittstemperatur auf unserem Planeten auf **deutlich unter 2 °C** gegenüber vorindustriellen Werten zu begrenzen [2, 3]. Die SDGs sind heute weltweit die maßgebende Orientierungsgrundlage für Aktivitäten im Sinne nachhaltiger Entwicklung. Sie umfassen die folgenden Ziele:

1. Armut in all ihren Formen überall beenden.
2. Hunger beenden, Ernährungssicherheit und eine bessere Ernährung erreichen und eine nachhaltige Landwirtschaft fördern.
3. Ein gesundes Leben für alle Menschen jeden Alters gewährleisten und ihr Wohlergehen fördern.
4. Inklusive, gerechte und hochwertige Bildung gewährleisten und Möglichkeiten des lebenslangen Lernens für alle fördern.
5. Geschlechtergerechtigkeit und Selbstbestimmung für alle Frauen und Mädchen erreichen.
6. Verfügbarkeit und nachhaltige Bewirtschaftung von Wasser und Sanitärversorgung für alle gewährleisten.
7. Zugang zu bezahlbarer, verlässlicher, nachhaltiger und zeitgemäßer Energie für alle sichern.
8. Dauerhaftes, inklusives und nachhaltiges Wirtschaftswachstum, produktive Vollbeschäftigung und menschenwürdige Arbeit für alle fördern.
9. Eine belastbare Infrastruktur aufbauen, inklusive und nachhaltige Industrialisierung fördern und Innovationen unterstützen.
10. Ungleichheit innerhalb von und zwischen Staaten verringern.
11. Städte und Siedlungen inklusiv, sicher, widerstandsfähig und nachhaltig machen.
12. Für nachhaltige Konsum- und Produktionsmuster sorgen.
13. Umgehend Maßnahmen zur Bekämpfung des Klimawandels und seiner Auswirkungen ergreifen.
14. Ozeane, Meere und Meeresressourcen im Sinne einer nachhaltigen Entwicklung erhalten und nachhaltig nutzen.

15. Land-Ökosysteme schützen, wiederherstellen und ihre nachhaltige Nutzung fördern, Wälder nachhaltig bewirtschaften, Wüstenbildung bekämpfen, Bodenverschlechterung stoppen und umkehren und den Biodiversitätsverlust stoppen.
16. Friedliche und inklusive Gesellschaften im Sinne einer nachhaltigen Entwicklung fördern, allen Menschen Zugang zur Justiz ermöglichen und effektive, rechenschaftspflichtige und inklusive Institutionen auf allen Ebenen aufbauen.
17. Umsetzungsmittel stärken und die globale Partnerschaft für nachhaltige Entwicklung wiederbeleben.

Diese Ziele werden aktuell durch 169 Teilziele und entsprechende Anforderungen und Indikatoren operationalisiert [4]. Die Komplexität der Anforderungen ist überwältigend und birgt die Gefahr, dass sich Akteure jenseits der großen Institutionen überfordert fühlen. Dazu gehören die vielen Organisationen mit begrenzten Ressourcen, für die es im heutigen Umfeld schwer genug ist, ihren Zweck nachhaltig zu erfüllen, zumal da sich so gut wie alle im Wettbewerb mit anderen befinden, und sei es um solche Mitglieder, die sie sich wünschen. Ziele, wie Beendigung von Hunger, Armut, Kinder- und Zwangsarbeit, Zugang zu sauberem Wasser, Gesundheit und Bildung stellen Prioritäten der Entwicklungsländer dar. Organisationen in westlichen Industrienationen mögen in der Unterstützung solcher Ziele eine Mitverantwortung für Menschen in anderen Regionen dieser Welt sehen, nicht aber zwangsläufig einen Beitrag zur nachhaltigen Entwicklung des eigenen Systems. Außerdem schleudert längst nicht jede Firma tonnenweise CO_2 in die Luft, vergiftet mit toxischen Abfällen das Grundwasser oder macht Beschäftigten in globalen Lieferketten das Leben schwer. Dann wiederum ist fraglich, ob angesichts einer schnell wachsenden Erdbevölkerung wirtschaftliche Zwänge ohne negative Folgen für die Umwelt erfüllt werden können.

Mitglieder des Club of Rome weisen darauf hin, dass es zu massiven Widersprüchen zwischen den sozioökonomischen und den ökologischen Zielen kommt, wenn Wirtschaft nicht anders als heute definiert und betrieben wird. Auf der Basis konventioneller Wachstumsstrategien sei es praktisch unmöglich, die Geschwindigkeit der Erderwärmung zu reduzieren sowie die Überfischung der Ozeane, die Verschlechterung landwirtschaftlich genutzter Böden und den Artenverlust zu stoppen. Der nach üblichen Maßstäben definierte Wohlstand gilt als der größte Verschmutzer [5].

Angesichts der Widersprüchlichkeit und Komplexität der Ziele, der „gefühlten Nichtzuständigkeit" für nachhaltige Entwicklung und Forderungen nach Verzicht und Begrenzung, die mit nachhaltiger Entwicklung verknüpft werden, könnten viele Organisationen Nachhaltigkeit als Hindernis einer dynamischen Selbstentfaltung und als „Spaßbremse" empfinden. Dann aber würden sie sich der Chance berauben, in nachhaltiger Entwicklung eine Kraft zu erkennen, die sie zukunftsfähiger macht. SDGs sind für Staaten gemacht, die niemand dazu zwingen kann, die Ziele wirklich umzusetzen (was sicher die Einigung darauf erleichtert hat). Aufgrund der Vielfalt und Allgemeinheit der SDGs darf bezweifelt werden, dass sich viele Verantwortliche in Organisationen motiviert fühlen, darin nach Anforderungen zu suchen, die auch für sie relevant sind. So lautet z. B. Unterziel 4,7:

> *Sicherstellen, dass alle Lernenden die Kenntnisse und Fähigkeiten erwerben, die sie zur Förderung einer nachhaltigen Entwicklung benötigen, unter anderem durch Bildung für nachhaltige Entwicklung und nachhaltige Lebensstile, Menschenrechte, Gleichstellung der Geschlechter, Förderung einer Kultur des Friedens und der Gewaltfreiheit, Global Citizenship und Anerkennung der kulturellen Vielfalt und des Beitrags der Kultur zur nachhaltigen Entwicklung* [6].

Vor allem kleine Organisationen werden viel Fantasie benötigen, um zu erkennen, wie sie die Realisierung dieses Ziels unterstützen können. Unterziel 5,5 lautet:

> *Gewährleistung umfassender und wirksamer Beteiligung von Frauen und gleicher Chancen zur Führung auf allen Entscheidungsebenen im politischen, wirtschaftlichen und öffentlichen Leben* [7].

Hier immerhin wird man sich vorstellen können, dass Chancengleichheit ein wichtiges Element des Kapitals ohne Finanzwert ist, das Organisationen hilft, geeignete Mitglieder zu finden (sofern es sich dabei nicht um Bünde handelt, zu denen nur Männer Zutritt haben). Insgesamt erscheint der Orientierungswert der SDGs für Organisationen eher gering. Manche sehen jedoch ihren Zweck u. a. darin, bestimmte Nachhaltigkeitsziele zu unterstützen, ohne explizit darauf hinzuweisen. Das gilt z. B. für die Diakonie für die Ziele 3, 4 und 5, für das Amt für Migration und Integration darüber hinaus für die Ziele 11 und 16. Das „Junge Schauspiel" kann mit seinen Inszenierungen und seinem hohen *Narrativpotenzial* für weitere SDGs sensibilisieren. Regionale Energie- und Wasserversorger können aufgrund ihrer Funktion die Ziele 6 und 7 verfolgen, Wirtschaftsverbände die Ziele 8 und 9.

Das integrative Konzept

Einen anderen Weg der Operationalisierung nachhaltiger Entwicklung hat die Helmholtz-Gemeinschaft Deutscher Forschungszentren (HGF) beschritten, die 1998 unter dem Titel „Global nachhaltige Entwicklung – Perspektiven für Deutschland" ein Gemeinschaftsprojekt startete. Die Forscher erkannten, dass eine Operationalisierung des Brundtland-Konzeptes in den Grenzen der ökologischen, ökonomischen und sozialen Dimension nicht möglich ist. Nur wenige Güter, die Bedürfnisse befriedigen, sind eindeutig einzelnen Dimensionen zuzuordnen. Wie sie eingesetzt, gehandelt und genutzt werden, und welche Konsequenzen sich daraus ergeben, hängt von komplexen, dynamischen Prozessen ab und ist unter anderem bedingt durch Gütereigenschaften, Knappheitsursachen, Substitutionsmöglichkeiten, den Entwicklungsstand einer Gesellschaft, institutionelle Arrangements, Bedürfnisstrukturen und normative Vorgaben. Aus dieser Erkenntnis hat man die Notwendigkeit eines integrativen Ansatzes abgeleitet [8].

Im integrativen Konzept erfolgt der Einstieg in die Operationalisierung über die Frage, welche Elemente für das Leitbild der Nachhaltigkeit *konstitutiv* sind und welche generellen Ziele davon abgeleitet werden können.[1] Man war sich bewusst, dass die Ableitung nicht allein nach logischen Gesichtspunkten erfolgen konnte, sondern auf normativ-ethische Vorgaben angewiesen ist.[2] Das integrative Konzept basiert auf drei konstitutiven Elementen nachhaltiger Entwicklung: *Intra- und intergenerative Gerechtigkeit, globale Perspektive* und *anthropozentrischer Ansatz*. Diese Elemente werden durch drei generelle Ziele nachhaltiger Entwicklung, 15 substanzielle Regeln, 10 instrumentelle Regeln und ein Managementsystem mit Unterzielen, Leistungserbringern und Leistungsindikatoren umgesetzt. Generelle Ziele sind Sicherung der menschlichen Existenz, Erhaltung des gesellschaftlichen Produktivpotenzials und Bewahrung von Entwicklungs- und Handlungsoptionen (Abb. 14.1).

Das zweite und dritte generelle Ziel enthält Regeln, die nicht nur der Staat mit seiner Gesundheits-, Kultur- und Industriepolitik, seiner Sozial- und Arbeitsgesetzgebung beherzigen muss, sondern die auch für Organisationen gelten – auch solche, die keinen besonders schädlichen Stoffwechsel mit der Natur zu verantworten haben. Diese Regeln sind im unteren Teil der Abb. 14.2 hervorgehoben, weil sie uns mittlerweile vertraut sind: nachhaltige Entwicklung des Sach-, Human- und Wissenskapitals sowie Erhaltung der sozialen Ressourcen.

---

[1] Ebd., 125.
[2] Ebd., 129.

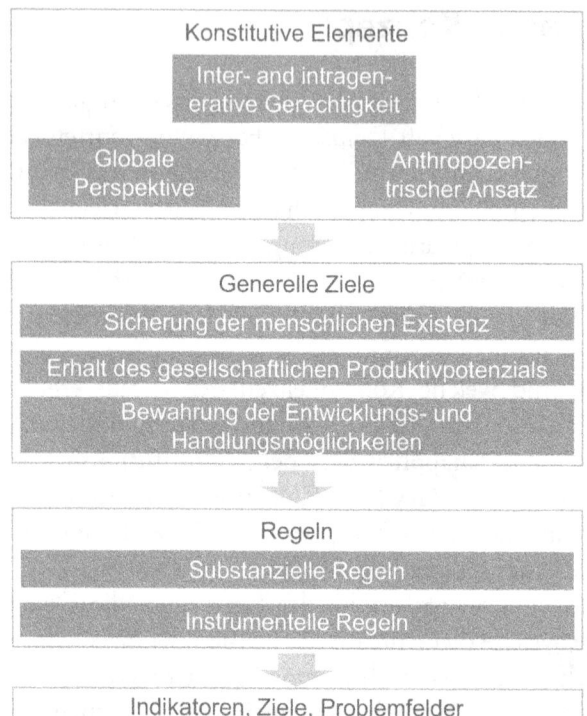

Abb. 14.1 Das integrative Konzept nachhaltiger Entwicklung (modifiziert nach Grunwald [9])

Generelle Ziele nachhaltiger Entwicklung		
Sicherung der menschlichen Existenz	Erhaltung des gesellschaftlichen Produktivpotenzials	Bewahrung der Entwicklungs- und Handlungsmöglichkeiten
Substanzielle Regeln nachhaltiger Entwicklung		
Schutz der Gesundheit	Nutzungsrate erneuerbarer Ressourcen überschreitet nicht die Regenerationsrate	Chancengleichheit im Bereich Bildung, Beruf, Information
Gewährleistung der Grundversorgung	Erhalt der Reichweite nicht erneuerbarer Ressourcen	Möglichkeit der Teilhabe an gesellschaftlichen Entscheidungsprozessen
Möglichkeit der selbständigen Existenzsicherung	Keine Überforderung der Natur als Senke	Erhaltung des kulturellen Erbes und der kulturellen Vielfalt
Gerechte Verteilung der Umweltnutzungsmöglichkeiten	Vermeidung technischer Risiken zum Schaden von Mensch und Umwelt	Erhaltung besonderer Kultur- und Naturlandschaften
Abbau extremer Einkommens- und Vermögensunterschiede	Nachhaltige Entwicklung des Sach-, Human- und Wissenskapitals	Erhaltung der sozialen Ressourcen

Abb. 14.2 Ziele und Regeln nachhaltiger Entwicklung (modifiziert nach Kopfmüller et al. [10])

Das Konzept enthält neben den substanziellen Regeln auch solche, die sowohl Ziele nachhaltiger Entwicklung (das *Was*) als auch Wege dorthin (das *Wie*) benennen. Mit Hinblick auf Organisationen gilt das insbesondere für die letzten fünf instrumentellen Regeln nachhaltiger Entwicklung: Resonanzfähigkeit, Reflexivität, Steuerungsfähigkeit, Selbstorganisation und Machtausgleich [11]. Wenngleich ursprünglich für die Gesellschaft gedacht, sind diese Regeln auch für Organisationen hoch relevant. Sie werden uns im nächsten Teil des Buches wiederbegegnen.

Parallel zur Entwicklung dieser Konzepte zur Operationalisierung des Leitbildes nachhaltiger Entwicklung starteten große Unternehmen Initiativen, um nachhaltige Entwicklung in den eigenen Reihen voranzutreiben. Der „Global Compact" (13.000 Mitglieder weltweit) unterstützt die Umsetzung der SDGs und stellt Menschenrechte, Arbeitsnormen, Umwelt und Korruptionsprävention in den Fokus [12]. Das „World Business Council for Sustainable Development" (WBCSD), ein Zusammenschluss von über 200 führenden Firmen, unterhält Arbeitsprogramme in den Bereichen Kreislaufwirtschaft, Städte und Mobilität, Klima und Energie, Nahrung und Natur, Neudefinition von Werten und Menschen [13]. Im „Deutschen Nachhaltigkeitskodex" (DNK), der auch kleine und mittlere Firmen und andere Organisationen anspricht, werden 20 Kriterien nachhaltiger Entwicklung in die Bereiche Strategie, Prozessmanagement, Umwelt und Gesellschaft unterteilt [14].

Als wichtiger Schritt zum Einstieg in nachhaltige Entwicklung gilt die Berichterstattung entlang bestimmter Kriterien und Indikatoren. Nach den Indikatoren der „Global Reporting Initiative" (GRI) berichten nach eigenen Angaben 93 Prozent der 250 größten Firmen der Welt [15]. Die „European Federation of Financial Analysts Societies" (EFFAS), ein Netzwerk europäischer Finanzanalysten, hat zusammen mit der Deutschen Vereinigung für Finanzanalyse und Asset Management (DVFA) eine Richtlinie zur Integration von Umwelt- und Sozialaspekten in die Finanzberichterstattung herausgegeben, die *KPIs for ESG (Key Performance Indicators for Environmental, Social & Governance Issues)* [16]. Es gibt weitere Indikatorensysteme, auf die ich hier nicht näher eingehen kann.

Der Vorteil der Berichterstattung liegt darin, dass schon die Vorbereitung darauf ein Bewusstsein für den Einfluss der Organisation auf Entwicklungen innerhalb und außerhalb ihrer Systemgrenzen schafft. Der Nachteil liegt im Aufwand, den die Erstellung eines kompletten Berichts erfordert. Selbst beim „Deutschen Nachhaltigkeitskodex", der auch für kleinere Organisationen geeignet sein soll, geht man von 21 Tagen für die Erstellung aus. Wer als Entscheider*in keinen schicksalhaften Bezug der Kriterien im DNK zur eigenen Organisation erkennt, wird diesen Aufwand neben dem turbulenten

Tagesgeschäft nicht auf sich nehmen. Entsprechend klein ist die Zahl der Organisationen, die bislang berichtet haben (derzeit ca. 0,02 Prozent der Unternehmen in Deutschland, die meisten davon sind größere).

Der Gebrauchswert von Nachhaltigkeitskriterien für Organisationen hängt entscheidend davon ab, wie relevant sie für ihren Bestandserhalt sind und damit ihre Fähigkeit, sich zu reproduzieren und weiterzuentwickeln. Ohne diese Fähigkeit kann keine Organisation Impulsgeber nachhaltiger Entwicklung sein. Die entscheidende Rolle spielt dabei die Wirksamkeit, die eine Organisation nach innen und außen zu entfalten imstande ist. Der folgende Teil ist diesem Thema gewidmet.

Literatur

1. Grunwald, A., Kopfmüller, J. (2012): Nachhaltigkeit, Campus, Frankfurt, 21–25.
2. https://sustainabledevelopment.un.org/?menu=1300. Zugriff: 15.10.2019.
3. https://ec.europa.eu/clima/policies/international/negotiations/paris_de. Zugriff: 15.10.2019.
4. http://www.bmz.de/de/ministerium/ziele/2030_agenda/17_ziele/index.html. Zugriff: 10.02.2019.
5. v. Weizsäcker, E. U., Wijkman, A. (2018): Wir sind dran, Club of Rome – Der große Bericht, Gütersloher Verlagshaus, 91.
6. https://sustainabledevelopment.un.org/sdg4. Zugriff: 10.02.2019.
7. https://sustainabledevelopment.un.org/sdg5. Zugriff: 10.02.2019.
8. Kopfmuller, J., Brandl, V., Jörissen, J., Pateau, M., Banse, G., Coenen, R., Grunwald, A. (2001): Nachhaltige Entwicklung integrativ betrachtet, Edition Sigma, Berlin, 119.
9. Grunwald, A. (2016): Nachhaltigkeit verstehen, Oekom, München, 100.
10. Kopfmüller, J.; Brandl, V.; Jörissen, J.; Paetau, M.; Banse, G.; Coenen, R.; Grunwald, A. (2001): Nachhaltige Entwicklung integrativ betrachtet, Edition Sigma, Berlin, S. 172.
11. Kopfmüller, J., Brandl, V., Jörissen, J., Pateau, M., Banse, G., Coenen, R., Grunwald, A. (2001): Nachhaltige Entwicklung integrativ betrachtet, Edition Sigma, Berlin, 174.
12. https://www.globalcompact.de/. Zugriff: 10.02.2019.
13. https://www.wbcsd.org/. Zugriff: 10.02.2019.
14. https://www.deutscher-nachhaltigkeitskodex.de/. Zugriff: 10.02.2019.
15. https://www.globalreporting.org/information/about-gri/Pages/default.aspx. Zugriff: 10.02.2019.
16. https://effas.net/. Zugriff: 10.02.2019.

Teil V

Bausteine kollektiver Wirksamkeit

Mithin durchaus wichtig, dass gerade der Wache vorausträume, Neues verlangt das. (Ernst Bloch [1])

Literatur

1. Bloch, E. (1971): Ernst Bloch über Karl Marx, Suhrkamp, Frankfurt (erste Aufl. 1968), 175.

15

Komplexität und die Fallstricke beim Denken

Nachhaltigkeit hat unterschiedliche Dimensionen mit vielfältigen Abhängigkeiten. Die Brundtland-Kommission schreibt: „In its broadest sense, the strategy for sustainable development aims to promote harmony among human beings and between humanity and nature" [1]. Die Komplexität dieser Harmonisierungsaufgabe ist gewaltig. Mit Blick auf die Umsetzung hat die Kommission Anforderungen an unterschiedliche Systeme formuliert:

- Ein politisches System, das eine effektive Beteiligung der Bürger an der Entscheidungsfindung gewährleistet,
- ein Wirtschaftssystem, das in der Lage ist, Überschüsse und technisches Wissen eigenverantwortlich und nachhaltig zu generieren,
- ein Sozialsystem, das Lösungen für die Spannungen bietet, die sich aus einer unausgewogenen Entwicklung ergeben,
- ein Produktionssystem, das der Verpflichtung zur Erhaltung der ökologischen Entwicklungsgrundlage Rechnung trägt,
- ein technologisches System, das in der Lage ist, ständig nach neuen Lösungen zu suchen,
- ein internationales System, das nachhaltige Handels- und Finanzierungsmuster fördert und
- ein flexibles Verwaltungssystem mit der Fähigkeit zur Selbstkorrektur.

Mit diesen Anforderungen deutet die Kommission auf die enge Verbindung der ökologischen, der ökonomischen, der sozialen, kulturellen und institutionellen Entwicklung hin und sieht darin Ziele nationalen und internationalen Handelns. Entscheidend sei die *Aufrichtigkeit* (*Sincerity*), mit der man die Ziele verfolge, und die *Wirksamkeit* (*Effectiveness*) im Umgang mit Abweichungen. Aufrichtigkeit und Wirksamkeit sind offenbar Schlüsselelemente nachhaltiger Entwicklung. Während Aufrichtigkeit eine normative Vorgabe ist, bezieht sich Wirksamkeit auf die Ergebnisse des Handelns. Diese sind umso besser, je besser Motivation (*das Wollen*), Fähigkeiten (*das Können*) und Legitimation (*das Dürfen*) eine organische Einheit bilden. Motivation drückt innere Bereitschaft aus und kann nur bedingt von außen beeinflusst werden. Das Gegenteil gilt bekanntlich für *Demotivation*.

In diesem Teil des Buches werde ich drei Werkzeuge vorstellen und begründen, deren Zweck darin besteht, in einem zunehmend schwierigen Umfeld die kollektive Wirksamkeit von Organisationen und ihr Potenzial, nachhaltige Entwicklung voranzutreiben, zu verbessern: integratives Denken, Nutzung perspektivischer Vielfalt und Empowerment. Das erste Werkzeug ist für die Führung gedacht, das zweite für Teams, das dritte für alle Mitglieder bzw. Beschäftigten der Organisation. Im Verbund durchdringen die Werkzeuge die gesamte Organisation. Aber warum braucht man sie? Der entscheidende Grund ist Komplexität und die Art und Weise, wie wir gewöhnlich damit umgehen. Das führt uns in die Sphäre des Denkens, das einige Besonderheiten aufweist, die wir uns zunächst vor Augen führen sollten, weil sie ein ernst zu nehmendes, gleichzeitig aber vielfach unterschätztes Hindernis nachhaltiger Entwicklung sein können.

Wie bereits erwähnt, hat Herbert Simon darauf hingewiesen, dass die Komplexität der uns umgebenden Welt unsere kognitive Verarbeitungskapazität bei Weitem übersteigt. 1978 wurde dem Sozialwissenschaftler für die Erforschung von Entscheidungsprozessen in Organisationen der Nobelpreis für Wirtschaft zuerkannt. Für Luhmann ist unsere „Innenansicht der Welt" eine Quelle unfassbarer Komplexität. Das bereitet den Menschen Probleme, die sich in dieser Welt voller möglicher Zustände erhalten wollen [2]. Wir Menschen nutzen dazu unbewusst und je nachdem, was uns antreibt, gerade beschäftigt und was wir zu tun gedenken, „kognitive Techniken", die für den Umgang mit Komplexität mehr oder weniger gut geeignet sind.

Nicht geeignet ist z. B. unsere Neigung, uns nur für Dinge zu interessieren, die uns unmittelbar betreffen, die im Büro nebenan passieren oder im Gedächtnis gerade präsent sind. Eher ungeeignet ist auch unsere Angewohnheit, unser Augenmerk auf Informationen zu richten, die unser Weltbild bestätigen. Leicht überschätzen wir zudem unserer Fähigkeit, Dinge vorauszusehen, und blenden eigene Fehler aus. Forscher nehmen eine Anleihe in der Augenoptik und sprechen von „Kurzsichtigkeit beim Lernen" [3, 4]. Unter Politikern, aber auch unter Managern, die Nachhaltigkeitsaspekte eigentlich immer mitdenken müssten, ist die Illusion verbreitet, Entwicklungen der

Vergangenheit vollkommen verstanden zu haben und davon Patentrezepte für die Zukunft ableiten zu können. Eine Illusion ist es deshalb, weil die Zufälle ausgeblendet werden, die Ereignisse erst haben eintreten lassen. Weil aber viele Ereignisse auf Zufälle zurückzuführen sind, kann man sie nicht reproduzieren [5]. Eine schlechte Gewohnheit beim Versuch, Komplexität zu bewältigen, ist auch die Neigung mancher Menschen, komplexe Aufgaben grundsätzlich *allein* lösen zu wollen, statt es gemeinsam mit anderen zu versuchen. Und schließlich greifen Entscheider*innen umso eher auf alte Verhaltensmuster zurück, je schwieriger es für sie ist, die Anforderungen im Umweltgeschehen zu *dechiffrieren* [6]. Neue Situationen erfordern oft auch neue Lösungen.

Bestens für den Umgang mit Komplexität geeignet ist hingegen Vertrauen – jedenfalls da, wo es angebracht ist. Diese „Sozialtechnik" macht uns in einem hochkomplexen Umfeld handlungsfähiger, wenngleich sie keine Erfolgsgarantie bietet. Das nehmen wir in Kauf. Luhmann sieht im Vertrauen eine „riskante Vorleistung" und damit ein Wagnis, das sich in einer *Erwartung* ausdrückt (das ist etwas anderes als *Hoffnung*) [7]. Vertrauen reduziert Komplexität, weil Vertrauende den Eintritt bestimmter Zustände für unwahrscheinlich halten und deshalb keine aufwändigen Kontrollsysteme installieren. Zudem steigert Vertrauen die Toleranz für Mehrdeutigkeit und Unschärfe, die es gerade in solchen Organisationen gibt, die vor neuen Herausforderungen stehen, und erweitert Möglichkeitsräume.[1]

Weil Vertrauen ein sozialer Zustand ist, ist es ein Zugewinn für das Sozialkapital. Es verbessert die Zusammenarbeit, reduziert Transaktionskosten und erleichtert den Transfer und die Integration von Wissen [8] – ein für nachhaltige Entwicklung besonders wichtiger Aspekt. Reinhard Sprenger sieht in gelebtem Vertrauen sogar die einzige Erklärung für wirtschaftlichen Erfolg [9]. Während nun Vertrauen als *Verhaltensfehler* gilt, wenn sich herausstellt, dass es nicht angebracht war, gelten die oben genannten kognitiven Praktiken als *Denkfehler*, wenn es gilt, komplexe Aufgaben zu lösen. Weil aber unsere Rationalität natürliche Grenzen hat, ist es unwahrscheinlich, dass wir uns in einer komplexen Welt ohne diese „kognitiven Vereinfacher" überhaupt zurechtfinden würden. Wann aber denken und handeln wir eigentlich „rational"?

Die Urform rationalen Denkens und Handelns basiert auf der „Logik der Folgen". Wenn wir zwischen Alternativen zu wählen haben, malen wir uns die Folgen einer jeden Alternative aus und entscheiden uns für die nach unserem Wertmaßstab beste [10]. Mousse au Chocolat zum Nachtisch, ja oder nein?

---

[1] Ebd., 8.

Die Entscheidung, die wir in diesem Fall treffen und die unser Handeln bestimmt, basiert entweder auf einer Vorliebe (dann entscheide ich mich *für* die Mousse) oder auf dem aktuellen Diätplan (dann entscheide ich mich *gegen* die Mousse). Beide Entscheidungen sind rational. Leider fallen nicht alle Entscheidungen so leicht wie beim Dessert. Oft kennen wir weder alle Alternativen noch alle möglichen Folgen – ein Kernproblem nachhaltiger Entwicklung! Oft genug haben wir es mit konkurrierenden Interessen wie *grenzenlos genießen* versus *schlank sein* zu tun.

Wer nicht alle Alternativen kennt, kann die *erstbeste* wählen, die den Zweck hinreichend erfüllt. Damit trifft man eine *rationale Suffizienzentscheidung*. Wesentlich schwieriger sind Entscheidungen unter mehreren Personen mit unterschiedlichen Werteskalen. Ohne gemeinsame Orientierungsgrößen sind solche Gruppen, wie wir noch sehen werden, selten produktiv. Hier jedoch geht es um die Erkenntnis, dass sowohl Einzelne als auch Gruppen nur begrenzte Möglichkeiten haben, stets rational zu entscheiden und danach zu handeln. Simon spricht treffend von *Bounded Rationality* [11]. Sich dieser Grenzen bewusst zu sein, kann uns bereits davor bewahren, im Umgang mit nachhaltiger Entwicklung Opfer folgenschwerer Denkfehler zu werden. Als rational gelten auch Handlungen, mit denen wir Regeln befolgen, die z. B. in einer Organisation definiert wurden. Hier muss man über Folgen nicht weiter nachdenken, sofern die Regeln eindeutig sind. Regelbefolgung ist *kognitiv komfortabel* – man spart Energie für knifflige Aufgaben. In neuen Situationen kann ein stabiles Regelsystem eine wertvolle Entscheidungshilfe sein. Außerdem entlastet es Führungskräfte, weil sie von Mitarbeiter*innen nicht ständig gefragt werden, was und wie sie etwas tun sollen. Regeln sind damit eine Art „Führungssubstitut" im oft brutalen Tagesgeschäft. Organisationsmitglieder sind immer auch Regelbefolger, weil nämlich sonst ihre Mitgliedschaft gefährdet ist. Hier würde ein Denkfehler in der Hoffnung bestehen, regelwidriges Verhalten bliebe stets folgenlos. Was aber sind die physiologischen Grundlagen solcher Denkfehler?

Daniel Kahneman, auch er Nobelpreisträger für Wirtschaft, veranschaulicht unser Denken anhand von zwei fiktiven Charakteren, „System 1" und „System 2". System 1 arbeitet permanent, extrem schnell, unbewusst, und ist willentlich nicht beeinflussbar. Es liefert uns Eindrücke, Erinnerungen, Gefühle und Intuitionen, aus denen Präferenzen und Überzeugungen werden, sofern das Gelieferte von System 2, das nur bedarfsweise „anspringt" und deutlich langsamer arbeitet als System 1, „befürwortet" wird. Während System 1 unsere Aufmerksamkeit auf bestimmte Dinge lenkt (was z. B. im Straßenverkehr lebensrettend sein kann), lässt uns System 2 Regeln befolgen, Vergleiche anstellen, Rechenaufgaben lösen, Daten sammeln und auswerten sowie Entscheidungen zwischen Alternativen treffen. Viele Entscheidungen basieren, wie bei der Mousse au Chocolat, auf Präferenzen, die durch erinnerte Erfahrungen in System 1 geformt und von System 2 bestätigt wurden. Wissenschaftliche Erkenntnisse sind typische System 2-Produkte, wenngleich der „Entdeckerdrang" ein System 1-Impuls ist. Auch wenn die Leistungsfähigkeit von System 2 arg begrenzt ist (was ja den Einsatz künstlicher Intelligenz so aussichtsreich macht), dient es als „Executive Control" unseres Verhaltens und überwacht die logische Kohärenz unseres Denkens [12]. Das bewahrt uns aber nicht vor Irrtümern, wie wir noch sehen werden.

Die neurobiologische Realität ist etwas komplizierter als Kahnemans Modell der beiden Charaktere. Unser Gehirn besteht aus rund 85 Milliarden Nervenzellen, ebenso vielen Gliazellen für Stütz- und Nährfunktionen und rund 300 Milliarden Kontaktpunkten (*Synapsen*) allein in der Großhirnrinde (*Cortex*). Hauptaufgabe des Gehirns ist die Selbsterhaltung seines Besitzers durch Steuerung lebenswichtiger Organe und Funktionen. Diese Aufgabe wird unterstützt durch Wahrnehmung (Sensorik), Bewegung (Motorik), emotionale und kognitive Bewertung und Verhaltenssteuerung, Gedächtnisbildung und Sprache sowie Handlungsplanung [13]. In den großen Arealen des in zwei Hemisphären aufgeteilten Cortex (Stirnlappen, Scheitellappen, Schläfenlappen und Hinterhauptlappen) erfolgt die bewusste Verarbeitung sensorisch-assoziativer und kognitiv-sprachlicher Informationen (z. B. über die Art und Größe einer „Belohnung"). Das bewusste Erleben von Gefühlen entsteht hingegen in Cortexarealen, die zum *oberen limbischen System* gehören. Dieses erhält Impulse einerseits von kortikalen und subkortikalen Sinneszentren und assoziativen Hirnarealen, andererseits vom unteren und mittleren limbischen System, die für die vegetativ-affektive Steuerung bzw. die emotionale Konditionierung unseres Verhaltens zuständig sind. Das gesamte limbische System mit seinen kortikalen und subkortikalen Anteilen (zu Letzteren gehören Systeme wie Hypothalamus-Hypophyse, Septum, zentrale Amygdala, Nucleus accumbens, zentrales Höhlengrau, vegetative Hirnstammzentren etc.) übt eine dem Bewusstsein in weiten Teilen entzogene Bewertungs-, Steuerungs- und Kontrollfunktion aus.[2] Selbst das ist aber nur eine äußerst grobe Skizzierung der ungemein komplexen neurobiologischen Vorgänge.[3]

Zum Verhältnis zwischen Bewusstem und Unbewusstem schreibt der Verhaltensphysiologe Gerhard Roth: „Das Bewusste benötigt für Erleben und Verhalten immer das Unbewusste, aber das Unbewusste kann ohne jegliches

---
[2] Ebd. 35; 90; 173.
[3] Siehe dazu https://www.mpg.de/synapse. Zugriff: 07.01.2020.

bewusste Erleben Verhalten steuern."[4] Das entspricht dem, was Kahneman mit seinen beiden Charakteren ausdrücken will, und verdeutlicht die wahren „neuronalen Machtverhältnisse". Kommen wir zurück zu den Irrtümern.

Sofern Entscheidungen nicht auf Regelbefolgung basieren, können wir zu dem Zeitpunkt, zu dem wir sie treffen, nicht auf ihre Richtigkeit schließen. Das kann sowohl an den unkalkulierbaren System 1-Anteilen unseres Denkens (dem Unbewussten) liegen als auch an der Unvollständigkeit unseres Wissens. In Entscheidungssituationen, in denen wir mehr Wissen benötigen, als wir haben, verlassen wir uns deshalb auf unser Bauchgefühl, unsere *Intuition* – sofern sich in der Situation eine Intuition „anmeldet". Die aber wird von System 1 „verwaltet", das für kalkulierendes Denken nicht zuständig ist. Dementsprechend sind die Ergebnisse mal gut, mal schlecht, was auch von der Verfügbarkeit und Verlässlichkeit der Erfahrungen abhängt, auf denen Intuitionen beruhen. Kahneman weist daraufhin, dass selbstbewusste Menschen dazu neigen, zu viel Vertrauen in ihre Intuition zu setzen, um Anstrengungen im System 2 zu vermeiden [14].

Gerd Gigerenzer, Direktor am Max-Planck-Institut für Bildungsforschung, hat zur Überlegenheit von Intuitionen gegenüber logischen Schlüssen geforscht und vertritt die Ansicht, dass wirklich gute Intuitionen in unübersichtlichen Lagen objektive Daten einfach außer Acht lassen [15]. Eine „gute" Intuition kann notfalls schnell genug unser Handeln leiten. Eine weitere Möglichkeit, auf Unbekanntes adäquat zu reagieren, ist der Gebrauch von Fantasie.

Dietrich Dörner, Autor von „Die Logik des Misslingens", bemerkt, dass die größte Gefahr für Leib und Leben der Menschen von törichten Politikern ausgeht, die beim Umsetzen ihrer Absichten Denkfehler begehen. Weder haben sie eine Vorstellung von den Bedingungen, die erfüllt sein müssen, damit der gewünschte Effekt eintritt, noch von *Nebenwirkungen*, und schon gar nicht von *Fernwirkungen*. Das Generalproblem ist auch hier Begrenztheit bzw. Unvollständigkeit. Das bedeutet für eines Menschen Kalkül, dass es immer Situationen geben kann, mit denen er nicht *formalisiert* umgehen kann, weil es dafür (noch) keine Regeln gibt. Zudem seien sich Politiker nur selten der Hintergründe Ihrer Absichten bewusst und hinterfragten kaum jemals ihre Sicht der Dinge. Wer aber diese „Torheit-Cheques" nicht mache, handle meist falsch. Er oder sie betreibe „Wahrnehmungsabwehr" und erfinde vorteilhafte Tatsachen. Der Anteil solcher Menschen in hohen Positionen scheint derzeit nicht gerade klein zu sein. Auch wenn unser Verhalten auf bestimmten Grunddispositionen basiert (mehr dazu im nächsten Kapitel), sind wir doch verantwortlich für das „Management" dieser Grunddispositionen.

---

[4] Ebd. 143.

Bei Politikern mit guten Absichten (z. B. Angela Merkel mit ihrem „Wir schaffen das!" angesichts des Zustroms Geflüchteter im Jahr 2015) sind Torheiten eher darin begründet, dass Politik komplex und bezüglich der Neben- und Fernwirkungen unsicher ist (eine Nebenwirkung von Komplexität). Das gilt auch für nachhaltige Entwicklung. Sie beinhaltet „Totzeiten", Zeiträume also, in denen Fehler nicht als solche erkennbar sind. Oft überschreiten solche Totzeiten die Dauer einer Legislaturperiode, was lt. Ministerin Köpping Politiker veranlassen sollte, die Grenzen der Legislaturperiode in ihren Köpfen zu sprengen. Fraglich ist, ob Politiker die Folgen ihres Handelns, die Neben- und Fernwirkungen, überhaupt in ihr Kalkül ziehen, worauf man im Institut von Armin Grunwald durch Technikfolgenabschätzung hinarbeitet. Politiker mit schlechten Absichten unterlassen Torheit-Cheques schon wegen der dazu nötigen Selbstreflexion, die ihnen meist fremd ist [16]. Aber auch Selbstreflexion hat Grenzen. Man wird auch beste Absichten nicht realisieren können, wenn der Reflexion niemals beherztes Handeln folgt. Das heißt nicht, dass man alle Antennen für Neben- und Fernwirkungen einfahren sollte. Wenn sie unerwünscht sind, muss man entsprechend reagieren.

Was für Politiker gilt, gilt auch für Leitende in Organisationen, wenngleich von den meisten nicht annähernd solche Gefahren ausgehen wie von fehlgeleiteten hochrangigen Politikern. Auch Entscheidungen in „typischen" Organisationen (2018 hatten z.B. 89 Prozent aller Unternehmen in Deutschland nicht mehr als 9 Beschäftigte, [17]) haben Neben- und Fernwirkungen und basieren auf Motiven, für die sich die Verantwortlichen interessieren sollten. Das gilt gerade auch für Entscheidungen zur nachhaltigen Entwicklung. Zudem sind Effekte, die man sich wünscht, oft von Bedingungen abhängig, die man kennen sollte.

Wer weder die Erfolgsbedingungen wünschenswerter Effekte noch ihre Neben- und Fernwirkungen kennt, handelt auf einer unvollständigen Entscheidungsbasis. Weil es aber in manchen Entscheidungssituationen schlicht unmöglich ist, alle möglichen Neben- und Fernwirkungen zu kennen, braucht man Intuition oder Fantasie, um überhaupt entscheiden zu können [18]. Solange aber die Faktenlage zu den Folgen einer Entscheidung dürftig ist, können wir kraft unserer Fantasie Annahmen treffen, von denen wir neue Handlungsregeln ableiten können. Charles Sander Peirce hat diese kognitive Technik „abduktives Denken" genannt. Sie kommt ohne formale Logik und ohne Beweise aus, die es in solchen Situationen ohnehin nicht gibt [19]. Die Werkzeuge, die ich in diesem Teil beschreiben werde, regen unter anderem die Fantasie an, erleichtern aber auch den Zugang zu „guten" Intuitionen.

Herbert Simon nimmt Bezug auf die Komplexität der Welt, wenn er schreibt: „Wir werden nur Erfolg haben, wenn wir den menschlichen Horizont ausweiten und wenn die Menschen bei der Definition ihrer Interessen mehr über die Konsequenzen nachdenken als bisher" [20]. Brauchbare Werkzeuge unterstützen die Erfüllung dieser Anforderung. Komplexität ist eines der wirkmächtigsten Phänomene unserer Zeit, und jeder hat eine ungefähre Vorstellung davon, was das ist, weil er oder sie ihre Auswirkungen irgendwie spürt. Die Ursachen und praktischen Herausforderungen dieses Phänomens liegen aber selbst für Entscheider*innen oft im Nebel. Angesichts der allseits spürbaren Verzweiflung über den mäßigen Fortschritt nachhaltiger Entwicklung müssen wir das Suchfeld möglicher Gründe auf das Phänomen Komplexität ausweiten, das unser Denken so sehr fordert, in aller Regel aber *überfordert*. Weitere mögliche Gründe für die Verzögerung nachhaltiger Entwicklung sind Persönlichkeitsmerkmale.

Der Duden übersetzt komplex mit vielschichtig, verflochten, nicht auflösbar, multidimensional und heterogen. Komplexität wird, wenig überraschend, in unterschiedlichen Disziplinen unterschiedlich definiert. Ingenieure definieren sie anders als z. B. Psychologen. Eine Definition, die für unterschiedliche Disziplinen akzeptabel sein müsste, lautet folgendermaßen:

> » *Komplexität bezeichnet die Vielfalt möglicher Zustände in einem System pro Zeiteinheit* [21].

Ein sinnvoller Umgang mit Komplexität beginnt mit der Definition des Systems, das man betrachten möchte. In einem System entsteht Vielfalt zunächst, für jeden erkennbar, durch die Anzahl unterschiedlicher Systemelemente. Unser planetares System umfasst Kontinente, Ozeane, Länder, Kulturen, geologische Formen, Pflanzen, Klima etc., die in sich schon hochkomplexe *Teilsysteme* sind, sowie die Bewohner unseres Planeten, Menschen und Tiere. Zum „System Organisation" gehören Mitglieder bzw. Beschäftigte, Abteilungen, Geschäftsbereiche, Anlagen, IT-Systeme, Daten, Prozesse, Regelungen etc. All das erzeugt *Detailkomplexität*. Vielfalt möglicher Zustände entsteht weiterhin durch Dinge, die nicht so offensichtlich und gut „abzählbar" sind wie die genannten Elemente: die Anzahl und Verschiedenartigkeit ihrer *Beziehungen* untereinander und die *Dynamik der Veränderung* von Elementen und Beziehungen. In komplexen Systemen gibt es positive und negative Rückkopplungen, nicht lineare Wechselwirkungen, Multikausalität, Verzögerung und differenzierte Sensitivitäten [22]. Der Mix möglicher Zustände ist bereits in einer Organisation mit wenigen Mitgliedern unübersichtlich, nicht vorhersehbar und damit unsicher – eine Katastrophe für „Strategen alter Schule"!

Mitunter wir der Versuch unternommen, komplex von kompliziert zu unterscheiden. Als komplex gelten dann Systeme mit vielen Elementen und Beziehungen, die einer Analyse zugänglich sind, während komplizierte Systeme rätselhaft bleiben, und umgekehrt. Die obige Definition macht eine Differenzierung unnötig, weil sie die subjektive Wahrnehmung einschließt. Dörner weist darauf hin, dass das Ausmaß der gefühlten Komplexität von der Möglichkeit Einzelner abhängt, die Merkmale des wahrgenommenen Realitätsausschnitts samt ihrer Verbindungen zu erfassen [23]. Aber warum ist unsere heutige Welt so komplex? Hier einige der wichtigsten Komplexitätsquellen:

- **Globalisierung**: Mehr Anbieter durch erweiterte Märkte, etablierte Verkehrswege und distanzneutrale Kommunikation.
- **Digitalisierung & Internet**: Neue Informations- und Interaktionsmöglichkeiten erzeugen gigantische Wissensbestände, beschleunigen Veränderungen und zwingen zur Spezialisierung.
- **Verschmelzung von Technologien**: Die fortschreitende Integration der physikalischen, digitalen und biochemischen Sphäre erhöht die Komplexität soziotechnischer Systeme.
- **Multiple Beeinflusser**: Soziale Medien erleichtern die Einflussnahme unterschiedlicher Gruppen auf Entscheidungen in Organisationen.
- **Soziokulturelle Vielfalt**: Demografie- und globalisierungsbedingt werden Anspruchsgruppen heterogener.
- **Kapital ohne Finanzwert**: Immaterielle Faktoren wie Wissen, Kreativität und Kooperationsfähigkeit sind erfolgsentscheidend, aber nur schwer einschätzbar.
- **Metaziel Nachhaltigkeit**: Die ökonomischen, ökologischen und sozialen Dimensionen nachhaltiger Entwicklung sind vielfältig miteinander verknüpft.

Auch die *Vielfalt von Optionen* steigert die Komplexität, weil sie die Anzahl möglicher, verschiedenartiger Zustände vergrößert. Wie in Kapitel 11 angedeutet, ist das keineswegs immer wünschenswert. Auch Dinge, die wir nicht genau wissen oder unterschiedlich interpretieren, vergrößern die Vielfalt möglicher Zustände: „Du siehst es so, ich sehe es anders, wer weiß schon, was richtig ist ..." Wenn aber funktionswichtige Dinge wie z. B. der Zweck einer Organisation, durch den sie sich von anderen Organisationen abgrenzt, oder die Aufgaben ihrer Beschäftigten unklar sind, erzeugt das nicht kollektive

Wirksamkeit, sondern *kollektive Ratlosigkeit*. Die aber führt zu Lähmungserscheinungen, und deren Ursache ist dysfunktionale Eigenkomplexität.

Diese unerwünschte Spielart von Komplexität ist hausgemacht (deshalb „eigen") und raubt den Menschen die Übersicht. Bestimmte Dinge müssen geklärt sein, damit Organisationen ihren Zweck überhaupt erfüllen können, geschweige denn nachhaltig. Gerade weil unser Umfeld so unübersichtlich ist, wäre es seitens der Verantwortlichen grob fahrlässig, funktionskritische Entscheidungen *nicht* zu treffen, die (lähmende) Vielfalt der Möglichkeiten *nicht* zu begrenzen und damit Orientierungsdefizite in Kauf zu nehmen. Führungskräfte haben eine Entscheidungs- und Orientierungspflicht. Wir werden noch sehen, was das genau bedeutet.

Die Erscheinungsform der Komplexität, die wir als lähmend empfinden, ist ihre „Schattenseite". Wer in Organisationen die Übersicht behalten will, tut gut daran, die ungewollte Vielfalt möglicher Zustände zu reduzieren, indem er oder sie Entscheidungen herbeiführt und Klärungslücken schließt. Weiterhin sollte man Interaktionsbarrieren abbauen. Sie entstehen, wenn Wege zu lang sind, wenn Silodenken, hierarchische Abschottung, Desinteresse und Misstrauen den Alltag prägen und ungeeignete IT-Systeme im Einsatz sind. Meist kommen mehrere Gründe zusammen und verstärken sich gegenseitig. Erst nach Abbau solcher Barrieren (z. B. durch „kulturelle Modifikation") können Informationen und Wissen ungehindert fließen und dann zum Kompetenzaufbau beitragen. Zudem werden Organisationen übersichtlicher, wenn man sich von unnötigen Beständen trennt, Prozesse und Strukturen nach Möglichkeit vereinfacht und sinnlose Projekte beendet. Die bekannte Lebensregel lautet *Simplify your Life!* [24]. Das Schließen von Klärungslücken durch (über-)fällige Entscheidungen, der Abbau von Interaktionsbarrieren und die Befreiung von sonstigem Ballast durch Verschlankung von Prozessen, Strukturen, Beständen und Projekten (was wiederum Klärung voraussetzt) reduziert dysfunktionale Eigenkomplexität. Das wirkt wie ein „Befreiungsschlag" und verschafft allen Beteiligten Luft für Neues. Man drückt sozusagen die *Reset-Taste*.

Der lähmenden Erscheinungsform von Komplexität, ihrer Schattenseite, steht ihre „Lichtseite" gegenüber. Hier erweitert die *gewollte* Vielfalt möglicher Zustände Handlungsspielräume und steigert damit die Lösungskompetenz. Den Grund dafür hat Ross W. Ashby mit dem Satz „Only variety can destroy variety" geliefert, mit dem er das *Gesetz der nötigen Varietät* (*Law of Requisite Variety*) beschrieb [25]. Es besagt sinngemäß, dass ein Konzept ein Problem immer dann löst, wenn seine *Funktionalität* der Komplexität des Problems gerecht wird. Die Lösung selbst muss gar nicht mal komplex sein – je einfacher, desto besser!

V. Weizsäcker und Wijkman weisen darauf hin, dass mehrdimensionale Probleme Lösungen erfordern, die kompliziert, komplex und sogar chaotisch sind, oft aufgrund unvorhergesehener Markt- und politischer Einflüsse [26]. Einstein wird folgender Rat zugeschrieben: „Mache die Dinge so einfach wie möglich, aber nicht einfacher!" Bei nachhaltiger Entwicklung wünschen wir uns Lösungen, die so einfach wie möglich sind, um niemanden zu überfordern, aber eben auch nachhaltig wirken. „Zu einfach" dürfen sie deshalb nicht sein, was sie wären, wenn sie wichtige Funktionalitäten nicht vorweisen könnten. Betrachten wir nun aber die Werkzeuge.

Literatur

1. World Commission on Environment a Development (1987): Our Common Future, Oxford University Press, 65.
2. Luhmann, N. (2000): Vertrauen, Lucius & Lucius, Stuttgart, (erste Aufl. 1968), 4.
3. Bazerman, M.H., Moore, D. (2009): Judgement in Managerial Decision Making, Wiley, 41.
4. Levinthal, D. A., March, J. G. (1993): The myopia of learning. Strategic Management Journal, 14, 1993, 95–112.
5. Kahneman, D. (2012): Thinking, fast and slow. Penguin: Random House, 200; 201.
6. Schreyögg, G., Eberl, M. (2013): Organisationale Kompetenzen, Kohlhammer, Stuttgart, 113.
7. Luhmann, N. (2000): Vertrauen, Lucius & Lucius, Stuttgart, (erste Aufl. 1968), 28.
8. Schmidt, H.(2013): Barrieren im Wissenstransfer; Ursachen und deren Überwindung, Wiesbaden: Springer Gabler.
9. Sprenger, R. (2002): Vertrauen führt, Campus, Frankfurt, 12.
10. March, J. G. (1994): A primer on decision making, The free press, New York, 2.
11. Simon, H. A (1972).: Theories of bounded rationality. In C. B. McGuire & R. Radner (Hrsg.), Decision and organization, North-Holland Publishing, Amsterdam, 161–176.
12. Kahneman, D. (2012): Thinking, fast and slow. Penguin: Random House, 36; 411.
13. Roth, G. (2019): Warum es so schwierig ist, sich und andere zu ändern, Klett-Cotta, Stuttgart, 27–46.
14. Kahneman, D. (2012): Thinking, fast and slow. Penguin: Random House, 45.
15. Gigerenzer, G. (2008): Bauchentscheidungen. Random House, München, 25.
16. Dörner, D. (2019): Schwierigkeiten des Denkens in der Politik, Arbeitspapier, Trimberg Research Academy, Otto-Friedrich – Universität, Bamberg, 2–8.
17. https://de.statista.com/statistik/daten/studie/1929/umfrage/unternehmen-nach-beschaeftigtengroessenklassen/. Zugriff: 10.09.2019.

18. Dörner, D. (2019): Schwierigkeiten des Denkens in der Politik, Arbeitspapier, Trimberg Research Academy, Otto-Friedrich – Universität, Bamberg, 18.
19. Oehler, K. (Hrsg.) (1985): *Charles S. Peirce. Über die Klarheit der Gedanken.* 3. Auflage. Klostermann, Frankfurt.
20. Simon, H. A. (1993): Homo rationalis. Die Vernunft im menschlichen Leben. Campus, Frankfurt, 118.
21. Borowski, E., Henning, K. (2011): Agile Prozessgestaltung und Erfolgsfaktoren im Produktionsanlauf als komplexer Prozess, in: Tilebein, M. (Hg.), Innovation und Information, Wirtschaftskybernetik und Systemanalyse, Bd.26, Duncker & Humblot, Berlin, 316.
22. Schoeneberg, K. P. (2014): Komplexitätsmanagement in Unternehmen, Springer Gabler, Wiesbaden, 15; 25.
23. Dörner, D. (1997): Die Logik des Misslingens, Rowohlt, Hamburg, 60; 61.
24. Küstenmacher, W.T. (2004): Simplify your life, Campus, Frankfurt.
25. Ashby, W. R. (1970): An introduction to Cybernetics (5. Aufl.). Chapmann & Hall, London, (erste Auflage: 1956).
26. v. Weizsäcker, E.U., Wijkman, A. (2018): Wir sind dran. Club of Rome: Der große Bericht, Gütersloher Verlagshaus, 343.

16

Werkzeuge nachhaltiger Entwicklung

Gute Lösungen „absorbieren" die Komplexität einer Aufgabe. Dazu braucht man ein Lösungssystem, das variabel genug ist, um mit unterschiedlichsten Notwendigkeiten fertig zu werden. In ihrem Buch „Managing the Unexpected" haben Weick und Sutcliffe so ein Lösungssystem im Sinn, wenn sie schreiben: „The principle of requisite variety means essentially that if you want to cope successfully with a wide variety of inputs, you need a wide variety of sensors and responses" [1]. Komplexe Herausforderungen erfordern demnach die Implementierung von „Sensoren" und Reaktionsmöglichkeiten. Die Werkzeuge in diesem Kapitel beinhalten beides. Sie sensibilisieren für Dinge, die für die Zukunftsfähigkeit einer Organisation relevant sind, erweitern Horizonte und Handlungsspielräume, kompensieren ein Stück weit die Begrenztheit unserer Rationalität, verbessern die organisationale Lösungskompetenz, verstärken sich gegenseitig und sind nicht zuletzt *konkurrenzlos preiswert*.

Integrativ denken

Das erste Werkzeug regt Entscheider*innen dazu an, erfolgskritische Gegensätze gedanklich zu integrieren. Das erweitert ihren Möglichkeitsraum. Wer sich Gegensätze bewusst macht, die wichtig sind, kann gedanklich im „Sowohl-als-auch-Modus" statt im „Entweder-oder-Modus" damit umgehen, der oft Zielkonflikte hervorruft. Diese erlebte auch Doktor Faust, den Goethe sagen lässt: „Zwei Seelen wohnen, ach, in meiner Brust!" [2]. Der Satz drückt ein Dilemma aus: Faust fühlt sich zerrissen zwischen den beiden Großmächten seiner inneren Welt, dem Streben nach erhabener Erkenntnis und dem Drang zu körperlichen Freuden und Sinnlichkeit. Im Sowohl-als-auch-Modus hätte Faust vielleicht seine Zerrissenheit beenden und einen übersinnlichen Zugang zur Welt finden können. Er wählte jedoch den Pakt mit dem Teufel, der ihn zu körperlichen Freuden und Sinneslust verführte und ihn damit zum Opfer von *Einseitigkeit* machte.

Die meisten Gegensätze sind profanerer Natur. Wir alle kennen Eigenschaften, die wichtig, aber nur schwer miteinander vereinbar sind. Alltagsdiskurse sind ein gutes Beispiel. Man sollte eine eigene Meinung haben und diese auch vertreten. Gleichzeitig sollte man an der Meinung anderer interessiert sein, um die eigene Meinung überprüfen und ggf. korrigieren zu können. Jede Position kann „entarten" [3]. Wer seine Meinung stets hartnäckig verteidigt, gilt als rechthaberisch und dogmatisch. Solche Menschen hören oft nicht einmal zu. Chris Argyris bringt dieses Verhalten mit „defensiven Routinen" in Verbindung, mit denen sich Menschen verteidigen, um Situationen, die sie als bedrohlich empfinden, zu entkommen. Weil sich das gestandene Gesprächspartner*innen nicht bieten lassen, gehen auch sie in Verteidigungsposition [4]. Gemeinsames Lernen hat sich damit erledigt. Man kann ja auch über das Wetter reden. Wer hingegen vorschnell die Meinung anderer übernimmt, ist kein Diskurspartner, der neue Aspekte einbringt. Beide Entartungen sind kontraproduktiv, weil Lösungen, die vor dem Diskurs noch niemand gedacht hat, nicht zu erwarten sind. Besser ist, eine gewisse Standfestigkeit im Vertreten der eigenen Meinung mit der Sensibilität dafür zu verbinden, wann es besser wäre, sie zu modifizieren, um neue Aspekte zu ergänzen oder sie gar aufzugeben.

Wer das Schicksal einer Organisation verantwortet, wird mit weiteren gegensätzlichen Positionen konfrontiert, die man in erfolgreichen Organisationen gut ausbalanciert. Man nennt diese Fähigkeit *Beidhändigkeit* oder *Ambidextrie*. Erfolgskritische Gegensätze lassen sich für Organisationen u.a. in den Kriterien „Zeithorizont", „Systemsicht", „Anspruchsgruppen", „Struktur", „Umgang mit Wissen", „Strategieprozess", „wirtschaftlicher Erfolg", „Veränderungsprofil" und „Verantwortung" nachweisen. Die Gegensatzpaare sind in Abb. 16.1 dargestellt. Organisationen, die sich ausgewogen im Spannungsfeld dieser Positionen bewegen, geht es zumindest längerfristig besser als anderen. Man braucht jeweils Beides, in der situativ jeweils richtigen Dosis [5].

Integratives Denken ist ein wirksamer Hebel nachhaltiger Entwicklung. Menschen im Wirtschaftsleben sagt man zuweilen nach, eher kurzfristig zu denken und langfristige Folgen ihrer Entscheidungen (die Fernwirkungen) auszublenden. Aufgrund von einseitiger *Außenorientierung* übersieht man

16 Werkzeuge nachhaltiger Entwicklung

Abb. 16.1 Erfolgskritische Kriterien und Gegensatzpaare

leicht Risiken im eigenen System. Externe Anspruchsgruppen (Kunden, Patienten etc.) werden vielleicht verwöhnt, während man diejenigen, die das ermöglichen (die Beschäftigten also), nicht angemessen behandelt. Aber auch einseitige *Innenorientierung* kann schnell ins Verderben führen, wenn die Organisation ihr Geld von externen Anspruchsgruppen bekommt. Wer ausschließlich „zentralistisch" denkt, beraubt sich der Möglichkeit, auf Ereignisse in der Peripherie der Organisation adäquat zu reagieren. Wer dann noch *vorhandenes Wissen* nutzt, an *neuem Wissen* aber nicht interessiert ist, wird blind für Neues und kann nachhaltige Entwicklung nicht wissensbasiert vorantreiben. Das gilt auch für ehrgeizige Planer, die sich weigern, in neuen Situationen situativ zu entscheiden. Hans-Erich Müller schreibt: „Strategien entwickeln sich besser durch die Verbindung von gründlicher Planung und kreativer, schrittweiser Entstehung" [6]. Und was das Veränderungsprofil betrifft, gerät jede Organisation früher oder später in Schwierigkeiten, wenn sie sich zwar *großer Dynamik* erfreut, auf *Stabilität* aber nicht den geringsten Wert legt.

Der Gegensatz „Investoren versus Gesellschaft" kennzeichnet den berühmten Gegensatz *Shareholder Value versus Stakeholder Value*, Wert für Aktionäre bzw. Anteilseigner einer Firma versus Wert für deren (sonstige) Anspruchsgruppen. Spätestens seit der Finanzkrise von 2008/2009 wird ein Management, das ausschließlich am Shareholder Value orientiert ist, auch in der Wirtschaft kritisch gesehen. Ein glühender Anhänger des Shareholder Value war Jürgen Schrempp, von 1995 bis 2005 Vorstandssprecher bei

Daimler-Benz, der mit dem Versuch, die Firma mit der amerikanischen Chrysler AG in einer „Hochzeit im Himmel" zu fusionieren, an nicht kompatiblen Kulturen der beiden Firmen gescheitert ist. Vor seinem Rücktritt hatte sich der Börsenwert der neuen „Daimler Chrysler AG" halbiert. Schrempp hatte offenbar übersehen, dass nach Abb. 13.2 Werte für Anspruchsgruppen dem Wert für Anteilseigner (die ihrerseits Anspruchsgruppe sind) vorgelagert sind und diesen damit stark beeinflussen. Schremps Nachfolger Dieter Zetsche musste die Firmen mühsam wieder trennen.

Anspruchsgruppen nachhaltiger Entwicklung sind wir alle – wir alle sind *Stakeholder*!

Auf die Notwendigkeit, Möglichkeitsräume zu erweitern (Uwe Schneidewind nennt es „Öffnung des Optionenraumes"), sind wir schon bei den Standpunkten im dritten Teil des Buches gestoßen: Ausbalancieren von Konfliktfeldern, Ausdehnung von Zeithorizonten, Integration und Erprobung neuer Lösungen, Einbeziehung unterschiedlicher gesellschaftlicher Strömungen und Interessen und Abwägung von Kosten-Nutzen-Aspekten. Roger Martin, ehemals Dean der kanadischen Rottham School of Management und zehn Jahre lang Berater von A. G. Lafley in dessen Funktion als Chef des Handelsriesen Procter & Gamble, schreibt: „Opposing models, in fact, are the richest source of new insights into a problem" [7].

Demnach sind Gegensätze ergiebige Quellen neuer Einsichten. Für Martin ist das kreative Auflösen von Gegensätzen Ausdruck integrativen Denkens, das er wie folgt beschreibt: „The ability to face constructively the tension of opposing ideas and, instead of choosing one at the expense of the other, generate a creative resolution of the tension in the form of a new idea that contains elements of the opposing ideas but is superior to each."[1] Integrative Denker kreieren etwas Neues, das Elemente gegensätzlicher Positionen enthält, jeder einzelnen Position jedoch überlegen ist.

Die Neigung zu Einseitigkeit ist keineswegs selten. In Organisationen macht sie sich z. B. bemerkbar, wenn Wachstumsrausch, autokratische Anführer, selbstauferlegter Zwang zu permanenter Veränderung und starker interner Wettbewerb zu „kollektivem Burn-out" führen, während Stagnation, allzu zögerlicher Wandel, schwache Führung und unterentwickelte Leistungskultur „vorzeitiges Altern" ankündigen [8]. Wer kritische Gegensätze gedanklich integrieren kann, ist erfolgreicher. So hat sich beispielsweise unter Lafleys Führung der Umsatz von Procter & Gamble verdoppelt, der Gewinn sogar *vervierfacht*.

---

[1] Ebd., 15.

Autoren des Club of Rome sehen in Komplementarität, Balance und der Weisheit der Synergien zwischen Gegensätzen Meilensteine auf dem Weg zu einer „neuen Aufklärung". Sie fordern, mit Nachdruck an der Balance bei folgenden Gegensätzen zu arbeiten:

- Mensch – Natur
- Kurzfristig – langfristig
- Geschwindigkeit – Stabilität
- Privat – öffentlich
- Frauen – Männer
- Gleichheit – Leistungsanreiz
- Staat – Religion [9]

Im Zwischenbericht zum neuen Grundsatzprogramm der Grünen werden die Herausforderungen unserer Zeit anhand des Gegensatzes von „Einerseits – Andererseits" dargelegt, im Sinne von „Gefahr versus Chance". Schwerpunktthemen sind „Der Mensch in seiner natürlichen Umwelt und in einer Welt der Unordnung", „Mensch als Kapital", „Mensch *und* Maschine" bzw. „Mensch *als* Maschine". Der Raum von Alternativen wird im Spannungsfeld zwischen den Polen erweitert. Das erweitert auch Horizonte und ermöglicht ausgewogenere Entscheidungen. Hier ein Beispiel für einen Gegensatz im Bereich Mensch/Maschine:

Einerseits: Die technologische Entwicklung verläuft rasant und sprunghaft: die industrielle Revolution, die Ertragssteigerung in der Landwirtschaft und der erste Schub der Computertechnik vom Mikroprozessor bis zum Smartphone, die Leistungsfähigkeit von erneuerbaren Energien und Batterien – der jeweils nächste Schub vollzog sich schneller als der vorherige.
Andererseits: Der technologische Wandel lässt Hoffnungen wachsen, dass wir mit technischem, medizinischem und sozialem Fortschritt die planetaren Krisen, vor denen wir heute stehen, überwinden können. Wissenschaftliche Neugierde und Innovationskraft können der Motor sein, um ökologische, soziale und wirtschaftliche Probleme zu lösen [10].

Solche Gegenüberstellungen regen zur Abwägung von Vor- und Nachteilen an. Die „Paradoxie des Fortschritts" im zweiten Teil des Buches ist ein Einerseits-Andererseits-Diskurs. Wer gegensätzliche Positionen denken kann, die für das zu betrachtende System relevant sind, zu besseren Lösungen integriert und auch danach handelt, verfügt über ein um mindestens 100 Prozent vergrößertes Handlungsrepertoire. Hinzu kommen Dosierungsmöglichkeiten zwischen den Extremen: Man kann z. B. zwischen „kurzfristig" und „langfristig" beliebig fein abgestufte Zeitskalen spannen.

Beidhändigkeit ermöglicht überlegene Konzepte, und vieles spricht für die Annahme, dass nachhaltige Organisationen oft von integrativen Denker*innen geleitet werden. Es sind die idealen Akteure einer nachhaltigeren Gesellschaft. Dazu muss man nicht unbedingt geboren sein – man kann es lernen, wenngleich die Voraussetzungen dafür unterschiedlich sind.

Dass persönliche Dispositionen den Erfolg oder Misserfolg nachhaltiger Entwicklung maßgeblich beeinflussen können, müssen gerade auch diejenigen bedenken, die große Entwürfe favorisieren. Es könnte sie nämlich dazu zwingen, spezielle „Belohnungserwartungen" potenzieller Akteure („Was habe ich davon?") in Betracht zu ziehen, die von persönlichen Dispositionen abhängen. Diese Erwartungen trägt natürlich niemand auf der Stirn, sofern man sich ihrer überhaupt bewusst ist.

Unser kognitives, emotionales und prozedurales Lernen, das auf Veränderungen der *synaptischen Kommunikation* zwischen Nervenzellen beruht, wird von unbewussten Bewertungsmechanismen gesteuert, von denen im letzten Kapitel bereits die Rede war und die darüber entscheiden, was „neu" und „wichtig" zur Aufrechterhaltung und Verstärkung unseres biologischen, psychischen und sozialen Wohlergehens ist. Die Bewertung basiert auf dem Zusammenwirken von Genen, epigenischen Faktoren, vorgeburtlichen und nachgeburtlichen Einflüssen sowie Erfahrungen im späteren Leben. Diese Faktoren bestimmen auch die Ausprägung von Persönlichkeitsmerkmalen [11].

Roth unterscheidet sechs *psychoneurale Grundsysteme*, deren Ausprägung das Temperament und die Persönlichkeit eines Menschen festlegt, basierend auf den Vorgängen auf den unterschiedlichen Ebenen im Gehirn. Das sind Stressverarbeitung, emotionale Selbstkontrolle und Selbstberuhigung, Motivation, Bindungsverhalten und Empathie, Impulskontrolle, Realitätssinn und Risikowahrnehmung. Zwischen diesen Systemen bestehen komplexe, sich gegenseitig *verstärkende* (agonistische) und *abschwächende* (antagonistische) Zusammenhänge. Im Gegensatz zu den derzeit populärsten Grundfaktoren für Persönlichkeitstests, den *Big Five* (Extraversion, Neurotizismus, Verträglichkeit, Gewissenhaftigkeit, Offenheit/Intellekt) werden im Modell der sechs Grundsysteme wichtige Merkmale offenbar präziser erfasst. Das hat auch damit zu tun, dass die Erfassung nicht ausschließlich in der (wenig verlässlichen) Selbstauskunft geschieht.[2]

---

[2] Ebd., 72–75; 92.

Der Mix der Ausprägungen in den Grundsystemen und die damit verknüpften Belohnungserwartungen werden nicht nur die Fähigkeit und Bereitschaft beeinflussen, Gegensätze zu integrieren, sondern auch die Fähigkeit und Bereitschaft, die beiden nächsten Werkzeuge, Nutzung perspektivischer Vielfalt und Förderung von Empowerment, zu implementieren. Sinnvoll besetzte Teams ermöglichen bessere Entscheidungen, was bereits zum nächsten Werkzeug überleitet. Auf eine Studie zu produktiven Führungsteams weise ich am Ende dieses Kapitels hin. „Einsame Wölfe" unter den Führungskräften dürften es jedenfalls zukünftig schwerer haben – nicht nur wegen der natürlichen Grenzen ihrer Rationalität, sondern auch wegen möglicher (und ebenso natürlicher) „dispositiver Einseitigkeiten". Das Thema *Führung* werde ich in Kap. 19 vertiefen.

Mit erfolgskritischen Gegensätzen vor Augen kann man auf völlig neue Ideen kommen. Und wenn diese Fähigkeit auf den Führungsebenen angesiedelt ist, wäre das ein Grund, auf Hierarchie nicht völlig zu verzichten, wie es in Organisationsformen wie *Holokratie* oder *Soziokratie* vorgesehen ist. Wer soll dann Zielkonflikte lösen, die es in selbstbestimmten Organisationen sicher geben wird und die ausgesprochen lähmend sein können? Im Übrigen dürften Entscheider*innen, die sich in Beidhändigkeit üben, vor Torheiten bewahrt bleiben, indem sie Motive, Erfolgsbedingungen, Neben- und Fernwirkungen *nicht* ausblenden. Ganz nebenbei verbessert Denken in systemrelevanten Gegensätzen das Verständnis des Systems, das es zu lenken gilt. Auch das bewahrt vor Torheiten.

Perspektivische Vielfalt nutzen

Das zweite Werkzeug besteht darin, Entscheidungen in Gruppen herbeizuführen, deren Mitglieder unterschiedliche Lebens- und Lernerfahrungen, und demzufolge auch unterschiedliche Sichtweisen und Kompetenzen einbringen. Menschen in heterogenen Arbeitsgruppen unterscheiden sich meist in *erworbenen* Attributen wie Ausbildung, beruflichem Werdegang, Arbeitsort und -inhalt, Funktionen in der Organisation, Joberfahrung etc. Dann können und werden sie sich auch in ihren *natürlichen* Attributen (Geschlecht, Alter, Hautfarbe, kultureller Hintergrund, sexuelle Orientierung, physische Ausstattung, Persönlichkeit) unterscheiden. Derart heterogene Gruppen bieten eine im Vergleich zu homogenen Gruppen größere Vielfalt möglicher „Zustände", die hier jedoch nicht als lähmend, sondern als willkommene Bereicherung der Teamkompetenzen erlebt wird. Auch das erweitert Möglichkeitsräume, diesmal jedoch auf Gruppenebene. Mit heterogen besetzten Teams, in denen man offen ist für Andersartigkeit (wofür auch Jasmin Arbabian-Vogel steht), können Organisationen auf unerwartete Situationen flexibler reagieren und komplexe Aufgaben besser lösen. Abb. 16.2 zeigt drei Teamvarianten [12]. Zum Lösen von Nachhaltigkeitsaufgaben empfehle ich die mittlere Variante.

Bestimmte Aufgaben sind schneller lösbar, wenn sich die Unterschiede im Lösungsteam in Grenzen halten. Das gilt für unterkomplexe Aufgaben mit per se eingeschränktem Möglichkeitsraum. Eine Kaffeemaschine, die dem Anbieter von Kunden aus den Händen gerissen wird, wird dieser nicht vom Markt nehmen, um eine nach Technologie und Design komplett neue Maschine zu entwickeln. Das wäre betriebswirtschaftlicher Nonsens, weil die Kaffeemaschine vermutlich ein Geldbringer ist, eine *Cashcow*. Hingegen wird der Anbieter Energiespareffekte aus Gründen des Klimaschutzes werbewirksam in die nächste, ansonsten unveränderte Produktserie einbauen. Dazu braucht er kein besonders heterogenes Team, sondern Elektroingenieur*innen, die wissen, was sie tun. Abläufe in Organisationen wiederum sollten von denen optimiert werden, die die Abläufe kennen. Bei komplexen Aufgaben mit mehreren Unbekannten aber, die es in zunehmend unsicheren Zeiten verstärkt geben wird, sollte man perspektivische Vielfalt suchen – mit Teams, die *heterogen besetzt*, gerade deswegen aber *homogen orientiert* sind, mit Hinblick auf die Aufgabe und die Spielregeln, und idealerweise auch bezüglich ihrer Werte. Teams, die sowohl heterogen besetzt als auch heterogen orientiert sind, können ausgesprochen unterhaltsam sein – produktiv sind sie selten.

Immer wieder bin ich angetan von der unglaublich guten Laune und der „Produktivität" in unserer Kantorei (bei strenger Disziplin während der Proben!). Die Typenvielfalt in dem gemischten Chor ist beachtlich, was auch für Sinfonieorchester, Jazzbands und ähnliche Formationen gilt. Was solche Gruppen eint, ist die innere Verbundenheit eines jeden Mitglieds mit „seinem

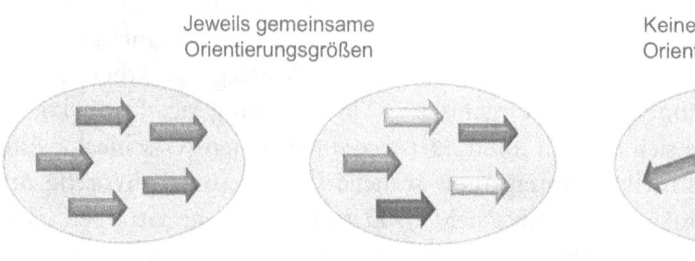

Abb. 16.2 Teamvarianten

Werkstück", der feste Wille, gemeinsam ein außergewöhnliches Klangerlebnis zu erzeugen und die konzentrierte Arbeit an der Partitur mit ihren für alle gleichen „Spielregeln".

Welches Beispiel gibt es für die dritte Teamvariante? Europäische Union?

Für Gleichstellungsbeauftragte und Diversity-Manager*innen, die zuständigkeitshalber mit Heterogenität zu tun haben, steht Lösungskompetenz oft gar nicht im Fokus. Ihnen geht es mehr um die Gleichbehandlung von Männern und Frauen, und meist auch darum, Frauen stärker an der Führung zu beteiligen. Das fällt unter die Kategorie „Chancengleichheit", die zweifellos wichtig ist, um Bewerberinnen auf Führungspositionen zu gewinnen. Chancengleichheit sagt aber rein gar nichts über die Produktivität heterogener Teams aus. Um deren Potenzial voll nutzen zu können, müssen die Mitglieder barrierefrei interagieren. Sie müssen sich trotz aller Unterschiede sprichwörtlich verstehen, sich vertrauen und sich gegenseitig inspirieren. Das erfordert eine koordinierende Lenkung, die Orientierung zur Aufgabe und zum Anspruch der Arbeit vermittelt, damit die Richtung für alle dieselbe ist (ich werde das Thema Orientierung noch ausführlicher behandeln).

Es erfordert weiterhin Menschen, die wissen, was sie können, sich aber dessen bewusst sind, dass die eigenen Fähigkeiten und die eigene Sicht auf die Dinge nicht ausreichen, um die Aufgabe zu lösen.

Forscher weisen darauf hin, dass in heterogenen Teams neben den „Common Grounds", der einheitlichen Orientierung der Teammitglieder an einem Zweck und bestimmten Regeln der Zusammenarbeit, gehobener Bedarf besteht, die einzelnen Beiträge für Kolleg*innen anderer Disziplinen und Funktionen verständlich und „anschlussfähig" zu machen. Die Forscher nennen es „Audience Design"[13]. Gutes Audience Design ist der Schlüssel für ein gemeinsames Verständnis und die Voraussetzung dafür, relevante Wissensinhalte und Kompetenzen identifizieren und integrieren zu können.

Können auch Organisationen heterogene Teams bilden, deren Mitglieder „soziokulturell homogen" sind? Sie können. Es ist bei uns verboten, Bewerber gezielt nach Geschlecht oder kulturellem Hintergrund auszusuchen, um die eigene Belegschaft „bunter" zu machen. Aber selbst wenn eine Firma ausschließlich deutschstämmige weiße, männliche, heterosexuelle, glücklich verheiratete Ingenieure im Alter zwischen 45 und 65 Jahren beschäftigt, können Mitarbeiter der Bereiche Entwicklung, Produktion und Logistik, Vertrieb, Marketing, Personalwesen und Controlling, aber auch Kund*innen und andere externen Anspruchsgruppen am Lösen komplexer Aufgaben beteiligt werden. Vielleicht sind ja auch Querdenker*innen darunter [14]. Ein Kanzleiteam könnte aus Anwält*innen, Mandant*innen, Rechtspfleger*innen und Schreibkräften bestehen, die sich mit operativen Anforderungen gut auskennen. In einer Arztpraxis könnten Ärzt*innen, Patient*innen und Hefer*innen vom Empfang, aus dem Labor und von der Blutabnahme ein Kreativteam bilden. So entsteht jene Vielfalt an Perspektiven, auf die es beim Lösen komplexer Aufgaben letztlich ankommt. Man muss diese Vielfalt nur wollen, aushalten, und zu nutzen wissen!

Dazu müssen die besonderen Stärken der Teammitglieder allen bekannt sein. Idealerweise werden sie sich ergänzen: Fachwissen, Denken in Prozessen, Qualitätsbewusstsein, Systemsicht, Kreativität und Fantasie, Macherqualitäten, Blick auf Machbarkeit, Verhandlungsgeschick, Vernetzung etc. Stärken treten meist in Kombination auf. Wenn die Stimmung gut ist, gibt es immer jemanden, der selbst gebackenen Kuchen mitbringt. Und wer bei schlechter Stimmung Kuchen mitbringt, hat verstanden, was geteilte Freuden für die Teamentwicklung bedeuten. Wenn jedes Mitglied den Beitrag der anderen beim Lösen der gemeinsamen Aufgabe kennt und alle, gemäß Teamvariante zwei, dasselbe Ziel verfolgen und nach einheitlichen Spielregeln handeln, wird Andersartigkeit mit anderen Augen gesehen. Gegenseitige Wertschätzung fällt dann leichter. Vertrauen natürlich auch.

Heterogene Teams sind nicht dafür bekannt, leicht dem „Gruppendenken" zu verfallen, das zwar Gefühle von Stärke erzeugen kann, aber keine gute Basis für wirklich Neues ist und zudem der Abschottung gegenüber anderen Gruppen Vorschub leistet. Heterogene Teams erfüllen ihren Zweck in jeder Organisation, die komplexe Aufgaben lösen muss, und welche Organisation muss das nicht hin und wieder? Außerdem sind sie ein Grundelement beim *Design Thinking*. Dieser Ansatz verfolgt eine systematisierte Annäherung an Nutzerbedarfe und die Entwicklung bedarfsgerechter Lösungen in iterativen Realisierungsschleifen. Das ist nicht nur bei der Produktentwicklung, sondern auch in Transformationsprozessen erfolgversprechend, weil dann Komplexität und Unsicherheit besser bewältigt werden können. Autoren des Club of Rome weisen auf die Bedeutung von Multi-Akteur-Aufstellungen zur Beantwortung gesellschaftlicher Fragen hin [15]. Wir kennen diesen Aspekt aus den Gesprächen im dritten Teil des Buches.

Forscher der Helmholz-Gemeinschaft haben acht Kriterien gesellschaftlich verantwortlicher Forschung entwickelt. Sie ergänzen die Empfehlungen der Deutschen Forschungsgemeinschaft (DFG) zur Sicherung guter wissenschaftlicher Praxis und beantworten, für wen, mit wem, und wie geforscht werden soll. Hier die Kriterien im Einzelnen:

1. Ethik – Auseinandersetzung mit Fragen des guten (Zusammen-)Lebens.
2. Nutzerorientierung – Berücksichtigung der Nutzerbedarfe.

3. Integrative Herangehensweise – Systematische Einbeziehung relevanter Aspekte und ihrer Wechselwirkungen.
4. Interdisziplinarität – Kombination von Ansätzen und Methoden verschiedener Disziplinen.
5. Transdisziplinarität – Integration von Praxiswissen zur Sicherstellung der Praxisrelevanz.
6. Reflexion von Wirkungen – Abschätzung und Evaluierung der Ergebnisse von Aktivitäten.
7. Transparenz – Offenlegung des Forschungsprozesses.
8. Umgang mit Komplexität – Explizite Berücksichtigung komplexitätsbedingter, systemischer Unsicherheiten im Forschungsprozess [16].

Das vierte und fünfte Kriterium, Inter- und Transdisziplinarität, bedeutet nichts anderes als nach beruflichem Hintergrund, Funktion, Kenntnissen und praktischen Erfahrungen heterogene Gruppen. Komplexe Fragestellungen sind ohne solche Gruppen kaum mehr lösbar. Ulrich Weinberg fordert die Abkehr vom „Brockhaus-Denken", das Fachdisziplinen, wie Wörter mit Anfangsbuchstaben von A bis Z, kategorisch voneinander trennt und Synergien damit wesentlich erschwert [17]. Nicht Trennung, sondern *kommunikativ-interaktive Vernetzung* ist das geeignete Mittel zur Bewältigung heutiger Herausforderungen. Heterogene Teams sind der körperliche Ausdruck dieser Vernetzung. Im Bericht der Brundtland-Kommission weisen die Autoren darauf hin, dass die Mitglieder der Kommission 21 unterschiedlichen Nationen angehören, verschiedene Funktionen bekleiden und sowohl in Prioritäten als auch in inhaltlichen Details oft uneinig waren – klassische Merkmale heterogener Gruppen also. Mit einem gemeinsamen Ziel vor Augen konnten sie sich jedoch auf einen umfangreichen und international tragfähigen Katalog von Empfehlungen für institutionelle Veränderungen einigen [18].

Am Ende meiner Ausführungen zu heterogenen Gruppen noch ein Satz von Amos Oz aus seinem leider letzten Buch. Es trägt den schönen Titel „Liebe Fanatiker":

„So wie ich alle Gebote zu einem einzigen Gebot – Du sollst niemandem Schmerz zufügen – bündle, so fasse ich den Humanismus und Pluralismus in einer einfachen Formel zusammen: Anerkennung des gleichen Rechts aller Menschen, sich voneinander zu unterscheiden" [19].

Die Ausübung dieses Rechts birgt beachtliches Potenzial!

Empowerment fördern

Das dritte Werkzeug ist für alle Mitglieder einer Organisation gedacht. Wirkung erzeugt man durch Befähigung und Ermächtigung, was man auch bei uns *Empowerment* nennt. Diese individuelle Befindlichkeit hat bereits Einzug gehalten in Strategien ökonomisch nachhaltiger Entwicklung. In der OECD-Studie „Aid for Trade at a Glance 2019: Economic Diversification and Empowerment" heißt es: „Empowerment through skills and training is essential for economic diversification, particularly when it enables youth, women and micro, small and medium sized enterprises to engage in international trade" [20]. Empowerment beflügelt aber nicht nur *ökonomisch* nachhaltige Entwicklung und auch nicht nur junge Menschen und Frauen sowie kleine und mittlere Unternehmen. Betrachten wir diesen besonderen Zustand etwas genauer. Collins English Dictionary übersetzt *to empower* folgendermaßen:

1. Befugnisse oder Befugnisse erteilen oder delegieren; genehmigen.
2. Die Fähigkeit geben; ermöglichen oder erlauben [21].

Während in der psychosozialen Praxis Empowerment darauf abzielt, Menschen, die dazu selbst nicht in der Lage sind, zu befähigen, selbstbestimmt zu leben [22], verbindet man in der organisationalen Praxis mit Empowerment das Gewähren größerer Autonomie der Beschäftigten am Arbeitsplatz. Organisationen benötigen in einem Umfeld, das so komplex ist, dass Einzelne es nicht mehr begreifen, „ermächtigte" Mitglieder, die situationsgerecht entscheiden und handeln. Dieser Zustand muss durch die Organisationen „hindurchdiffundieren", angeregt und unterstützt vom durch die Komplexität der Geschehnisse überforderten Zentrum. Abgesehen von dieser strukturellen Notwendigkeit steigert Empowerment die Gesundheit, Tatkraft und Resilienz der Beschäftigten [23]. Die guten Gefühle, die dabei entstehen, fördern Kreativität, aktivieren die Intelligenzleistung und regen zum Erkunden der Umwelt an [24].

Es bedarf ermächtigter Bürger*innen, um die Prinzipien einer liberalen Demokratie zu verwirklichen. Tim Jackson sieht in der Chance der Menschen, persönlich zu gedeihen (*Capability to flourish*), einen guten Ausgangspunkt zur Entwicklung eines die Demokratie stabilisierenden Wohlstands, der nicht nur am materiellen Zugewinn gemessen wird (was angesichts des zu erwartenden Bevölkerungswachstums die planetaren Grenzen ohnehin sprengen würde). Die Herausforderung für die Gesellschaft sieht Jackson darin, Bedingungen zu schaffen, unter denen Gedeihen möglich ist: „It is the most urgent task of our time" [25]. Organisationen mit empowerten Mitgliedern können viel dazu beitragen.

Empowerment spielt auch im Brundtland-Bericht eine Rolle, und zwar mit Hinblick auf entlegene Stämme von Eingeborenen (*Indigenious or Tribal People*). Sie gelten als verwundbar, weil sie, abgeschottet vom Einfluss des Weltgeschehens, ihre Lebensweise pflegen. Im Sinne nachhaltiger Entwicklung sollte diese geschützt werden [26]. Sind nicht auch die Beschäftigten in entwickelten Gesellschaften verwundbar? Aber ja. Als denkende und fühlende Wesen sind sie den Unwägbarkeiten und Belastungen negativer mikropolitischer Dynamiken ausgesetzt (sprich: den Launen und Hinterlistigkeiten mancher Kolleg*innen und Vorgesetzten). Das kann sie sowohl seelisch als auch körperlich beschädigen, wenn sie nicht aktiv gegensteuern oder ihre Mitgliedschaft aufkündigen. Aber nicht jeder ist eine robuste Kämpfernatur. Das musste man offenbar sein, wenn man für Steve Jobs bei Apple gearbeitet hat (mehr dazu in Kap. 19). Oft versuchen Verantwortliche in Organisationen, Empowerment zu implementieren, ohne die Erfolgsbedingungen zu kennen – ein törichter Denkfehler! Meist tappen sie in die „Paradoxiefalle", die mit Machtverhältnissen zu tun hat. Aber der Reihe nach.

Wissenschaftler unterscheiden drei Perspektiven auf Empowerment: Die „strukturelle Perspektive" folgt dem Prinzip geteilter Entscheidungskompetenz. Im Vordergrund stehen dabei die Diversitätsanforderung zur Bewältigung komplexer Herausforderungen, der Wunsch vieler Beschäftigter, mitgestalten zu können, sowie die Notwendigkeit, heikle Veränderungen gemeinschaftlich zu meistern [27, 28]. Die „psychologische Perspektive" nimmt die tragenden Elemente eines Empowerments in den Blick, welches man auch als solches empfindet. Dafür sind vier Elemente bestimmend:

1) Bedeutung (Die Dinge sind wichtig für mich – innerer Antrieb durch Werthaltigkeit).
2) Selbstbestimmung (Ich kann selbst entscheiden, was ich tue, und wie ich es tue).
3) Selbstwirksamkeit (Ich kann meine Aufgaben erledigen).
4) Einfluss (Ich trage dazu bei, unser Ergebnis zu verbessern).[3]

Die „kritische Perspektive" schließlich untersucht die Machtverhältnisse und begründet die „Paradoxie des Empowerments": Einerseits zeigt die psychologische Perspektive, dass niemand jemand anderen *empowern* kann – entweder ich fühle mich empowert oder nicht. Andererseits sind Organisationen durch

---

[3] Ebd., 314.

Hierarchien gekennzeichnet, die nun mal asymmetrische Machtverhältnisse mit sich bringen. In der Konsequenz können andere bestimmen, ob und in welchem Umfang ich mich empowert fühle. Diese Paradoxie kann nur durch eine strukturelle Gestaltung aufgelöst werden, die dafür sorgt, dass Beschäftigte, unabhängig von der Tageslaune des Chefs oder der Chefin, zu *Ownern* ihrer Aufgaben werden. Schon der Versuch, andere *zu empowern,* bewirkt meist das Gegenteil.[4]

Zu den Vorzügen von Empowerment gehört, dass es grundlegende menschliche Bedürfnisse befriedigt – der zentrale Aspekt nachhaltiger Entwicklung. Nach der Selbstbestimmungstheorie von Deci & Ryan gibt es kulturübergreifend drei psychologische Grundbedürfnisse: *Kompetenz, Autonomität* und *soziale Eingebundenheit* [29]. Kulturübergreifend heißt, dass die Bedürfnisse „universal" sind. Der Vergleich mit den bestimmenden Elementen verdeutlicht die Parallelen: Kompetenz wird durch Selbstwirksamkeit erlebt, Autonomie bedeutet Selbstbestimmung. Einfluss ist zwar nicht dasselbe wie soziale Eingebundenheit, setzt aber soziale Beziehungen voraus.

Empowerte Beschäftigte achten ohne äußeren Anreiz (z. B. aus dem betrieblichen Vorschlagswesen) auf die Effizienz von Abläufen. Warum? Einfach deshalb, weil ihnen die Abläufe in ihrer Organisation nicht gleichgültig sind. Malik weist darauf hin, dass der Dienst am Ganzen, das Bewusstsein, etwas Wichtiges zu seiner Entstehung, Erhaltung und zu seinem Erfolg beizutragen, vom Wechselspiel der Motivationskünste weitgehend unabhängig ist. Motivationsprobleme seien so gut wie ausgeschlossen, wo man Menschen da fordere, wo ihre Stärken liegen [30]. Diese Art zu fordern ist damit ein wichtiger Hebel für Empowerment. Menschen mit starkem innerem Antrieb sind durch externe Anreize nicht wirklich verführbar. Schneller und kostengünstiger als mit empowerten Mitgliedern können Organisationen ihre Effizienz nicht steigern. Auf den *Flow,* den empowerte Menschen in manchen Situationen als glückhaft empfinden und der ihre Produktivität in außergewöhnliche Höhen treibt, werde ich später eingehen.

Die Amerikanerin Mary Parker Follett (1868–1933) gehörte zu den ersten, die sich mit Organisationen in ihrer Eigenart als soziale Systeme auseinandergesetzt hat und gilt als Vordenkerin in Sachen Empowerment. Sie war sich dessen bewusst, dass man in hierarchischen Strukturen nicht alle Effekte der Machtasymmetrie aufheben kann. Ziel müsse deshalb sein, die Asymmetrie durch bestmögliche Integration der Werte und Interessen der Beteiligten und der Organisation zu verringern, das Vorenthalten von Fakten zu vermeiden und Sachanforderungen in den Vordergrund zu stellen. Wahre Autorität lag

---

[4] Ebd., 321.

für sie dort, wo sich ungeachtet des Ranges einer Person Wissen und Erfahrung befinden. Damit verknüpfte sie, wie auch Max Weber es tat, Autorität mit der „Stelle": Stelleninhaber müssen die Owner ihrer Aufgabe sein. Konsequenterweise forderte sie, die übliche Vorstellung von „Macht über jemanden" durch „Macht durch etwas" zu ersetzen. Es gibt weitere Erfolgsbedingungen für Empowerment, vor allem aber diese drei: Orientierung, Interaktion und Resonanz.

Orientierung

Mitglieder in zentrumsfernen Teilen einer Organisation sind auf sich selbst gestellt – beim Kunden, am Patienten, im Ausland etc. Dort können sie nur dann im Sinne der Organisation handeln, wenn sie wissen, was als richtig erachtet wird, weil man es sich in der Organisation so wünscht. Das müssen die Verantwortlichen entscheiden. Ohne solche Entscheidungen ertrinken Organisationen in der Vielfalt an Optionen, in dysfunktionaler Eigenkomplexität. Aber genügt denn nicht die Absicht, Kund*innen, Patient*innen, Bürger*innen etc. zu gewinnen? Nein, das wollen andere auch. Was also ist „genug"?

In der Managementliteratur beginnen Orientierungsmodelle meist mit einer „Vision" und einer „Mission" – letztere als Antwort auf die Frage, warum eine Organisation existiert. Nicht einmal erfolgreiche Unternehmen können immer eine Vision vorweisen, die ja meist von Einzelnen ausgeht. Visionen, die zwar das Ego des obersten Bosses ausdrücken, nicht aber von anderen geteilt werden, gefährden sogar den *Corporate Spirit* [31]. Visionen sollte man nicht „konstruieren", womöglich noch mit externer Hilfe. Eine Mission wiederum sollte man moralisch nicht zu sehr aufladen, weil dadurch Erwartungen geweckt werden, die oft nicht erfüllbar sind. Das geht dann auf Kosten der Glaubwürdigkeit – es kostet Vertrauen.

Zusammen mit einem Fraunhofer-Institut haben wir die Bedeutung von Orientierungsgrößen für das Management in 96 deutschen Unternehmen unterschiedlicher Branchen und Größen untersucht. Von 15 Größen belegte die „Vision" Platz neun, die „Mission" Platz vierzehn. Die ersten drei Plätze belegten „Kundenzufriedenheit", „Unternehmensstrategie" und „Finanzkennzahlen". Aufschlussreich war auch das Verhältnis zwischen der Existenz und der Nutzung einer Größe. Nutzungsdefizite zeigen, dass eine Orientierungsgröße zwar existiert, aber kaum genutzt wird. Das war der Fall bei der Mission, bei der Vision und beim Leitbild, und zwar deswegen, weil man sie im Tagesgeschäft für wenig relevant hielt [32]. Relevanzkonflikte entstehen

u. a. dadurch, dass normative Größen nicht konsequent *operationalisiert*, nicht in die Alltagswelt „heruntergebrochen" werden. Das vergrößert den Interpretationsspielraum, die unerwünschte Vielfalt möglicher Zustände, und damit die dysfunktionale Eigenkomplexität. Wie kann ich mich z. B. an einem Leitbild orientieren, wenn die Kennzahlen, nach denen ich beurteilt und vergütet werde, erkennbar nichts damit zu tun haben?

Hinweise auf Wünschenswertes kann man aus der Vergangenheit ableiten, um die *Herkunft* einer Organisation zu verstehen, das Kernelement ihrer Marke. Das Gewünschte selbst betrifft jedoch die Gegenwart und die Zukunft. Es enthält normative, strategische und operative Aspekte mit Werten, Zielen, Anforderungen und Kennzahlen, die in sich konsistent sein müssen (in Kap. 19 gehe ich näher darauf ein, wie man diese Orientierungsgrößen findet). Kennzahlen, die berüchtigten *Key Performance Indicators* (KPIs), messen den Abstand zwischen „Soll" und „Ist", sodass Abweichungen vom „Soll" verringert oder beseitigt werden können. Ohne Kennzahlen bleibt das Bemühen, die Wirksamkeit zu steigern, ein aussichtsloses Unterfangen. Man sollte sie jedoch nicht in Stein meißeln, um sich nicht der Möglichkeit zu berauben, neuen Situationen mit neuen Mitteln zu begegnen.

Wenn Beschäftigte wissen, was in einer Organisation als richtig gilt, können sie ihr Handeln rechtfertigen. Das steigert ihr persönliches Sicherheitsgefühl, das für dauerhaft selbstbestimmtes Handeln unabdingbar ist. Das Wissen, das sie dafür brauchen, wird durch Information vermittelt und erzeugt Orientierung. Angesichts des allgegenwärtigen *Information Overflows* mangelt es ja nicht an Informationen, sondern an Orientierung. Orientierung ist somit die höhere Kategorie. Damit Verantwortliche sie vermitteln können, müssen sie zuvor entscheiden, bestimmte Dinge zu wollen, andere hingegen nicht. Das tun sie zwar im Zustand von Ungewissheit, aber nur durch Entscheidungen kann die unübersehbare Vielfalt an Möglichkeiten auf die gewünschten reduziert werden. Das gibt einer Organisation *Profil und Richtung*. Und wenn davon etwas nicht mehr passt, muss man es ändern, was neue Anforderungen und Indikatoren, ja sogar neue Zwecke nach sich ziehen kann.

Um in einem hochdynamischen Umfeld schnell genug auf neue Bedingungen reagieren zu können, benötigen Organisationen zudem „Indifferenzzonen", in denen Anforderungen nicht spezifiziert sind, weil man sie noch gar nicht kennt. Wie anpassungsfähig eine Organisation ist, hängt unter anderem davon ab, inwieweit ihre Mitglieder bereit sind, auch unspezifische Anforderungen zu erfüllen [33]. Auch diese Bereitschaft ist somit wünschenswert und wird wesentlich davon bestimmt, wie stark sich die Mitglieder ihrer Organisation verbunden fühlen. Die Befriedigung grundlegender Bedürfnisse spielt dabei eine zentrale Rolle. Empowerment ist eines davon.

Wer andere orientieren will, sollte ihren Orientierungsbedarf kennen. Kund*innen, Bürger*innen, Patient*innen, Studierende etc. werden sich vor allem für die Angebote einer Firma, Behörde, Schule, Arztpraxis etc. interessieren. Investoren interessieren sich meist für das Geschäftsmodell, die Wettbewerbsposition, Schlüsselkompetenzen, strategische Absichten, Ressourcen und Finanzkennzahlen wie Eigenkapitalrendite oder Netto-Cashflow. Von Interesse sind weiterhin die Zufriedenheit der Nutzer der Angebote und zunehmend auch Energieverbrauch, CO_2-Emissionen und Arbeitsbedingungen entlang der Wertschöpfungskette. Beschäftigte, die sich eine Organisation wünscht – die heiß begehrten qualifizierten Fachkräfte – möchten darüber hinaus vor Antritt ihrer Stelle wissen, inwieweit der Zweck, die Absichten und der Anspruch der Organisation ihren Fähigkeiten, Interessen und Werten entsprechen. Ausgestattet mit diesem Wissen können sie sich selbstbestimmt für oder gegen die Organisation entscheiden. Diese sollte auf folgende Fragen eine Antwort geben:

- Was tun wir, welchen Zweck verfolgen wir?
- Wem gelten unsere Angebote und Aktivitäten?
- Wofür stehen wir, was ist uns wichtig?
- Was wollen wir bis wann erreichen?
- Was erwarten wir von Mitarbeiter*innen, und warum ist das wichtig?

Jede Organisation, der an eigener nachhaltiger Entwicklung in einem sich nachhaltig entwickelnden Umfeld gelegen ist, sollte ihren Anspruch in ihrem Wertekanon („Wofür stehen wir, was ist uns wichtig?") ausdrücken und zu einem zentralen Element der Orientierung machen. Damit werden Erwartungen verknüpft, die man nicht enttäuschen sollte. Die Operationalisierung kommunizierter Werte ist eine organisationale Grundaufgabe. Wer sich für die Organisation entschieden hat und mit seiner Arbeit beginnt, wird darüber hinaus wissen wollen, welche Ergebnisse erzielt werden sollen, wie die erbrachte Leistung beurteilt wird, und von wem. Er oder sie möchte Abläufe, laufende und geplante Projekte kennenlernen und Näheres über Perspektiven der eigenen Entwicklung und Maßnahmen zur individuellen Förderung erfahren. Auf der Basis solcher Informationen können Beschäftigte Situationen, Daten und Informationen, Ziele und Anforderungen besser interpretieren und mögliche Folgen ihrer Entscheidungen, Handlungen und Verhaltensweisen besser einschätzen.

Empowerment, das auf Orientierung basiert, hat in wissens- und beziehungsintensiven Bereichen die Vorstellung, immer und überall Kontrolle ausüben zu müssen und zu können, abgelöst. Beschäftigte in der Peripherie einer Organisation müssen selbstbestimmt handeln, weil Rückversicherung schwierig ist. Dazu brauchen sie psychologische Sicherheit, die sie von Informationen mit hohem Orientierungswert beziehen, das Gefühl von *Ownership* bezüglich eines Aufgabengebietes, das sie beherrschen oder demnächst beherrschen wollen (was mit den Vorgesetzten abzustimmen wäre), sowie konsistentes Führungshandeln.

In Organisationen, in denen *Ownership* ein fest verankertes Strukturprinzip ist, achten Vorgesetzte darauf, dass Anspruch und Wirklichkeit zusammenpassen. Nichts demotiviert Beschäftigte mehr als Mitarbeitergespräche, in denen ihnen Nichterfüllung von Anforderungen vorgeworfen wird, die sie gar nicht kennen, Handlungen hingegen ignoriert werden, die dem offiziellen Wertekanon der Organisation bestens entsprechen. Gespräche dieser Art sind Demotivationsgaranten mit Langzeitwirkung!

Führungskräfte müssen Entscheidungs- und Orientierungspflichten erfüllen, damit Organisationen überhaupt betriebsbereit sind. Zwischen Betriebsbereitschaft und flächendeckendem Empowerment besteht aber nochmal ein Unterschied. Empowerment ist ein persönliches Empfinden, das je nach Persönlichkeit des/der Beschäftigten ein „Mehr an persönlich vermittelter Orientierung" erfordern kann. Der Differenzierungsaufwand lohnt sich. Mit Vorsicht zu genießen sind Beschäftigte, die sich zwar empowert fühlen, aber keinen blassen Schimmer davon haben, was man sich in der Organisation eigentlich wünscht. Die Wirkung, die sie in ihrem Sinne entfalten, ist nicht zwangsläufig auch im Sinne der Organisation.

Interaktion

Im Umgang mit Komplexität, Dynamik und Unsicherheit gilt in Organisationen „Agilität" als *das* Mittel der Wahl. Von lateinisch *agere* (handeln, verfolgen etc.) stammend, steht Agilität für eine Arbeitsweise, bei der kurze, iterative Optimierungszyklen von Produkten und Dienstleistungen eng mit konsequenter Orientierung am Nutzerbedürfnis verknüpft sind. Weil heute viele Anforderungen nur begrenzt planbar und zudem ergebnisoffen sind, sind sie mit agiler Arbeitsweise besser zu erfüllen als mit der seit Taylors Zeiten praktizierten, auf definierte Ergebnisse ausgerichteten, stringenten Abfolge von Planung, Organisation, Anweisung, Koordination und Kontrolle. Anwender agiler Arbeitsweisen, die in Konzepten wie *Design Thinking*, *Lean-*

Start-up und *Scrum* (ursprünglich für Softwareentwickler gedacht) Ausdruck finden, sind schneller am Markt als andere und verringern das Risiko teurer, mitunter existenzgefährdender Irrtümer. Agilität ist hier nicht *reaktiv* (das wäre *Flexibilität*), sondern *proaktiv, antizipativ und initiativ* [34]. Verwirklicht wird diese Arbeitsweise durch Menschen, die sich nicht nur persönlich ermächtigt fühlen (das gelingt auch in sozialer Isolation), sondern die auch mit Kolleg*innen und Vorgesetzten interagieren. Man liefert sich gegenseitig Orientierungsimpulse und steigert damit die eigene Selbstwirksamkeit. So kann Empowerment auf Arbeitsgruppen „überspringen", deren Mitglieder nicht nur interagieren, sondern auch *kooperieren*. Kooperation ist ein zweckgerichtetes, arbeitsteiliges Miteinander, das immer dann angezeigt ist, wenn zwischen den Akteur*innen Synergiepotenziale existieren.

Schon Mary Parker Follet hat darauf hingewiesen, dass sich selbstbestimmtes Handeln als Individuum und als Gruppe nicht ausschließen. Sie war sogar davon überzeugt, dass die Potenziale Einzelner vor allem in Teamarbeit zur vollen Entfaltung kommen – in einer Zeit, in der in den großen Fabriken streng arbeitsteilige Massenfertigung angesagt war [35]. Sofern die strukturellen Bedingungen gegeben sind, haben Teams mit empowerten Mitgliedern gute Chancen, selbst empowert zu sein. Vor allem dann sind sie kollektiv wirksam.

Interessante Erkenntnisse zu Auswirkungen und Voraussetzungen empowerter Teams beziehen sich auf die Bereiche IT und Forschung. Das Münchner Institut für Sozialwissenschaftliche Forschung (ISF) hat die Auswirkungen der Digitalisierung auf Softwareentwickler und Beschäftigte in Forschungs- und Entwicklungsabteilungen untersucht und dabei Varianten agiler, teambasierter Organisationsformen gefunden. In einer Arbeitsumgebung, die zunehmend durch internetbasierte Informationsräume geprägt ist, erleben empowerte Teams die Vorzüge einer gemeinsamen Wissens- und Wertebasis sowie einer produktiven Zusammenarbeit und managen ihren *Workload* selbst. Selbstorganisation fördert nicht nur den Lernfortschritt, sondern die gesamte Teamentwicklung, und erweitert das Repertoire an Handlungsmöglichkeiten und Lösungsalternativen – ein Effekt, der durch heterogene Teambesetzung noch verstärkt wird.

Teamerfahrungen dieser Art unterscheiden sich stark vom „Expertenstatus des Einzelkämpfers", an den sich viele „Wissensarbeiter*innen" in unserem Kulturraum gewöhnt haben. Wichtig ist das Vertrauen der Führungskräfte, das sie ausdrücken, indem sie die Selbstorganisation der Teams, deren Pläne und Entscheidungen respektieren [36]. Ownership darf nicht „mal eben so" zugebilligt und wieder entzogen werden, sondern muss als Strukturprinzip verankert sein. Die Forscher fanden auch andere Spielarten: zynische Anforderungen und „Empowerment als Etikettenschwindel" sowie ein Selbstverständnis, das an organisationale Grenzen stößt, „gebremstes Empowerment" genannt. Durch Anwendung dieser Spielarten können Teams „ausbrennen". Eine vierte Spielart kann eine Organisation sogar spalten: Empowerment als „Privileg".[5]

Von den Vorzügen agiler, empowerter Teams, deren Mitglieder vertrauensvoll kooperieren und zudem unterschiedlichen Fachbereichen angehören, profitiert auch Infineon, ein führender Anbieter von Halbleiterlösungen. Agilität ist fester Bestandteil der Organisationskultur und gleichzeitig ständiges Ziel. Eine Teamleiterin im Bereich Design und Messtechnik am Hauptsitz des Unternehmens in München schilderte mir ihre Erfahrungen:

> „Zu den wesentlichen Erfolgsfaktoren bei der Umsetzung von Agilität gehört nach meinen Erfahrungen zunächst einmal permanente, enge und vertrauensvolle Zusammenarbeit in funktionsübergreifenden Projektteams. Wenn beispielsweise ein neues Produkt entwickelt wird, Marketing und Vertrieb jedoch während des Prozesses die Rückmeldung des Kunden bekommen, dass die Priorität geringer geworden ist, kann der Prozess sofort geändert oder sogar gestoppt werden. Gleiches gilt für Rückmeldungen aus Bereichen wie dem Qualitätsmanagement etc. Agilität erfordert weiterhin Manager, die einen agilen Kurs wirklich gestalten. Andernfalls führt der Ansatz nur zu oberflächlichen Anpassungen, die letztlich niemanden und nichts weiterbringen. Und nicht zuletzt helfen sorgfältige Reviews, auch wenn deren Vorbereitung oft mühsam ist, den Blick von technischen Details auf das Gesamtbild zu verlagern. Systole und Diastole befinden sich dann sozusagen in einem konstruktiven Wechselspiel."

Die Empfindung, empowert zu sein, gewinnt noch an Kraft durch einen Zustand, den Psychologen als „Flow" bezeichnen – ein Zustand höchster Vertiefung und Konzentration, der uns Raum und Zeit vergessen lässt und als beglückend erlebt wird, weil anspruchsvolle Aufgaben in einer Art Schaffensrausch effizient gelöst werden. Der Glücksforscher Mihály Csíkszentmihályi sieht darin eine optimale, persönliche Erfahrung [37]. Für Kahneman ist es „anstrengungsfreie Konzentration" [38].

Ich habe Fach- und Führungskräfte in unterschiedlichen privaten und öffentlichen Organisationen befragt und herausgefunden, dass Flow häufig von Menschen in Zusammenarbeit mit anderen empfunden wird, die zu guten Ergebnissen führt [39]. Wenngleich Flow nicht von Dauer ist (dann würde man diesen Zustand nicht als Glücksmoment empfinden), ist er natürlich erstrebenswert, weil er Menschen nicht nur produktiver, sondern auch zufriede-

---

[5] Ebd., 13.

ner macht. Empowerment ist dafür eine exzellente Grundlage. Empowerte Menschen suchen die Interaktion mit anderen, die sich ebenfalls empowert fühlen bzw. sich von der Haltung anderer anstecken lassen. Wenn solche Gruppen die zur Lösung komplexer Aufgaben nötige Heterogenität aufweisen, arbeitsteilig produktiv sind, und ihre Mitglieder durch gemeinsamen Erkenntnisgewinn und Vernetzung mit anderen Gruppen Horizonte und Handlungsspielräume erweitern, entsteht ein sich selbst verstärkender Effekt. An solchen Teams kommt nichts und niemand vorbei.

Resonanz

Die Aussage der Teamleiterin bei Infineon beschreibt Interaktion als Kernfaktor in wissensbasierten, sozialen Handlungsräumen, der durch Führung unterstützt und durch Reflexionsschleifen wirksamer wird. Neben dem Austausch von Informationen erzeugen Interaktion und Zusammenarbeit jedoch auch einen Effekt, der in der Organisationswissenschaft kaum thematisiert wird: Resonanz.

Hartmut Rosa schreibt: „Resonanz ist das Andere der Entfremdung", und erklärt weiter: „Entfremdung bezeichnet eine Form der Welterfahrung, in der das Subjekt den eigenen Körper, die eigenen Gefühle, die dingliche und natürliche Umwelt oder aber die sozialen Interaktionskontexte als äußerlich, unverbunden und *nicht responsiv* beziehungsweise als *stumm* erfährt. Ein Selbst-, Ding- und Sozialverhältnis kann somit dann als *nicht entfremdet* gelten, wenn es die Ausbildung von konstitutiven Resonanzachsen ermöglicht." Zuvor schreibt er: „Resonanz ist keine Echo-, sondern eine Antwortbeziehung; sie setzt voraus, dass beide Seiten *mit eigener Stimme* sprechen, und dies ist nur dort möglich, wo *starke Wertungen* berührt werden. Resonanz impliziert einen Moment konstitutiver Unverfügbarkeit" [40]. Echte Resonanzbeziehungen können nicht instrumentalisiert werden.

Im Erwartungshorizont der Spätmoderne bilden Beziehungen zwischen Liebenden einerseits und Eltern und Kindern andererseits, wie Rosa bemerkt, die zentralen und oftmals alleinigen Resonanzachsen der Weltbeziehung. Entsprechend heillos überfrachtet sind diese Beziehungen mit dieser Erwartung und dieser Alleinstellung. Es gibt deshalb Tendenzen, Resonanzhoffnungen und -erwartungen weg von der Familie und hin zum Arbeitsplatz zu verlagern.[6]

---

[6] Ebd., 351; 402.

Starke Wertungen vermitteln *Bedeutung*, ein Kernelement von Empowerment, und sind in einer Werteskala begründet, die unsere Identität prägt. Diese Skala formt unser intrinsisches Motivationssystem, steuert unser Handeln und ist unempfindlich gegenüber externen Motivationsversuchen. Studien zeigen, dass sich Menschen am wohlsten fühlen, wenn sie Dinge tun, die sie bedeutsam finden.[7] Sie identifizieren sich mit Dingen, Zuständen und Ereignissen, die für sie wichtig genug sind, um sich dadurch angesprochen zu fühlen oder sogar berührt zu werden.

Um das Gefühl, empowert zu sein, zu stärken, sollten sich Vorgesetzte aufrichtig dafür interessieren, was den Mitarbeiter*innen bei ihrer Arbeit wichtig ist. Nur dann können sie verstehen, wie sie selbst zur Bildung von Resonanzachsen beitragen können. Rosa beschreibt auch, was es bewirkt, wenn sie brüchig werden:

„In jeder Tätigkeit gibt es Umschlagspunkte, jenseits derer wir zwar noch funktionieren und Vorgaben (z. B. Kennziffern) erfüllen können, aber den inneren Kontakt und Bezug zur Tätigkeit verloren haben. Es sind meines Erachtens just diese Umschlagspunkte, die ein Verstummen der Resonanzachse signalisieren und dann die Einnahme einer zynischen Arbeitshaltung zur Folge haben, welche wiederum sehr häufig einem Burn-out vorangeht: ‚Ich habe Tag für Tag und Monat für Monat gearbeitet und geackert, aber es kam einfach nichts zurück.' Sätze wie diese gehören in Burn-out-Kliniken zu den am meisten geäußerten Klagen. Wenn aufgrund von Wettbewerbs- und Optimierungszwängen der über den Austausch von Informationen und die funktionale Kooperation hinausgehende Kontakt zur Arbeit, zu den Kollegen und/oder den Klienten, verloren geht, wenn das Gefühl für die Qualität der Arbeit unter dem Druck der Kennziffern verschwindet und keine Zeit für das Genießen *von* und die Erholung *nach* Erfolgen bleibt, während Anerkennungssignale durch Vorgesetzte nur noch als *strategisch*, zur Aktivierung noch größerer Anstrengungen wahrgenommen werden, droht für die Betroffenen in der Tat eine zentrale Resonanzachse des modernen Lebens zu verstummen. Sie verlieren dann die Fähigkeit, sich die Werkzeuge und Materialien ihrer Arbeit, die Produkte und Ziele des Unternehmens, die Abläufe, die Räume und die Interaktionsformen des Arbeitens anzuverwandeln und entsprechende Resonanzbeziehungen aufzubauen bzw. intakt zuhalten. Dramatisch kann dies insbesondere dann werden, wenn alle anderen Resonanzachsen – zur Familie, zu Freunden, zum politischen Engagement, zum Ehrenamt, zur Musik – dem immer stärker werdenden Sog der Arbeitssphäre bereits geopfert wurden. Wer seinen Resonanzdraht zur Welt auf eine einzige

---

[7] Ebd., 721.

Achse konzentriert, verfügt im Falle ihres krisenhaften Verstummens über keine Ersatzquellen und deshalb über keine oder weniger Resilienz."[8]

Wie Resonanzachsen am Arbeitsplatz erzeugt werden können, zeigt das Beispiel eines Herstellers technischer Textilien. In einer Produktionsstätte des Unternehmens am Niederrhein hat das Managementteam unter Federführung des Qualitätsmanagers ein Kommunikationskonzept entwickelt und implementiert. Alle Beschäftigten sind heute über die Produkte, Ziele und Strategien des Unternehmens, über Anforderungen, Leistungsdaten und Veränderungen im Unternehmen und in den Abteilungen informiert. In regelmäßigen Abständen reflektieren sie mit ihren Vorgesetzten ihre Leistung und diskutieren persönliche Entwicklungsziele. Je nach Inhalt werden Informationen in Managementmeetings, Abteilungsbesprechungen, Qualitätszirkeln und Mitarbeitergesprächen in einer nach Struktur und Dauer standardisierten Form vermittelt. Jeder kennt die Erwartungen, die an ihn gerichtet sind. Auf Monitoren erscheinen weitere interessante Fakten. An einer *Wall of Fame* und einer *Wall of Shame* werden gemeinsame Siege und Niederlagen dokumentiert. Die Führungskräfte haben gelernt, Kommunikationsanlässe und -kanäle richtig zu kombinieren und, noch wichtiger, richtig zu *dosieren*.

Ein besonderes Resonanzinstrument ist *SQDIP* – ein Whiteboard, auf dem täglich Informationen zu Themen wie Sicherheit, Qualität, Lieferung, Inventur und die Produktivität in den Abteilungen gesammelt werden. Es werden aber auch Informationen und Ideen von Beschäftigten erfasst, die dem Management etwas mitteilen wollen. Die Hinweise werden von Mitgliedern des Managementteams auf täglichen Rundgängen aufgenommen, kommentiert und nach Möglichkeit umgehend umgesetzt. Das Grundprinzip von Resonanzbeziehungen, Hören und Antworten, wird damit erfüllt. Es überrascht nicht, dass *SQDIP*, in Kombination mit den anderen Kommunikationsinstrumenten, den stärksten Einfluss auf die Motivation hat. Der Dialog, den die Beschäftigten erleben, bedeutet Wertschätzung und Einbeziehung. Das Unternehmen ist offenbar auf dem richtigen Weg: Während der Umsatz in den letzten drei Jahren jeweils um 10 Prozent stieg, sank die Reklamationsquote jeweils um 20 Prozent. An der jährlichen Firmenfeier nehmen heute 90 Prozent der Mitarbeiter teil, während es noch vor drei Jahren nur 60 Prozent waren. Die Beschäftigten fühlen sich heute offenbar stärker denn je *empowert*.

---

[8] Ebd., 399; 400.

Bewertungsgrundlage und Stoff für Diskussionen

Rosa betont, dass *Angstfreiheit* Voraussetzung für den Aufbau stabiler Resonanzachsen ist.[9] Damit deutet er auf die Bedeutung einer Kultur hin, in der Fehler nicht als Übel, sondern als Chance betrachtet werden. Das entspricht auch den Erkenntnissen des ISF. Ohne das Gefühl von Vertrauen und Sicherheit können die Möglichkeiten einer IT-dominierten, kooperativen Arbeitswelt nicht nachhaltig genutzt werden [41]. Vertrauen und Sicherheit entstehen vor allem dann, wenn die Werte der Organisation und mit denen ihrer Mitglieder hinreichend gut übereinstimmen.

Geteilte Werte werden realisiert und gelebt; verkündete, nicht geteilte Werte eher nicht. Zu den beziehungsrelevanten Werten gehören die Basiselemente von Empowerment: Bedeutung (der Arbeit), Selbstbestimmung, Selbstwirksamkeit und Einfluss, aber auch Orientierung durch Führung, Fortbildung, flexible Arbeitszeiten, ein auskömmliches Gehalt, gutes Miteinander, ein attraktives Image und in zunehmendem Maße Nachhaltigkeit. Wer die Kultur seiner Organisation erschließen möchte, um die Erfolgsaussichten komplexer Veränderungsprozesse zu erhöhen, tut gut daran, die Rangfolge solcher Faktoren samt der individuellen Qualitätserfahrungen zu ermitteln [42].

Welche Funktion haben eigentlich Werte, von denen so oft die Rede ist? Unterstellt sei, dass sie Dinge ausdrücken, die uns im Laufe des Lebens wichtig geworden sind (die kurzlebigere Variante sind *Interessen*). Im Übrigen folge ich Keeney mit seinem Hinweis, dass Werte dazu dienen, Dinge und die Folgen von Alternativen *bewerten* zu können [43]. Ohne eigene Werteskala wären wir urteils- und entscheidungsunfähig. Der mitunter vorgebrachte Grundsatz „Gegensätze ziehen sich an" trifft nur insofern zu, als dass wir bestimmte Eigenschaften nicht haben, weil wir so sind, wie wir sind, diese Eigenschaften aber durchaus wertschätzen. Dann aber sind sie Bestandteil unserer Werteskala.

Werte stecken in ethischen Prinzipien ebenso wie in Philosophien, Visionen, Missionen, Nutzenbotschaften, Leitbildern, Strategien, Zielen, Projekten, Prozessen, Anforderungen und Kennzahlen. Inhalte unter diesen Überschriften sind die maßgeblichen Orientierungsgrößen im Organisationsgeschehen. Sie existieren, um individuelles und kollektives Handeln zu leiten. Ohne einen handlungsleitenden Effekt wären diese Größen vollkommen *wertlos*.

---

[9] Ebd., 413.

Mittel-Zweck-Beziehungen lassen sich auch in „Wertebäumen" darstellen, die den Sinn von Werten auf unterschiedlichen Ebenen transparent machen und die Umsetzung erleichtern. Ein Beispiel: Orientierung, Interaktion und Resonanz sind sicher Werte an sich, dienen aber gleichzeitig als *Mittel* einem übergeordneten Zweck, nämlich Empowerment. Der Wert Empowerment wiederum lässt sich als Mittel übergeordneten Zwecken wie z. B. Erweiterung von Handlungsspielräumen, Gesundheit oder Nachhaltigkeit zuordnen. Auch Human-, Sozial- und Wissenskapital sind Mittel zum Erzeugen von Nachhaltigkeit. Einen „Metawert" wie Nachhaltigkeit wird man nicht so schnell durch andere Werte ersetzen oder verändern, vielleicht aber die Werte auf den Ebenen darunter, sofern sie *als Mittel* unwirksam oder irrelevant geworden sind.

Wichtig ist, dass alle an der Umsetzung einer Wertebotschaft Beteiligten dieselbe Vorstellung von der Architektur der Mittel-Zweckbeziehungen gewinnen (z. B. durch die gemeinsame Arbeit daran). Es reicht also nicht, bestimmte Werte an Bürowände zu heften und in Hochglanzbroschüren zu verewigen, wie man es von „Kundenorientierung" und „Mitarbeiter sind unser wichtigstes Gut" kennt. Man muss sich vielmehr darüber verständigen, wie die Werte zusammenhängen und was das jeweils im Alltag bedeutet. Rosabeth Kanter hat das Innenleben führender Unternehmen untersucht und formuliert diese Anforderung so: „Open a dialog that keeps the sense of social purpose in the forefront of everyone's mind and then to use that as a guidance mechanism for business decisions" [44].

Der praktische Vorteil geteilter Werte (die immer auch „begriffene" Werte sein sollten) besteht darin, dass sie die Beziehungen der Organisation zu ihren Mitgliedern, die ja prinzipiell auf Austausch basieren, robuster machen. Abstimmung wird einfacher oder gar unnötig – man ist sich „unausgesprochen einig". Was ich als bedeutsam empfinde, erzeugt Resonanzachsen, stärkt meinen inneren Antrieb und das Gefühl, empowert zu sein. Geteilte Werte erleichtern, wie ich von Prof. Gigerenzer erfuhr, sogar den Zugang zu Intuitionen, die in unübersichtlichen Situationen die bessere Entscheidungshilfe sein können. Außerdem beflügeln sie die Fantasie. Beides macht Entscheidungen „richtiger" – und Organisationen kollektiv wirksamer.

Ob überhaupt und wie gut Werte bzw. Interessen übereinstimmen, können natürlich nur die Beziehungspartner beurteilen. Bewerber*innen werden sich aufgrund ihres Urteils für oder gegen eine Beziehung mit einer Organisation entscheiden, sofern sie genug von ihr wissen. Beschäftigte werden den Sinn ihrer Beschäftigung, ihrer Mitgliedschaft also, aufgrund von aktuellen Erfahrungen ab und zu hinterfragen. Jobanbieter werden prüfen, inwieweit Bewerber*innen und Beschäftigte dem entsprechen, was sie für die ihnen zugedachte Rolle für wichtig halten. Ein waches Auge für den Grad der Übereinstimmung relevanter Werte verringert das Risiko kostspieliger Irrtümer. Und trotzdem werden sich, wie überall im Leben, viele Entscheidungen erst im Nachhinein als richtig oder falsch erweisen.

Das Werkzeughaus

In diesem Kapitel haben wir erfahren, wie Organisationen kollektiv wirksamer, zukunftsfähiger und nachhaltiger werden können. Die wohl größte Hürde auf diesem Weg ist Komplexität, die Vielfalt möglicher Zustände pro Zeiteinheit in einem System, das mit anderen Systemen in Verbindung steht. Wer mit seiner Organisation den Weg nachhaltiger Entwicklung gehen und Nachhaltigkeit als Kraft entfesseln will, sollte sich angesichts einer Komplexität, der niemand entrinnen kann und der Fallstricke des Denkens, die mitunter auch auf persönlichen Dispositionen beruhen, bewusst werden, um besser damit umgehen zu können. Aus der „Schattenseite" der Komplexität sollte man heraustreten, indem man Klärungslücken schließt, Interaktionsbarrieren abbaut, Überbestände reduziert, Prozesse und Strukturen vereinfacht und sinnlose Projekte beendet. Organisationen werden dadurch übersichtlicher und leichter lenkbar. Dysfunktionale Störenfriede sollte man des Feldes verweisen, um Horizonte und Handlungsspielräume gelassener erweitern zu können. Abb. 16.3 zeigt das „Werkzeughaus", das aus zwei „Etagen" besteht.

Eine Faustregel für zukunftsorientierte, nachhaltige Führung könnte lauten:

> » *Reduziere Komplexität, die Dich lähmt, erweitere aber Horizonte und Handlungsspielräume.*

Im geschickten Umgang mit der Paradoxie *Reduzieren versus Erweitern*, verbunden mit der Bereitschaft, Verantwortung für sich und andere zu tragen, liegt für mich das Geheimnis nachhaltiger Entwicklung.

Die Werkzeuge im „Obergeschoss" des Hauses liefern jenen im „Erdgeschoss" Impulse und umgekehrt. Klärungslücken im Erdgeschoss kann man schließen, indem man definiert und verkündet, was man ist, wofür man steht, was man erreichen will, und was das für die Mitglieder bedeutet. Auf dieser Basis können sie selbstbestimmte Entscheidungen für oder gegen die Organisation treffen. Interaktionsbarrieren kann man abbauen, indem man Türen

16 Werkzeuge nachhaltiger Entwicklung

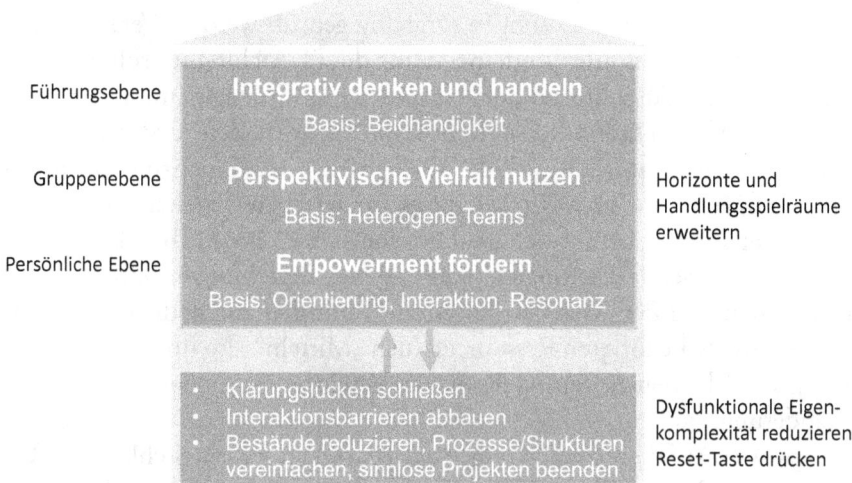

Abb. 16.3 Das Werkzeughaus

öffnet, Interesse zeigt und Vertrauen herstellt. Schon dadurch kann sich Empowerment entwickeln. Bestände, Prozesse und Strukturen sollte man auf Zweckmäßigkeit, Effizienz und innere Konsistenz prüfen und ggf. verschlanken. Von Projekten, die positive Ergebnisse dauerhaft vermissen lassen, sollte man sich möglichst schnell verabschieden.

Übertriebener Geiz im Erdgeschoss kann gefährlich sein, wenn davon die Entwicklung des Human-, Sozial- und Wissenskapitals der Organisation betroffen ist. Je gezielter Organisationen z. B. in Weiterbildung und Kommunikation investieren, desto besser können sich Orientierung, Interaktion und Resonanz entwickeln, die Grundlagen für Empowerment im Obergeschoss. Davon profitieren letztlich alle, auch Teams und Führungskräfte. Worin genau man investieren sollte, ist von Werten sowie von strategischen und operativen Zielen abzuleiten. Hier existieren oft inhaltliche Inkonsistenzen, indem Kennzahlen nicht zu Anforderungen, Anforderungen nicht zu Zielen, Ziele nicht zu Strategien, Strategien nicht zu Werten und die Vergütungspraktiken zu keiner dieser Größen passen. Die Beseitigung von Inkonsistenzen befreit von Ballast und steigert sofort die Orientierungskraft einer Organisation.

Digitalisierung kann in beiden Etagen sinnvoll sein, indem sie entscheidungsrelevante Daten schnell und umfassend verfügbar macht, Interaktion und Kooperation über Distanzen hinweg ermöglicht, Vernetzung erleichtert und Lernprozesse beschleunigt. Mit Hinblick auf die gesamte Organisation und ihre Aktivitäten innerhalb und außerhalb ihrer Systemgrenzen muss das

Potenzial zur Optimierung von Geschäftsprozessen oder gar Geschäftsmodellen durch zeitgemäße IT-Lösungen sorgfältig geprüft werden. Veränderungen des Geschäftsmodells mit Runderneuerung der IT-Architektur sollte man mit dem Zweck, der Absicht und dem Anspruch, der Strategie und den Kompetenzen der Organisation, den Trends im Umfeld, den Bedürfnissen der Zielgruppen und natürlich auch der Verfügbarkeit von Finanzmitteln abstimmen. Zu fragen wäre, ob Digitalisierungspotenzial bzw. Potenzial zum Einsatz künstlicher Intelligenz auf der „Anforderungsseite" liegen, bei der sich alles um Produkte, Serviceleistungen, Stärkung von Beziehungen und Netzwerkeffekte dreht, auf der „Bereitstellungsseite", mit den zur Bedienung der Anforderungsseite benötigten Ressourcen (den „Mitteln" also und deren Kosten) oder gar auf beiden Seiten. Geht es um Vereinfachung oder um komplette Veränderung?

Antworten auf diese Fragen tragen zur Klärung der Dringlichkeit, des Umfangs und des Inhalts neuer IT-Projekte bei. Keineswegs jedoch sollte man die Exklusivität eigener Möglichkeiten der zunehmenden Ähnlichkeit nutzerbezogener IT-Lösungen opfern. Diese unterstützen Anbieter, durch „Orchestrierung einer nahtlosen Customer Journey an den Touchpoints der Marke eine einzigartige Customer Experience zu erzeugen", wie man im Beraterjargon sagen würde. Nachhaltigen Vorteil bringt das nur dann, wenn die *Customer Experience* mehr von den einzigartigen Kompetenzen der Organisation als von standardisierter Technik getragen wird.

Viele Projekte zur Implementierung neuer IT-Lösungen scheitern nicht an der Technik, sondern an inadäquater Vorbereitung, schlechter Kommunikation und fehlender psychosozialer Begleitung. Zudem sollte man wissen, dass die Digitalisierung von Prozessen zur präzisen Modellierung dieser Prozesse zwingt. Das kann völlig neue Realitäten schaffen, bei denen zu prüfen ist, inwieweit sie dem gewünschten Zustand entsprechen. Hier zeigt sich einmal mehr, wie wichtig es ist, diesen Zustand klar zu definieren.

Je schneller sich Organisationen mit den Werkzeugen im Erdgeschoss Luft verschaffen und dort Reserven ausschöpfen, desto leichter wird ihnen die Ausrichtung auf die Zukunft fallen, vor allem durch soziostrukturelle, strategische und produktbezogene Innovation. Innovationspotenziale befinden sich vor allem im Obergeschoss, dem Ort kreativer Ideen. Wem Innovationen schwerfallen, könnte durch Themen im Erdgeschoss belastet sein. Welches Instrument am schnellsten oder am stärksten wirkt, ist, wie so oft, kontextabhängig. Weil integratives Denken für Entscheider*innen gedacht ist, können sie damit ausgewogenere Strategien zur Verteilung der Ressourcen entwickeln. Heterogene Teams, die relativ schnell zusammengestellt sind, können komplexe Aufgaben besser lösen und Entscheidungen mit Totzeiten des Lernens optimieren, sofern sie darauf vorbereitet und entsprechen gelenkt werden. Empowerment schließlich befördert Wirksamkeit auch in die Peripherie einer Organisation.

Wie gut man diese Werkzeuge integrieren kann, erweist sich z. B. in Führungsteams, die per se aus empowerten Menschen mit unterschiedlichen Perspektiven bestehen dürften. Forscher fanden heraus, dass Entscheider*innen, die miteinander kooperieren, sich an gemeinsamen Beschlüssen orientieren und relevante Informationen in hoher Frequenz austauschen, die Erfolgsaussichten deutlich steigern [45]. Ich selbst konnte nachweisen, dass die Kooperation von Leitenden in den Bereichen Markenführung, Qualitäts-, Innovations-, Change- und Diversity Management beachtliche Produktivitätsreserven birgt. Solche Bereiche sind „Querschnittsdisziplinen" [46]. Eine Querschnittsdisziplin ist natürlich auch das Management der Nachhaltigkeit, vor allem dann, wenn es nicht auf die ökologische Perspektive beschränkt bleibt.

Die hier beschriebenen Werkzeuge sind Kapital ohne Finanzwert. Sie bereiten den Weg für agile Arbeitsweisen wie Design Thinking, Lean-Start-up und Scrum. Diese Konzepte haben nach meiner Überzeugung wenig Aussicht auf Erfolg, wenn sich ihre Anwender den Werkzeugen gegenüber vollkommen verschließen. Ihre Nutzung macht Organisationen zukunftsfähiger und damit nachhaltiger. Wenn dann noch Erfolgsrezepte virusartig verbreitet werden, haben auch große Entwürfe eine Chance.

Organisationen, die nicht nur für ihre Mitglieder da sind (wie z. B. viele Vereine), können nur überleben, wenn sie die Bedürfnisse von Kund*innen, Patient*innen, Bürger*innen etc. erfüllen. Die Fähigkeit dazu entsteht jedoch innen, weshalb u. a. die Integration der Pole *außen-innen* erstrebenswert ist. Wenn eine Organisation nach Erledigung ihrer Hausaufgaben im Erdgeschoss auf Empowerment, perspektivische Vielfalt und integratives Denken setzt, gehört sie zu jenen, denen man absorptive Kapazität, dynamische Fähigkeiten und damit *evolutionäres Potenzial* bescheinigen kann [47, 48]. All das fördert nachhaltige Entwicklung.

Die digitale Transformation unserer Gesellschaft ist in vollem Gange und entfaltet eine ungeheure Dynamik, mit unbekannten Neben- und Fernwirkungen. Für die nachhaltige Entwicklung unserer Gesellschaft gilt derzeit das Gegenteil: Der Ausgang wäre klar, es fehlt jedoch die Dynamik bzw. sie beschränkt sich auf den Teilaspekt *Ökologie*. Wenn es aber gelingt, nachhaltige Entwicklung, die in Organisationen beginnt, als gestaltende Kraft zu erkennen und zu „entfesseln", kann eine neue Dynamik entstehen, die sich mit der Dynamik der digitalen Transformation verbindet. Unerwünschte „digitale Exzesse" können durch Kopplung des Fortschritts in der Informationstechnologie und der künstlichen Intelligenz an ein Nachhaltigkeitsbild vermieden werden, das sowohl funktional als auch normativ gut begründet ist.

Kollektive Wirksamkeit, die Quelle dieser neuen Dynamik, ist ein Idealzustand, der gewisse Anforderungen an Führungskräfte und die Organisationskultur stellt. Manchmal wäre es gut, letztere ein wenig zu verändern [49]. Die Bedeutung der kulturellen Dimension, in der die Besonderheiten unseres Denkens ihren festen Platz haben, bei transformativen Prozessen, wird dramatisch unterschätzt. Welche Akzente man bei Veränderungen setzen könnte, möchte ich am Beispiel einer weltberühmten Region verdeutlichen.

Literatur

1. Weick, K.E. (1995): Sensemaking in Organizations, New York, 66.
2. v. Goethe, J.W.: Faust 1, Vers 1112–1117; Vor dem Tor (Faust), Reclam, Stuttgart, 1992.
3. Schulz von Thun, F. (2016): Miteinander reden: Kommunikationspsychologie für Führungskräfte (16. Aufl.), Rowohlt, Hamburg, (erste Auflage 2000), 53–57.
4. Argyris, C. (1999): On Organizational Learning, Blackwell, 56 ff.
5. Kinne, P. (2013): Balanced Governance – Komplexitätsbewältigung durch ausgewogenes Management im Spannungsfeld erfolgskritischer Polaritäten (Arbeitspapier Nr. 32). Essen: FOM Hochschule, 30.
6. Müller, H.E. (2017): Unternehmensführung, 3. Aufl. Oldenbourg, De Gruyter, 20.
7. Martin, R. (2009): The opposable mind. How successful thinkers win through integrative thinking. Harvard Business School Press, Boston, 124.
8. Probst, G., & Raisch, S. (2005): Organizational crisis: The logic of failure. Academy of Management Executive, 19(1), 90–105.
9. v. Weizsäcker, E.U., Wijkman, A. (2018): Wir sind dran. Club of Rome: Der große Bericht, Gütersloher Verlagshaus, 186–189.
10. https://cms.gruene.de/uploads/documents/20190328_Zwischenbericht_Gruenes_Grundsatzprogramm-2.pdf. Zugriff: 22, 13.08.2019
11. Roth, G. (2019): Warum es so schwierig ist, sich und andere zu ändern, Klett-Cotta, Stuttgart, 57–59, 97; 98
12. Kinne, P. (2016): Diversity 4.0 – Zukunftsfähig durch intelligent genutzte Vielfalt. Springer Gabler, Wiesbaden.
13. Steinheider, B., Bayerl, P.S., Menold, N., Bromme, R. (2009): Entwicklung und Validierung einer Skala zur Erfassung von Wissensintegrationsproblemen in interdisziplinären Projektteams, Zeitschrift für Arbeits- und Organisationspsychologie 54, Hogrefe, Göttingen, 212–130.
14. Kinne, P. (2017): Blockadefreie Unternehmen. Die Mikroebene von Gewinnern in der Vierten Industriellen Revolution. Wiesbaden: Springer Gabler.

15. v. Weizsäcker, E.U., Wijkman, A. (2018): Wir sind dran. Club of Rome: Der große Bericht, Gütersloher Verlagshaus, 343.
16. Helming et al. (2016): Forschen für nachhaltige Entwicklung. Kriterien für gesellschaftlich verantwortliche Forschungsprozesse. In: GAIA 25(3), S. 161–165, DOI: 10.14512/gaia.25.3.6 Forschen für nachhaltige Entwicklung, GAIA 3/2016.
17. Weinberg, U. (2015): Network Thinking, Murmann, Hamburg, S. 65
18. World Commission on Environment and Development (1987): Our Common Future, Oxford University Press, 343.
19. Oz, A. (2018): Liebe Fanatiker. Drei Plädoyers. Suhrkamp, Berlin, 65.
20. https://read.oecd-ilibrary.org/development/aid-for-trade-at-a-glance-2019_148d24e0-en#page1. Zugriff: 12.08.2019.
21. http://www.dictionary.com/browse/empower?s=t. Zugriff: 15.12.2018.
22. Rapaport, J. (1981): In praise of paradox. A social policy of empowerment over prevention, in: American Journal of Community Psychology, Vol. 9 (1), 1981, 1–25.
23. Spreitzer, G.M., Doneson, D. (2008): Musings on the past and future of employee empowerment. In T. Cummings (Hg.), Handbook of organizational development (pp. 311–324). Thousand Oaks, CA: Sage, 316.
24. Doppler, K., Voigt, B. (2012): Feel the Change!, Campus, Frankfurt, 30.
25. Jackson, T. (2017): Prosperity without Growths, Routledge, London, 62; 22.
26. World Commission on Environment a Development (1987): Our Common Future, Oxford University Press, 114; 115.
27. Lang, R., Rybnikowa, I. (2014): Aktuelle Führungstheorien und -konzepte, Springer Gabler, Wiesbaden, 153.
28. Spreitzer, G.M., Doneson, D. (2008): Musings on the past and future of employee empowerment. In T. Cummings (Hg.), Handbook of organizational development (pp. 311–324). Thousand Oaks, CA: Sage, 311.
29. Deci, E. L., Ryan, R. M. (1990): A motivational approach to self: Integration in personality. In R. Dienstbier. (Hrsg.), Nebraska symposium on motivation, Lincoln, University of Nebraska Press, 237–288.
30. Malik, F. (2001): Führen, Leisten, Leben, Heyne, München, 118.
31. Hamel, G., Prahalad, C.K. (1997): Wettlauf um die Zukunft, Ueberreuter, Wien, 126.
32. Kohl, H., Kinne, P., Riebartsch, O. (2012): Benchmarking-Untersuchung zur Orientierung im Management, Fraunhofer Verlag, Stuttgart.
33. Kühl, S. (20122): Organisationen, VS Verlag für Sozialwissenschaften, Wiesbaden, 35.
34. https://www.haufe.de/personal/hr-management/agilitaet/definition-agilitaet-als-hoechste-form-der-anpassungsfaehigkeit_80_378520.html. Zugriff: 13.10.2019.
35. Eylon, D. (1998): Understanding empowerment and resolving is paradox. Lessons from Mary Parker Follett, Journal of Management History 4,1, 1998, 16–28, 24.

36. Boes, A., Kämpf, T., Langes, B., Lühr, T. (2018): Lean und agil im Büro, Forschung aus der Hans-Böckler-Stiftung, Transcript, 197–199.
37. Csíkszentmihályi, M. (2002): Das Flow-Erlebnis. Jenseits von Angst und Langeweile im Tun aufgehen (8. Aufl.). Klett-Cotta, Stuttgart, (Originaltitel: Beyond boredom and anxiety. The experience of play in work and games, 1975.)
38. Kahneman, D. (2012): Thinking, fast and slow. Penguin: Random House, 40.
39. Kinne, P. (2017): Blockadefreie Unternehmen. Die Mikroebene von Gewinnern in der Vierten Industriellen Revolution. Wiesbaden: Springer Gabler, 45.
40. Rosa, H. (2017): Resonanz. Eine Soziologie der Weltbeziehung, (5. Aufl.), Suhrkamp, Berlin (erste Aufl. 2016), 306; 298.
41. Boes, A., Kämpf, T., Langes, B., Lühr, T. (2018): Lean und agil im Büro, Forschung aus der Hans-Böckler-Stiftung, Transcript, 197.
42. Kinne, P. (2017): Hausaufgaben für Gewinner, Wiesbaden: Springer Gabler, 25–32.
43. Keeney, R. L. (1992): Value focused thinking. A path to creative decision making. Cambridge: Harvard University Press, 6; 7.
44. Kanter, R. M. (2009): Super Corp – How Vanguard Companies create Innovation, Profits, Growth and Social Good, Crown Business, New York, 67.
45. Lubatkin, M. H., Simsek, Z., Ling, Y. et al. (2006): Ambidexterity and Performance in Small- to Medium-Sized Firms: The Pivotal Role of Top Management Team Behavioral Integration, in: Journal of Management, Vol. 32, No. 5, 2006, 646–672.
46. Kinne, P. (2016): Querschnitts-Disziplinen und ihr Potenzial zur Steigerung der Komplexitäts-Kompetenz. Arbeitspapier Nr. 62. Essen: FOM-Hochschule.
47. Cohan, W. M., Levinthal, D. A (1990).: Absorptive Capacity: New perspective on learning and innovation, in: Administration Science Quarterly, 35, 1990, 128–152.
48. Teece, D. J., Pisano, G., Shuen, A. (1997): Dynamic capabilities and strategic management. In: Strategic Management Journal, Vol. 18, No. 7., 1997, 509–533.
49. Lang, R., Rybnikowa, I. (2014): Aktuelle Führungstheorien und -konzepte, Springer Gabler, Wiesbaden, 171.

17

Silicon Valley und der Wissenstrichter

Es muss Gründe geben, warum hochrangige Delegationen aus Deutschland ins Silicon Valley pilgern, neben Chef*innen großer Unternehmen auch Politiker*innen, Verwaltungschef*innen und sogar Kirchenoberhäupter. Offenbar möchte man etwas vom innovativ-disruptiven „Spirit" dieser Gegend erfahren, um es für eigene Zwecke zu nutzen, was dann zu Hause zur Implementierung von *Inkubatoren, Akzelleratoren* oder *Co-Working-Spaces* führen kann. Der Erfolg solcher Studienreisen ist jedoch nicht unbedingt nachhaltig. Woran liegt das?

In der kalifornischen Bay Area entstand nach dem Zweiten Weltkrieg durch die Kombination aus Pioniergeist, Entrepreneurship, staatlichem Innovationsbedarf, wissenschaftlicher Exzellenz und Gemeinschaftssinn ein produktives Miteinander unterschiedlicher Akteure. Dazu gehören eine hoch angesehene Universität (Stanford) und deren Absolventen, qualifizierte Fachkräfte aus aller Welt, die fasziniert sind von der Idee, die Welt mit technischen Mitteln besser zu machen, und ein riesiger Pool von Risikokapitalgebern. Diese fördern Start-ups nicht nur finanziell, sondern auch als Mentoren und Coaches mit wertvollen Kontakten. In Ansätzen gibt es solche Verbünde zwar auch bei uns, aber die Dimensionen sind doch etwas anders: Standford-Absolventen und Fakultätsmitglieder gründeten seit den 1930er-Jahren fast 40.000 Unternehmen und schufen 5,4 Millionen Arbeitsplätze. Im Stanford-Umfeld entstanden bis heute ca. 6000 Firmen, darunter Charles Schwab & Company, Cisco, Ebay, Google, Hewlett-Packard, IDEO, Netflix, Tesla und Yahoo. Das jährliche Budget von Stanford beträgt 5,5 Milliarden Dollar. 22 Milliarden Dollar an Stiftungsgeldern bieten ausreichend Spielraum zur

Einrichtung neuer Lehrstühle, zum Bau neuer Gebäude, zur Vergabe von Stipendien und für neue Forschungseinrichtungen [1]. Pro Jahr entstehen im Silicon Valley schätzungsweise 30.000 Start-ups. Im Jahr 2014 wurden 46 Prozent des gesamten US-Risikokapitals dort investiert, die Arbeitsproduktivität lag um 62 Prozent höher als im US-Durchschnitt.[1]

Diese außergewöhnliche Infrastruktur geht, wie Markus Herger beschreibt, ein Informatiker und Insider österreichischer Herkunft, einher mit einer Interaktion, die nicht von Statusdenken geprägt ist. Es ist eine Kultur des Zuhörens und Antwortens, der gegenseitigen Verständigung und Bereitschaft zur bedingungslosen Unterstützung, *Pay Forward* genannt. Leidenschaftliche Ausdauer beim Suchen nach besseren Lösungen trifft auf ehrliches Interesse an Details: „Welches Problem versuchst Du gerade zu lösen? Hast Du schon diese Alternative probiert?"[2] Fehler sind dazu da, daraus zu lernen und sie beim nächsten Mal tunlichst zu vermeiden. Während gescheiterte Gründer bei uns zeitlebens einen schweren Stand haben, rechnet man im Silicon Valley anders: In 40 Berufsjahren bietet sich im Durchschnitt alle vier Jahre die Chance zur Gründung eines Start-ups, macht ca. 10 Start-up-Versuche im Leben. Wer niemals gescheitert ist, war niemals bereit, Risiken einzugehen. Wenngleich neun von zehn Start-ups scheitern, gelten im Silicon Valley Gründer als Vorbilder. Beschäftigten in etablierten IT-Firmen überträgt man früh Verantwortung. Oft sind sie über Aktien Anteilseigner ihrer Firma und fühlen sich als Mitunternehmer.[3]

Menschen mit Eigenmotivation, Selbstbestimmtheit und Selbstwirksamkeit interagieren mit anderen Menschen mit denselben Eigenschaften, die andere Perspektiven einbringen und zur Optimierung einer Lösung beitragen. Erfinder sind gezwungen, ihre Ideen sorgfältig mit Hinblick auf das Problem, das sie durch ihre Erfindung lösen wollen, zu reflektieren, in der Anwendung zu studieren, um Erfahrungen mit der Funktionalität ihrer Lösung zu machen, und so zu beschreiben, dass andere es verstehen. Da Anwendererfahrung wichtiger ist als Theoriediskurse, benutzt man einfache Mittel wie Styroporwürfel, Klebeband und Draht, um Lösungsansätze schnell und anschaulich mit Anwendern diskutieren zu können – eine Art *Fast Prototyping*. Design Thinking hat seinen Ursprung im Silicon Valley.

Die Kombination aus Empowerment und barrierefreier Interaktion formt Organisationen mit hoher kollektiver Wirksamkeit. Oft bestehen sie anfangs aus zwei Personen, wie die berühmten Paare Steve Jobs/Steve Wozniak und

---

[1] Ebd. 66.
[2] Ebd. 137.
[3] Ebd., 167.

Sergey Brin/Larry Page. Mit dieser „Keimzelle" sind die Firmen Apple und Google groß und reich geworden. Die Gründer nutzten die besonderen Merkmale des Kapitals ohne Finanzwert, vor allem die Synergie- und Skaleneffekte.

Die Designfirma IDEO, ein „Stanford-Produkt" mit über 700 Mitarbeitern an neun Standorten, ist weltweit an der Konstruktion von Autos, Fahrrädern, Arbeitsplätzen, Möbeln, Laptops etc. beteiligt. IDEO betont die Bedeutung bestimmter persönlicher Merkmale: „How do you know when you're successful in your work? You can check off a list of technical skills and expertise you bring to the table. You can use a career development rubric to make sure you're hitting the right goals. But often, it's your behaviors – the intangibles that are the most difficult to articulate – that make the most impact. Things like your ability to stay optimistic or your willingness to adapt when there's no road-map." In *The Little Book of IDEO* kann man die Werte der Firma nachlesen:

- Be Optimistic
- Embrace Ambiguity
- Make Others Successful
- Collaborate
- Talk Less, Do More
- Learn from Failure
- Take Ownership [2]

Diese Werte betreffen persönliche Einstellungen, Engagement, Übernahme von Verantwortung, Kooperations- und Hilfsbereitschaft, die Fähigkeit, mit unklaren Situationen umzugehen und nicht zuletzt die verbriefte Möglichkeit, ja sogar die Pflicht, Ownership zu übernehmen. Heterogen besetzte Teams (ein Designgrundsatz bei IDEO) sind, wie wir wissen, besser in der Lage, Komplexität zu absorbieren. Sie nutzen *funktionale Eigenkomplexität* zur Lösung komplexer Aufgaben.

Roger Martin vergleicht die Lösung komplexer Aufgaben mit einem „Wissenstrichter", der mit unterschiedlichsten Daten, Informationen, Wahrnehmungen und Sichtweisen der Beteiligten befüllt wird. In iterativen Schritten, die auch beim Design Thinking vollzogen werden, erwachsen aus anfangs rätselhaften Zusammenhängen „Ahnungen", später dann *Heuristiken*, Faustregeln also. Dadurch wird die Datenmenge im nach unten verengten Trichter wesentlich reduziert. Der letzte Schritt ist die Lösung mit stark reduzierter Vielfalt von Merkmalen, z. B. ein Algorithmus (Abb. 17.1) [3]. (Design Thinker trennen in diesem Prozess den „Problemraum" vom „Lösungsraum").

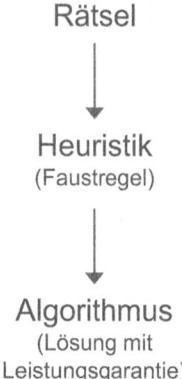

Abb. 17.1 Lösungsebenen im Wissenstrichter

Wer Probleme integrativ löst, kann attraktivere Zukunftsvorstellungen entwickeln. Imaginäre Erfolgserwartungen charakterisieren Menschen, die auf Basis ihrer Imagination Wirksamkeit entfalten. Solche Erwartungen berücksichtigen den Einfluss von Hoffnung, Angst, Fantasie, Neuheit, Kreativität, Urteilsvermögen, Vertrautheit und Tradition auf unsere Entscheidungen [4]. Empowerte Menschen nutzen diesen Einfluss, um Ziele zu erreichen. Wie aber ist die Situation bei uns?

Nach meinem Eindruck sind in unserem Kulturraum Risikobereitschaft, die Bereitschaft, andere spontan und (vorerst) uneigennützig zu unterstützen, die Effektivität der Interaktion und die Fehlerkultur deutlich schwächer ausgeprägt als in der sicher extremen Kultur im Silicon Valley. Abgesehen von den Finanzierungsbedingungen für Gründer besteht unser Wissenschafts- und Expertensystem weitgehend aus *Silos*. Sie tragen dazu bei, dass interdisziplinäre Zusammenarbeit, die für nachhaltige Entwicklung so wichtig ist, oft schon an Deutungsunterschieden von Begriffen scheitert. Klärungsversuche werden vielleicht gar nicht unternommen. Dann aber misslingt der Brückenschlag zwischen Theorie und Praxis, und damit auch die Entwicklung nachhaltiger Lösungen. Das würde erklären, warum auch die Übertragungsversuche des „Geistes des Silicon Valley" auf hiesige Verhältnisse so häufig misslingen.

Auch mit Empowerment scheint es bei uns nicht zum Besten zu stehen. Das Gallup-Institut ermittelt seit 18 Jahren den „Engagement-Index" von Beschäftigten in unterschiedlichen Ländern und unterscheidet dabei „hohe", „geringe" und „keine" emotionale Bindung. Die Werte für *hohe* Bindung lagen von 2001 bis 2018 für Deutschland zwischen 11 und 16 Prozent der Befragten, für *keine* Bindung zwischen 14 und 23 Prozent, der Rest

(61–71 Prozent) sah sich emotional *wenig* gebunden. Das sieht nicht nach innerem Antrieb, Selbstbestimmung, Selbstwirksamkeit und Einflussnahme aus, sondern bedeutet eher „Dienst nach Vorschrift". Zwischen 2016 und 2018 lag der Anteil Beschäftigter mit geringer Bindung nicht unter 70 Prozent, der Spitzenwert von 71 Prozent wurde 2018 erreicht. Im Vergleich der G7-Länder (USA, Kanada, Deutschland, Großbritannien, Japan, Frankreich, Italien) lag Deutschland zwischen 2014 und 2016 mit der emotionalen Bindung im oberen Mittelfeld. Angeführt wurde die Liste in diesen Jahren von den USA, wo der Anteil der Beschäftigten mit hoher emotionaler Bindung 33 Prozent betrug, doppelt so hoch wie der Anteil der Beschäftigten ohne emotionale Bindung (die dort ähnlich hoch war wie in Deutschland) [5]. Aber selbst für die USA schätzt Standford-Forscher Pfeffer die Gesundheitskosten, die allein durch den Mangel an Selbstbestimmtheit im Job entstehen, auf 11 Milliarden Dollar jährlich [6]. Die Bay Area ist eben nur ein kleiner Teil der USA.

Was ist in unseren Organisationen los? Gelingt es so wenigen Verantwortlichen, das Ownership-Prinzip strukturell zu verankern und durch sinnvolle Entscheidungen und zielgruppengerechte Kommunikation die nötige Orientierung zu vermitteln? Versäumen es so viele Führungskräfte, mit ihren Beschäftigten, ob sie sich nun als Wissensarbeiter*innen bezeichnen oder nicht, so umzugehen, dass sie sich als Mitglied einer Organisation sehen, in der zu arbeiten sich in jeder Hinsicht lohnt? Was für ein Nachhaltigkeitspotenzial bleibt da ungenutzt! Ein Grund mehr, den Paradigmenwechsel einzuleiten und Nachhaltigkeit als Kraft ins Bewusstsein zu bringen, die entfesselt werden kann.

Ist das Silicon Valley unser Vorbild? Bedingt, wie ich meine. Die Bay Area ist nicht bekannt für ihre ausgewogene Sozialstruktur. Die Lebenshaltungskosten sind immens, der Leistungsdruck ist es auch, es herrscht eine IT-Monokultur, in der jeder zu glauben scheint, Menschen kämen mit dem festen Vorsatz auf die Welt, Daten zu teilen. Herger berichtet, dass sich in Palo Alto bei Schülern die Selbstmorde häufen, wohl auch deshalb, weil sie sich dem Leistungsdruck an den Schulen, in denen jährlich Ranglisten veröffentlicht werden, nicht gewachsen fühlen. Kindergärten werben damit, die beste Vorbereitung auf ein Studium in Standford zu bieten [7]. Die Allmachtsfantasien der Chefs berühmter Firmen im Valley sind für nachhaltige Entwicklung ungesund, und ich möchte die Welt nicht von Menschen verbessern lassen, die mich nicht fragen, wie eine bessere Welt für mich aussieht. Was jedoch die kollektive Wirksamkeit empowerter Menschen angeht, die barrierefrei interagieren, gemeinsam neues Wissen erzeugen und wertschöpfend nutzen, können wir dort etwas lernen, sofern wir genauer hinsehen.

Literatur

1. Herger, M. (2016): Das Silicon Valley Mindset, Plassen Verlag, Kulmbach, 94; 102.
2. https://www.ideo.com/case-study/nurturing-a-creative-culture. Zugriff: 15.12.2018
3. Martin. R. (2009): The Design of Business, Harvard Business Press, 8.
4. Beckert, J. (2018): Imaginierte Zukunft, Suhrkamp, Berlin, 441.
5. https://www.gallup.de/183104/engagement-index-deutschland.aspx. Zugriff: 13.04.2019.
6. Pfeffer, J.(2018): Dying for a Paycheck, Harper Collins, New York, 54.
7. Herger, M. (2016): Das Silicon Valley Mindset, Plassen Verlag, Kulmbach, 315; 316.

18

Einfach, funktional, substanzvoll

Grundsätze am Bauhaus
Von de Bono stammt der Satz „There is never any justification for things being complex when they could be simple" [1]. Kann Nachhaltigkeit einfach sein?

Man kann Dinge auf zwei Arten vereinfachen. Die eine trifft man trotz Einsteins Rat „Mache die Dinge so einfach wie möglich, aber nicht einfacher" besonders häufig an: Vereinfachung durch Ausblendung von Fakten, durch nicht erkennen, nicht verstehen (wollen) etc. Diese Art von Vereinfachung ist *substanzvernichtend*. Die andere Art gibt bei unklaren Verhältnissen Orientierung, weil Dinge untersucht und unterschieden, Zusammenhänge erkannt und von höherer Warte aus betrachtet werden. Das meint Brink Lindsay, wenn er schreibt: „Abstraction ist our master strategy for dealing with complexity" [2].

Im Umgang mit Nachhaltigkeit ist es wenig zielführend, erfolgskritische Aspekte auszublenden, weil man gar nicht danach sucht, sie nicht versteht (und auch nicht um Verstehen bemüht ist), sie bezweifelt, weil sie eigenen Interessen widersprechen, oder sie aus demselben Grund ignoriert. Heterogene Teams und Denken in erweiterten Möglichkeitsräumen helfen, solche Fahrlässigkeiten zu vermeiden, mal abgesehen von den Fallstricken unseres Denkens, gegen die wir nicht besonders gut gewappnet sind. Lösungen, die im Wissenstrichter entstehen, sind vorzugsweise einfach, mit Hinblick auf die Aufgabe jedoch angemessen funktional. Substanz gewinnen sie durch die Summe der Fakten, Perspektiven, Verknüpfungen und Annahmen, aufgrund derer sie entwickelt werden.

Komplexe Systeme versteht man besser, wenn man sie mit Distanz zum turbulenten Tagesgeschäft betrachtet. Mit Verständnis für das Ganze können Zusammenhänge *substanzerhaltend* vereinfacht werden. Nicht selten kommt erst dadurch der wahre Kern eines Gegenstandes zum Vorschein. Das setzt gedankliche Vorarbeit voraus, verbessert aber, wie auch heterogene Teams es tun, die Fähigkeit, Komplexität für eigene Zwecke zu nutzen. Herbert Simon zitiert Louis Pasteur mit dem Hinweis: „Nur ein vorbereiteter Verstand kann sich inspirieren lassen" [3].

Eine Organisation, die für die Kombination von Einfachheit, Funktionalität und Substanz ein Vorbild ist, feierte 2019 ihren hundertsten Geburtstag: das Bauhaus. Im Jahr 1919 vom Architekten Walter Gropius in Weimar gegründet, war diese Kunstschule eine Antwort auf den Orientierungsbedarf der Menschen nach einem schrecklichen Krieg zwischen imperialen Mächten, den Auswirkungen der Industrialisierung auf die Lebensbedingungen der Handwerker, deren Erzeugnisse kaum mit Massenprodukten konkurrieren konnten, und dem Hunger nach neuen Ideen. Die Bauhausschule, die rechtskonservative Politiker stets bekämpft haben (zuletzt im Verbund mit den Nazis), wurde trotz ihres nur 14-jährigen Bestehens an den Standorten Weimar, Dessau und Berlin die einflussreichste moderne Schule für Kunst, Design und Architektur. Als „der erfolgreichste kulturelle Exportartikel Deutschlands" [4] setzt die Schule bis heute Impulse in Lehrmethoden, Gestaltung und Architektur, beim Wohnen, in Arbeits- und Produktionsprozessen, ja sogar in der Lebensweise [5].

„Das Staatliche Bauhaus", ein Zusammenschluss der großherzoglichen Hochschule für Bildende Kunst und der großherzoglichen Kunstgewerbeschule Henry van de Veldes, war von Gropius als eine Arbeitsgemeinschaft gedacht, in der die Unterscheidung zwischen Künstler und Handwerker mit Blick auf den „Bau der Zukunft" aufgehoben werden sollte. Durch Öffnung der Schule für alle Nationalitäten wollte man zum Verständnis zwischen den Völkern beitragen. In der Intention gab es Ähnlichkeiten zum 1907 gegründeten Deutschen Werkbund, dessen Mitglied Walter Gropius bis 1933 war. Beeinflusst wurde er auch durch die „Arts-and-Crafts-Bewegung" in England, die darauf abzielte, im Zeitalter der Massenproduktion minderwertiger Gebrauchsgüter das Kunsthandwerk zu beleben und zu reformieren. Weil man am Bauhaus die Lebenswelt der Zukunft gestalten wollte, suchte man gestalterische Antworten auf aktuelle Fragestellungen und Probleme. Gropius propagierte nicht nur die Aufhebung der Grenzen zwischen Kunst, Handwerk und Technik, sondern auch die Einheit von ästhetisch ansprechender Form und Funktion. Maßgebend für die Produkte am Bauhaus war ihre *Nützlichkeit* – Ästhetik und künstlerischer Ausdruck sollten in die Funktion des

Produktes einfließen. Der reformpädagogische Ansatz des Bauhauses forderte die Aufhebung von Klassengrenzen und basiert auf der (anfangs stark von Johannes Itten geprägten) Synthese aus Intuition und Methode sowie subjektiver Erlebnisfähigkeit und objektivem Erkennen [6].

Bauhausentwürfe waren unter Anleitung eines Form- und eines Handwerksmeisters sowohl gestalterisch als auch handwerklich durchgearbeitet, wodurch Theorie und Praxis eng miteinander verzahnt wurden. In Werkstätten für Holz-, Metall- und Textilbearbeitung, für Wandmalerei, Keramik und Druck, auf einer Bühne, später auch in Werkstätten für Reklame, Fotografie und in der Bauabteilung unter den Direktoren Hannes Meyer und Mies van der Rohe waren Typ, Norm und Funktion Leitbegriffe gestalterischer Arbeit, die zudem stark von Grundnormen und Grundfarben geprägt war.[1] Klare Formensprache wurde zur Grundlage funktionsgerechter, zeitlos schöner Gegenstände. Einrichtungsgegenstände wie die Wagenfeldlampe und der „Freischwinger" nach Entwürfen von Marcel Breuer sind auch heute Blickfänge in Wohnungen und Büros. Dem Klischee einer ausschließlich *asketischen* Formgebung wurde eine Vielzahl von Entwürfen aus bunten Stoffen, verspielten Motiven und sinnlichem Kinderspielzeug entgegengestellt – ein Zeichen gelungener Integration vermeintlicher Gegensätze.

In der Zeit ihrer Existenz war das Bauhaus eine Organisation, die stets flexibel auf Erfahrungen und Zeitumstände reagierte. Das von Gropius errichtete Schulgebäude und die Meisterhäuser in Dessau wurden zum Inbegriff moderner Architektur in Deutschland. Der „Bauhausstil" prägte später, nachdem viele Bauhausarchitekten während der Nazizeit Deutschland den Rücken gekehrt hatten, die Architektur weltweit. Sogar der „Ikea-Stil" und sein erfolgreichstes Symbol, das Regalsystem „Billy", kann als Bauhausvariation bezeichnet werden. Gropius selbst lehnte es jedoch immer ab, von einem „Bauhausstil" zu sprechen, weil Bauhausprodukte von unterschiedlichen Strömungen beeinflusst wurden [7].

Wulf Herzogenrath unterscheidet die expressive, individualistische Handwerksphase (1919–1922), die konstruktivistische, frühe Produktionsphase (1922–1923), die funktional betonte, auf industrielle Fertigung und Werbung zielende Phase (1924–1927), die analytische, materialistisch-produktionsorientierte Phase (1928–1930) und die Phase der an handwerklich-materialbezogener Qualität orientierten Baukunstschule (1930–1933) [8]. In seiner Berliner Wohnung unterhielten wir uns über Parallelen zwischen der Idee des Bauhauses und der Idee der Nachhaltigkeit.

---

[1] Ebd. 252.

Der Kunsthistoriker ist Mitglied der Akademie der Künste Berlin, leitet dort die Sektion Bildende Kunst und gilt als führender Fachmann für Videokunst und Videoinstallationen. Die Verbundenheit Herzogenraths mit dem Bauhaus nahm ihren Anfang mit einem Besuch bei der Witwe von Oskar Schlemmer, einem der prägenden Lehrer der Schule. Grund für den Besuch war seine Dissertation über Schlemmers Wandbilder. Im Jahr 1970 wurde er in Bonn promoviert, jedoch bereits 1968 hatte er das Angebot wahrgenommen, den Katalog zur Ausstellung „50 Jahre Bauhaus" im Württembergischen Kunstverein Stuttgart inhaltlich zu bearbeiten.

Die Gemeinsamkeit zwischen den fünf Bauhausphasen sieht Herzogenrath in dem Grundsatz, experimentell offen zu sein, sich mit neuen Materialien auseinanderzusetzen und dabei der Frage nachzugehen, mit welchem Material bestimmte Funktionen am besten realisiert werden können (wobei ab der dritten Phase der Fokus auf industrieller Fertigung lag). Mit Nachhaltigkeit assoziiert Herzogenrath „Dauerhaftigkeit im Gebrauchswert" – und genau da liegt für ihn auch die Parallele der Bauhausidee zur Idee der Nachhaltigkeit. Im Bauhaus ging es immer darum, für weite Teile der Gesellschaft haltbare, funktionstüchtige und preiswerte Gegenstände der Lebenswelt ressourcenschonend (im Sinne von Material- und Energieverbrauch) zu gestalten. Auch der heutige Schwerpunkt von Herzogenrath, die Videokunst, basiert auf einer Bauhauslogik: Verknüpfung von Kunst und Technik.

Steve Jobs sprach bei seinem Vortrag auf der International Design Conference in Aspen 1983 über seine Begeisterung für den „Bauhausstil", den er durch Schrifttypografien und Möbel des in den USA tätigen Bauhausschülers Herbert Bayer kennengelernt hatte. Er propagierte eine Alternative zum damals für Hightechprodukte prägenden „Sony-Stil", die der Funktion und dem Wesen seiner Produkte eher entsprechen sollte. Jobs wollte im Design der Appleprodukte ein Niveau erreichen, wie es im Museum of Modern Art repräsentiert ist. Managementstil, Produktdesign, Werbung, alles sollte auf „echte Einfachheit" zugeschnitten sein, zu der auch die intuitive Benutzerfreundlichkeit gehörte. Apples Mantra blieb immer das der ersten Broschüre: „Einfachheit ist die höchste Form der Raffinesse" [9]. Zusätzlich beeinflusst wurde Jobs' Designverständnis vom Minimalismus des japanischen Zen-Buddhismus, den er schon immer „ästhetisch erhaben" fand.[2] Ganz zweifellos war Steve Jobs nicht an substanzvernichtender Vereinfachung interessiert.

Anspruch und Arbeitsweise am Bauhaus erinnern stark an die hier skizzierten Erfolgsfaktoren nachhaltiger Entwicklung: perspektivische Vielfalt, Offenheit für Andersartigkeit, Aufbau von Synergien zwischen unterschiedlichen

---

[2] Ebd., 155; 156.

Disziplinen, Integration von Gegensätzen, Ausrichtung auf ein gemeinsames Zielobjekt (im Bauhaus der Bauraum, bei nachhaltiger Entwicklung das ökosoziale Weltsystem, in unserem Fall die Organisation). Hinzu kommen klare Spielregeln im Sinne von Funktionalität, Machbarkeit, Wirtschaftlichkeit und Reproduzierbarkeit. Und nicht zuletzt gehörte die Erziehung Kunstschaffender zu gesellschaftlich verantwortlichem Handeln zum Anspruch am Bauhaus.

Vier Handlungsfelder
Ob jemand heute als Leiter*in einer Organisation erfolgreich ist oder nicht, hängt mehr denn je davon ab, wie gut er oder sie sich in eine Materie gedanklich „hineingraben" und mit Komplexität umgehen kann. Integratives Denken, Orientierungskraft, Achtung von Ownership, Förderung von Selbstorganisation und Neugier gegenüber Andersartigkeit sind in dem Zusammenhang wichtige Eigenschaften. Sie basieren auf einem ganzheitlichen Systemverständnis, das umso leichter fällt, je intensiver man das Organisationsgeschehen „aus der Vogelperspektive" betrachtet. Schon dabei kann man auf völlig neue Ideen kommen.

Systemmodelle können nützlich sein, wenn sie eingängig sind, ohne größere „blinde Flecken" aufzuweisen, denn das wäre substanzvernichtend. Sie sind das Ergebnis induktiver Schlüsse, die uns davor bewahren, uns immer wieder von der Komplexität systemischer Zusammenhänge erschlagen zu fühlen, weil sie mittels universeller Funktionsprinzipien einen leichteren Zugang zu komplexen Gebilden wie einer Organisation bieten. Das Phasenmodell in Abb. 13.2 z.B. veranschaulicht die Mechanismen der organisationalen Wertschöpfung.

Zwischen der Organisation, ihren Menschen und ihrem Umfeld existieren komplexe Ursache-Wirkungsbeziehungen und Rückkopplungen. Sie folgen jedoch einer klaren Logik, sofern man definiert hat, was die Organisation darstellt und gewillt ist, genau das konsequent zu realisieren. Das Modell gibt Auskunft darüber, wie die Potenziale Einzelner (Phase 1) von der „Institution Organisation" (Phase 2) zur Erstellung von Gütern genutzt werden (Phase 3), wie die externen Zielgruppen darauf reagieren (Phase 4) und was schließlich dabei herauskommt (Phase 5). Die Natur bildet die Umgebung in allen Phasen. Modelle wie diese entstehen mit Distanz zum Tagesgeschäft, das Entscheider*innen gleichwohl kennen sollten, um Anforderungen im Detail beurteilen zu können. Aber welche Aktivitäten lassen sich aus den Phasen ableiten? Welche sind die wichtigsten?

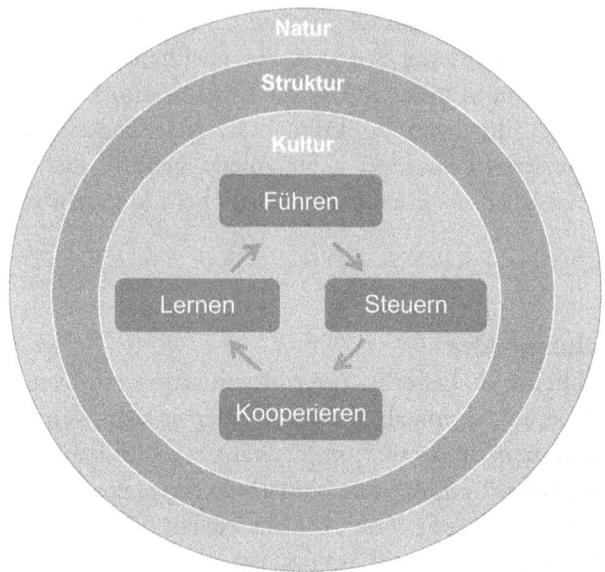

Abb. 18.1 Kritische Handlungsfelder und ihr Umfeld

Das Modell in Abb. 18.1 enthält die Handlungsfelder „Lernen", „Führen", „Steuern" und „Kooperieren".

Auf diesen wenigen Handlungsfeldern dürfte das Schicksal von Organisationen im 21. Jahrhundert besiegelt werden, weshalb man keines davon vernachlässigen sollte, auch in keinem Teilsystem einer Organisation. Kapital mit und ohne Finanzwert kann mit ihrer Hilfe gelenkt werden, und außerdem ermöglichen sie die Berücksichtigung von Neben- und Fernwirkungen, sofern man sie als *Zyklus* betrachtet [10]. Sie sind eingebettet in ein kulturelles, ein strukturelles und ein natürliches Umfeld.

Die Kultur bildet den überwiegend unsichtbaren Hintergrund kollektiven Handelns. Mit Symbolen, gelebten Werten und Alltagsroutinen, die in Interaktion entstehen und gemeinsam weiterentwickelt werden, ist sie das Umfeld mit der größten „Intimität" und Beharrlichkeit. Für nachhaltige Entwicklung ist die vorhandene Kultur mit ihren Besonderheiten mehr oder weniger förderlich und sollte bei Bedarf „modifiziert" werden. Kulturelle Veränderungen lassen sich leichter aufgrund von strukturellen Veränderungen bewerkstelligen [11]. Die Natur ist allumfassend und bedarf besonderer Vor- und Fürsorge.

Der Sinn der Handlungsfelder ist schnell erläutert. Wer lernt, will Zusammenhänge verstehen und Fähigkeiten entwickeln. Führung bedeutet nach den Überlegungen in den Kapiteln 15 und 16, Verantwortung zu übernehmen, Entscheidungen herbeizuführen und Orientierung zu vermitteln (mehr dazu im nächsten Kapitel). Durch Steuerung werden Betriebe aufrechterhalten und Entscheidungen in der gewünschten Qualität umgesetzt. Auch dieser Aspekt verdient einen kleinen Exkurs, denn auch Qualität ist eine Errungenschaft des wissenschaftlich-technischen Fortschritts.

Bei aller berechtigten Kritik an einem stark auf Akkumulation von Finanzgewinn und Wachstum getrimmten Wettbewerb dürfen wir nicht vergessen, dass dieser Wettbewerb Organisationen zwingt, Produkte und Dienstleistungen in einer Qualität zu liefern, von der wir alle profitieren. Deutsche Ingenieurskunst und Qualität „made in Germany" haben international immer noch einen guten Ruf (mal abgesehen von bedauerlichen Ausreißern wie dem immer noch funktionslosen Berliner Flughafen, bei dem das chronische Nichteinhalten von Eröffnungsterminen jedoch mehr auf Interaktionsfehlern als auf mangelhafter technischer Expertise zu beruhen scheint). Der Umgang mit Qualität hat sich von gelegentlichen „Produktinspektionen" vor Auslieferung in den 1920er-Jahren zum ausgefeilten Qualitätsmanagement heutiger Prägung entwickelt. Heute müssen viele Hersteller ihre Qualitätsfähigkeit durch Zertifikate wie DIN EN ISO 9001 nachweisen. Als „Hohe Schule der Qualität" gelten in Europa EFQM-Programme (European Federation of Quality Management). Qualität basiert auf adäquater Steuerung.

Durch Kooperation können Synergiepotenziale genutzt sowie Lern- und Lösungsprozesse optimiert werden. Damit schließt sich der Kreis lebenswichtiger Handlungsfelder. Unsere Werkzeuge lassen sich ihnen leicht zuordnen: Integratives Denken macht Führung besser und Steuerung effektiver, heterogene Teams bereichern die Kooperation und das Lernen, und Empowerment zahlt sich in allen Handlungsfeldern aus. Das Handlungs-Umfeldmodell adressiert wichtige Aktivitäten und gibt ihnen eine Struktur. Es gibt aber keine Auskunft darüber, nach welchen *Kriterien* gehandelt werden soll.

Nachhaltige Organisationen sind resilient
Keines der bekannten Konzepte zur Operationalisierung von Nachhaltigkeit enthält überzeugende Anregungen zum Umgang mit Komplexität und dem Kapital ohne Finanzwert. Es ist nicht einmal definiert, was nachhaltige Organisationen ausmacht. Interessierte schauen auf die SDGs, die jedoch vielen zu abstrakt und „zu weit weg" erscheinen mögen, denen man sich bestenfalls moralisch verpflichtet fühlt und die im Übrigen zur Einhaltung ökologischer Grenzwerte mahnen. In dieser Sicht bekommt Nachhaltigkeit schnell das Image einer „Spaß- und Erfolgsbremse", die das eigene Fortkommen behin-

dert. Wenn es dagegen um die Frage geht, ob und wie stark die Existenz der eigenen Organisation gefährdet ist, werden die meisten Verantwortlichen aufmerksam.

Um diese Existenz geht es beim *Resilienzansatz*, der in diesem Fall kein psychodynamischer Ansatz für Individuen, sondern ein Forschungsansatz im Bereich soziökologischer Systeme ist, zu denen auch Organisationen gehören. Alexandra Palzkill-Vorbeck schreibt: „Resilienz wird als eine analytische Kategorie verstanden, welche die Störanfälligkeit eines Systems, definiert über dessen Widerstandsfähigkeit, Gestaltungsfähigkeit, Anpassungsfähigkeit gegenüber Schocks und Krisen beschreibt" [12]. Damit rückt die *Bestands- oder Zukunftsfähigkeit* von Organisationen in den Fokus der Betrachtung und die Frage, inwieweit Organisationen ihren Zweck auf unbestimmte Zeit erfüllen können. Veränderungen sind unausweichlich, sollen aber nicht den Bestand gefährden.

Weick und Sutcliffe haben Flugbesatzungen, Fluglotsen und Energieunternehmen befragt und schreiben: „Resilience is a combination of keeping errors small, of improvising workarounds that keep the system functioning, and of absorbing change while persisting" [13]. Die Autoren setzen Resilienz in Verbindung mit *Verlässlichkeit*, die davon abhängt, wie eine Organisation mit Störungen umgeht: „High reliable organisations overcome error when independent people with varied experience independently generate and apply a richer set of resources to a disturbance swiftly and under the guidance of negative feedback. This is fast real-time learning that allow people to cope with an unfilding surprise in ways that are not specified in advance."[3] Lernfähigkeit spielt somit eine zentrale Rolle. Independent People, Varied Experience und ein „Richer Set of Resources" deuten auf die Sinnhaftigkeit von Empowerment, heterogenen Teams und integrativem Denken hin.

Im „Resilience-Management" gilt Resilienz nicht nur als eine analytische Kategorie, sondern bietet Möglichkeiten der Beeinflussung. Ihre Beurteilung erfolgt anhand der Kategorien „Gefährdung", „Empfindlichkeit" (im Sinne der Möglichkeiten, Schaden abzuwenden), „Lernfähigkeit" und „(produktive) Abhängigkeit von anderen Systemen bzw. Anspruchsgruppen" [14]. Wie schon angedeutet, hat der Ansatz den Vorteil, dass er vom Bestand der Organisation ausgeht, einem existenziellen Zustand also. Die bekannten Indikatorensysteme für nachhaltige Entwicklung verfolgen diesen Ansatz nicht, weil deren Bezugsobjekt der Planet Erde mitsamt seiner Bewohner ist. Zudem bietet der Resilienzansatz die Möglichkeit, das Kapital ohne Finanzwert, und

---
[3] Ebd., 107.

damit auch die Werkzeuge zur Steigerung der kollektiven Wirksamkeit, gezielt zu adressieren.

Die Kategorien Gefährdung, Empfindlichkeit, Lernfähigkeit und Abhängigkeit können durch empirisch gestützte Kriterien konkretisiert werden, die relevant, abgrenzbar, messbar, zielfähig und vollständig sind. Kriterien wie Lenkbarkeit, ausgewogene Ressourcenverteilung, Qualität der Interaktion, Qualität der Aus- und Fortbildung, Attraktivität der Nutzenbotschaft und Robustheit der Beziehungen zu Mitgliedern haben hier ihren festen Platz. Auch Kriterien wie Exklusivität der Leistung, Preis-Leistungs-Verhältnis, Finanz- und Innovationskraft, Skaleneffekte und Stand der Technologie können wichtig sein. Das hängt vom Typ, Zweck, von der Absicht, dem Anspruch und von der besonderen Situation der Organisation ab.

Die Forderung nach Relevanz und Vollständigkeit erfordert kontinuierliche Weiterentwicklung der Kriterien aufgrund neuer Erkenntnisse. Klassische Nachhaltigkeitskriterien wie verantwortungsvolle Nutzung erneuerbarer und nicht erneuerbarer natürlicher Ressourcen, Vermeidung von Überlastung der Umwelt als Senke, Einhaltung bewährter Arbeitsstandards in Lieferketten etc. müssen zudem fester Bestandteil von Kriterien für Organisationen sein, denen nachhaltige Entwicklung bescheinigt werden kann. Ein derart operationalisierter Ansatz bedarf einer Definition von nachhaltiger Entwicklung, die anders als die Brundtland-Definition auf Organisationen zugeschnitten ist und zum Leitsatz ihrer Aktivitäten wird. Mein Definitionsvorschlag lautet:

» *Organisationen entwickeln sich nachhaltig, wenn sie inneren und äußeren Gefahren standhalten, zur ökologisch und sozial nachhaltigen Entwicklung unserer Gesellschaft beitragen und andere von ihren Kompetenzen profitieren lassen.*

Was noch fehlt, ist die Untersuchung der wünschenswerten Eigenschaften von Führungskräften, von denen in einer transformativen Gesellschaft so viel abhängt.

Literatur

1. De Bono, E. (2015): Simplicity, Penguin Life, UK, 2015 (erste Aufl.: 1998), 16.
2. Lindsay, B (2013).: Human Capitalizm. Oxford: Princeton University Press, 13.
3. Simon, H. A. (1993): Homo rationalis. Die Vernunft im menschlichen Leben. Campus, Frankfurt, 37.
4. Herzogenrath, W. (2019): Das Bauhaus gibt es nicht, Wewerka-Archiv/Forum Gestaltung e.V. Magdeburg, 18.
5. Jaeggi, A. (2019): Vorwort zur Neuauflage 2019, in: Droste, M. (2019): Bauhaus 1919–1933, 2019, Bauhaus-Archiv Berlin, Taschen, 10.
6. Droste, M. (2019): Bauhaus 1919–1933, 2019, Bauhaus-Archiv Berlin, Taschen, 17–40; 48.
7. Herzogenrath, W. (2019): Das Bauhaus gibt es nicht, Wewerka-Archiv/Forum Gestaltung e.V. Magdeburg, 14.
8. Herzogenrath, W. (2019): Das Bauhaus gibt es nicht, Wewerka-Archiv/Forum Gestaltung e.V. Magdeburg, 27–46.
9. Isaacson, W. (2011): Steve Jobs, Bertelsmann, München, 154.
10. Kinne, P. (2016): Querschnitts-Disziplinen und ihr Potenzial zur Steigerung der Komplexitäts-Kompetenz. Arbeitspapier Nr. 62. Essen: FOM-Hochschule, 46.
11. Kühl, S. (2011): Organisationen, VS Verlag für Sozialwissenschaften, Wiesbaden, 129.
12. Palzkill-Vorbeck, A. (2018): Geschäftsmodell-Resilienz, Springer Gabler, Wiesbaden, 78.
13. Weick, K.E., Sutcliffe, K.M. (2015): Managing the Unexpected, Wiley, New Jersey, 97.
14. Palzkill-Vorbeck, A.(2018): Geschäftsmodell-Resilienz, Springer Gabler, Wiesbaden, 85–87.

19

Die Stunde der Katalysator*innen

Leadership – Basics

Worum geht es bei Führung?

Swetlana Franken schreibt: „Führung ist eine gegenseitige interpersonale Einflussnahme, Interaktion und permanente Gestaltung einer Unternehmensrealität für gemeinsame Zielerreichung" [1]. Dillerup und Stoi betonen den Systemcharakter einer Organisation: „Führung umfasst alle Aufgaben und Handlungen zur (zielorientierten) Gestaltung, Lenkung und Entwicklung eines sozialen Systems" [2]. So steht es in Lehrbüchern. Was aber sind die Kernelemente von Führung, was sind ihre „Ermöglicher?"

In Rückbesinnung auf die letzten Kapitel können wir drei Ermöglicher für Aktivitäten wie Einflussnahme, Interaktion, Gestaltung, Lenkung und Entwicklung benennen. Der erste ist *Übernahme von Verantwortung* – für das Gedeihen der Organisation und seiner Mitglieder im Sinne aller Anspruchsgruppen und der Umwelt. Der zweite ist *Herbeiführen von Entscheidungen* (das kann auch in Teams geschehen), der dritte ist *Orientierung vermitteln*. Das setzt *Eigenorientierung* voraus. Und so wie jedem von uns die Basisattribute Persönlichkeit, Geschlecht, Alter, physische Ausstattung, sexuelle Orientierung, Hautfarbe und kultureller Hintergrund zu eigen sind, gibt es auch für Leitende ein Basisattribut, nämlich *Urteilsfähigkeit*. Ohne dieses Attribut kann niemand Verantwortung übernehmen, Entscheidungen herbeiführen und Orientierung vermitteln. Ermöglicher und Aktivitäten sind im Grundprinzip der Führung in Abb. 19.1 dargestellt.

Wer die genannten Faktoren nicht erfüllen will oder kann, sollte die Entscheidung, Führungskraft zu werden oder zu bleiben, überdenken. Das gilt

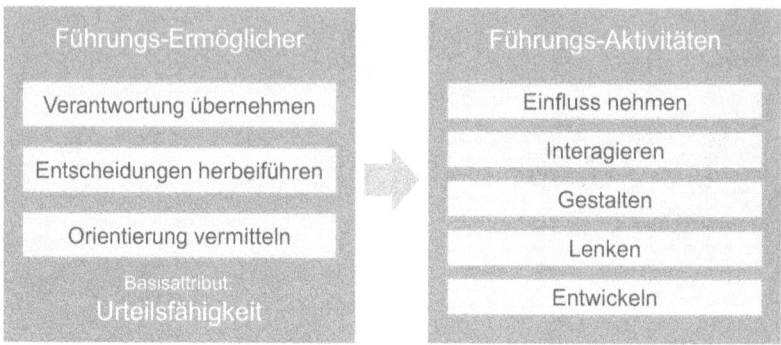

Abb. 19.1 Grundprinzip der Führung

unabhängig davon, ob er oder sie ein kleines Team oder einen Konzern führen soll und sich dabei als *Leader*in* oder *Manager*in* versteht. (Der Begriff *Leader* wird meist mit dem visionären Talent eines Charismatikers und besonderer Motivationsbegabung verbunden, der Begriff *Manager* hingegen mit Planung, Organisation und Kontrolle. Dieser Unterschied begegnet uns auch bei der Gegenüberstellung von transformationaler und transaktionaler Führung. Bei Letzterer steht das „Geben und Nehmen" im Vordergrund nach dem Motto „Wie Du mir, so ich Dir".)

Anforderungen an Führungskräfte hängen in weiten Teilen von ihrer Rolle und dem Bedarf vor Ort ab. Entwicklungsleiter benötigen andere Eigenschaften als Vertriebs- oder Marketingchefs, ein guter Pflegedienstleiter hat sicher andere Fähigkeiten als ein guter kaufmännischer Leiter. Branchen- und funktionsabhängiges Fach- und Methodenwissen spielt immer eine Rolle. Und natürlich macht es einen Unterschied, ob eine Organisation seit Langem profitabel wächst oder sich gerade mühsam aus der Insolvenz herausarbeitet. Mit der Höhe der Führungsebene nimmt der Bedarf an Fachwissen tendenziell ab, der Bedarf an Systemwissen nimmt tendenziell zu. Leitende in „Sandwichpositionen" haben nicht selten damit zu kämpfen, dass ihre Mitarbeiter*innen deutlich mehr Orientierung von ihnen erwarten, als sie selbst „von oben" bekommen (weil z. B. auf der oberen Führungsebene Interaktionsbarrieren bestehen). In bestimmten Situationen und Funktionen sind unterschiedliche Persönlichkeitsmerkmale gefragt, die, wie wir gesehen haben, bereits in jungen Jahren geprägt werden und nur unter bestimmten Voraussetzungen veränderbar sind.

In Kap. 16 habe ich Fragen aufgeführt, die in Organisationen beantwortet werden sollten, um alten und neuen Mitgliedern die für gelingendes Empowerment nötige Orientierung zu bieten. Sie betreffen das Profil, die Richtung und die Anforderungen, bezeichnen also das „Wünschenswerte". Wie aber kommen die Inhalte zustande? Wachen der Gründer oder die Gründerin morgens auf mit einem kompletten Wunschzettel vor Augen? Nicht wirklich.

Wenngleich zu Themen wie „Positionierung" und „Strategieentwicklung" extrem viel geschrieben und gesagt worden ist und wird, lassen sich zwei Grundströmungen unterscheiden. Die erste wird von den „Planern" vertreten, die quasi am Reißbrett das Profil und die Zukunft der Organisation in dem sie umgebenden Umfeld konzipieren. Die zweite vertreten die „Inkrementalisten", die sich bei ihren Entscheidungen, ausgehend von der „Startversion" der Organisation an externen und internen Entwicklungen orientieren. Längst wissen wir, dass in Reinform keine dieser Grundströmungen perfekt ist, denn auch hier ist Integration angezeigt. Die eigenen Möglichkeiten (die Kompetenzen also) sollten in dynamischen Entwicklungsprozessen möglichst gut und möglichst unter Erhalt der organisationalen Identität auf die sich bietenden Chancen im relevanten Umfeld abgestimmt werden, wie es auch in den Gegensatzpaaren in Abb. 16.1 zum Ausdruck kommt. Das erfordert gewisse Analysen innerhalb und außerhalb des eigenen Systems sowie eine passende strukturelle Ausstattung. Das *evolutionäre Potenzial* einer Organisation kann sich dann entfalten.

Weil Organisationen von Menschen mit ihren persönlichkeitsbedingten Besonderheiten gegründet und entwickelt werden, haben sie meist einen bestimmten „kulturellen Touch". Henry Minzberg und seine Co-Autoren haben auf Basis von Literaturrecherche und Praxisbeobachtung unterschiedliche Muster „strategischer Denkschulen" identifiziert. Als *präskriptiv* erkannten sie die (konzeptbasierte) *Designschule*, die (formalisierte) *Planungsschule* und die (analytische) *Positionierungsschule*, die lehrbuchartig vorgeben, wie Strategien entstehen *sollen*. Bei sieben weiteren Schulen haben sie, bewusst pointiert, Unterschiede in der Art und Weise beschrieben, wie Strategien wirklich entstehen. So fanden sie Denk- und Verhaltensmuster von *Entrepreneuren* (visionsbasierter Prozess), *Denkern* (kognitive Konstruktion), *Lernorientierten* (Abfolge von Versuch und Irrtum), *Machtorientierten* („politischer" Verhandlungsprozess), *Gemeinschaftsorientierten* (kollektiver Prozess), *Umweltorientierten* (reaktiver Prozess) und *Gestaltern* (transformativer Prozess) [3].

Im Zusammenhang mit nachhaltiger Entwicklung mag uns die (imaginäre) Figur des „transformativen Gestalters" besonders sympathisch erscheinen. Strategieverantwortliche (also Leitende) sollten aber durchaus auch Impulse der anderen „Denkschulen" nutzen, weil auch die ihre Vorzüge haben. Erfolgreiche Strategieprozesse erweisen sich auch in ruhigeren Zeiten meist als Konglomerate unterschiedlicher Ansätze und Perspektiven [4]. Das gilt aber insbesondere für die heutige Zeit, die alles andere als „ruhig" ist [4].

Führung und Nachhaltigkeit

Führungskräfte, die für die nachhaltige Entwicklung ihrer Organisation verantwortlich sind, stehen vor großen Herausforderungen. Das Umfeld ist komplex und birgt viele Unsicherheiten. Qualifizierte Fachkräfte sind ein knappes Gut, wechselbereiter als früher, und treten zuweilen mit sehr konkreten Vorstellungen zu Gehalt, Arbeitszeiten, Weiterbildung, Karriere, Work-Life-Balance etc. an. Die sogenannten *Digital Natives* sind vom Umgang mit sozialen Medien kurze Reaktionszeiten gewohnt und erwarten diese auch am Arbeitsplatz. Virtuelle Teams sind auf dem Vormarsch. Ihre begrenzten Möglichkeiten zur persönlichen Kontaktaufnahme erschweren jedoch den Aufbau vertrauensvoller Beziehungen. Der wachsende Anteil von Projekt- und Leiharbeit beeinträchtigt die Kohärenz von Belegschaften und Teams, die zudem durch den (bei uns schon demografisch bedingt) steigenden Anteil von Menschen mit unterschiedlichen kulturellen Wurzeln heterogener werden. Das eröffnet neue Chancen zur Bewältigung komplexer Aufgaben, erfordert jedoch auch eine andere Führung.

Was heute in den meisten Führungspositionen benötigt wird, ist Stressresilienz, Frustrationstoleranz, Durchsetzungsvermögen, Konfliktkompetenz, das nötige Maß an Empathie und selbstverständlich eine hohe Grundmotivation. Es wird auch nicht ohne Selbstkontrolle, Selbstreflexionsvermögen, Veränderungswillen und „Komplexitätskompetenz" gehen [5]. Hier zeigen sich Parallelen zu den *psychoneuralen Grundsystemen*, die wir in Kap. 16 kennengelernt haben. Man kann sie zwar nicht beliebig verändern, aber wenn man die Anforderungen kennt, fällt es leichter, auch für den Umgang mit den eigenen Eigenschaften Verantwortung zu übernehmen. Eine übergeordnete Eigenschaft ist jedoch auch hier *Urteilsfähigkeit*.

Die Abfolge heutiger Ereignisse ist schwindelerregend, Agilität ist das neue Mantra. Führungskräfte sollten sich Entlastung verschaffen. Was wäre dafür besser geeignet als ein Orientierungsrahmen mit Zwecken, Werten, Zielen, Anforderungen und Indikatoren, die in sich stimmig sind und die man bei Bedarf (vielleicht mit Ausnahme der Werte) neuen Bedingungen anpasst? Das ersetzt nicht die Gespräche mit Mitarbeiter*innen, schon wegen der Resonanz. Auch das war immer schon wichtig. Der Orientierungsbedarf junger Menschen scheint jedoch besonders groß zu sein [6]. Gespräche, die Orientierung vermitteln, werden demnach noch wichtiger.

Generell sollte man Beziehungsrisiken rechtzeitig erkennen und ausräumen – natürlich nicht nur bei Mitgliedern, sondern auch bei Kund*innen, Patient*innen, Bürger*innen, Studierenden etc. Man sollte sich dafür interessieren, ob die handlungsleitenden Werte der Organisation mit denen ihrer Austauschpartner kompatibel sind und ob die Handlungen den Erwartungen entsprechen. Das kann man sogar messen [7]. Gute Übereinstimmung in diesem Bereich verringert den negativen Einfluss asymmetrischer Machtverhältnisse, stärkt Vertrauen, gibt Sicherheit, reduziert Abstimmungsbedarf, erleichtert intuitive Entscheidungen da, wo Informationen fehlen, fördert Empowerment, macht Organisationen agiler, und kollektiv wirksamer. Kompatible Werte entlasten Menschen in Führungspositionen. Zudem haben sie eine homogenisierende Wirkung auf heterogene Teams, was solche Teams deutlich produktiver macht.

Joiner und Josephs haben in entwicklungspsychologischen Studien drei Führungstypen auf unterschiedlichen „Agilitäts-Levels" identifiziert: Den *Expert*, den *Achiever* und den *Catalyst*. Experts glauben an die Überzeugungskraft der besten, aus Erfahrung gewonnenen Lösung und versuchen sie bei Veränderungen durchzusetzen. Auseinandersetzungen mit Beteiligten vermeiden sie wegen der Unsicherheiten, die damit verbunden sind, Konflikte versuchen sie mit ihrem Expertenwissen zu lösen. Das erinnert an Argyris' *defensive Routinen*. Achievern liegt am Erfolg ihrer Einheit. Sie vertrauen auf die Motivationskraft herausfordernder, strategisch fundierter Ziele und vermeiden Mikromanagement. Catalysts fördern die Fähigkeiten ihrer Mitarbeiter*innen und setzen auf den Entwicklungsprozess. Es sind *Systemiker* und *Integratoren*, die das große Ganze im Blick haben, mitsamt der Spannungsfelder, die es auszubalancieren gilt.

Keiner dieser Denk- und Verhaltensstile ist generell richtig oder falsch, weil es immer darum geht, passend zur Situation zu handeln. Auf jedem nächsthöheren Level werden jedoch die Fähigkeiten des darunter liegenden integriert, weshalb *Catalysts* über das größte Verhaltensrepertoire verfügen. Mit zunehmender Komplexität und Dynamik verlagern sich die benötigten Fähigkeiten vom Expert über den Achiever zum Catalyst, der durchaus klare Ansagen machen kann, wenn es darauf ankommt. Erfolgreiche Veränderungen werden meist von Catalysts initiiert und begleitet [8].

Zu den besonderen Merkmalen dieses Leadership-Typs gehört, durch Orientierung Impulse zu vermitteln (was auch Achiever tun), darüber hinaus jedoch andere ermächtigt sein zu lassen und deren Entwicklung zu unterstützen, Grundannahmen infrage zu stellen und von anderen Sichtweisen zu lernen. Katalysator*innen suchen Feedback, Austausch zu schwierigen Themen und optimieren Entscheidungen in heterogenen Teams. Damit laufen sie weniger als andere Gefahr, Torheiten zu begehen. Die Werkzeuge in Kap. 16 sind wie maßgeschneidert für sie. Wie weit aber sind sie verbreitet?

Von 700 Manager*innen arbeiteten zum Zeitpunkt der Studie von Joiner und Josephs (2007) 90 Prozent auf der Stufe *Expert* und *Achiever*, was auf beachtlichen Entwicklungsbedarf hindeutet [9]. Die Gallup-Studie bestätigt diese Erkenntnis. Zudem steht die Führungskräfteentwicklung in der Kritik.

Jeffrey Pfeffer, Professor in Stanford, hält die „Leadership-Industrie" mit ihrer Flut an Büchern, Artikeln, Seminaren, Webinaren, Beratungen, Trainings und Coachings für gescheitert. Es werde zwar doziert, wie Führungskräfte sich verhalten sollen, aber wenig bis gar kein Augenmerk darauf gelegt, was anschließend passiert [10]. Fortbildung müsse ordentlich evaluiert werden. Referenten würden jedoch oft mit *Happy Sheets* beurteilt, mit Smileys also. Von der spontanen Begeisterung der Teilnehmer könne man aber nicht auf deren Lernerfolg schließen. Die „Teacherratings" veranlassen manche Referenten sogar dazu, Kurse so zu verändern, dass Lernerfolg unwahrscheinlicher wird. Dazu Pfeffer: „Measuring entertainment value produces great entertainment, not change".[1] Verdächtig sind Leadership-Berater, die entweder a) niemals eine Führungsposition bekleidet haben oder b) darin gescheitert sind oder c) Ratschläge erteilen, nach denen sie selbst nie gehandelt haben. Wer sich dennoch von der Fortbildung inspiriert fühlt, kehrt in die vertraute Umgebung zurück, in der neue Initiativen nicht selten mit Bemerkungen wie „Ah, Du warst auf einem Führungsseminar!" kommentiert werden.

Brauchen wir Lichtgestalten?

Droht uns bald der Führungsnotstand, weil wir Lichtgestalten in der Führung benötigen, aber nicht bekommen? Ich weiß es nicht. Zu den Lichtgestalten nur so viel: Die Ansicht mancher Führungskräfte, dass Mitarbeiter*innen immer fertige Lösungen erwarten, ist eine Fiktion, abgeleitet vom Selbstbild der Manager*innen als „Held" oder „Heldin" (ein sogenannter „Führungsmythos"). Vieles läuft über Haltung.

Ich persönlich fühle mich wohl mit der Vorstellung, dass auch nach der digitalen Transformation unserer Gesellschaft, die ja irgendwann mal vollzogen ist, immer noch Menschen aus Fleisch und Blut, mit ihren Stärken und Schwächen, Führungspositionen bekleiden. Im Übrigen aber waren Organisationen, unabhängig von ihrer Größe, immer schon erfolgreicher als andere, wenn sie mit vereinten Kräften einem wertebasierten Anspruch folgten, eine Richtung hatten, Regeln einführten, die zur Richtung und zu ihren Werten

---
[1] Ebd., 29.

passten, und Beidhändigkeit praktizierten. Mary Parker Follet hat gezeigt, dass schon vor hundert Jahren Vorgesetzte gute Erfahrungen machen konnten, wenn sie Mitarbeiter*innen selbstbestimmt arbeiten ließen. Fehler passieren immer und überall. Auch künstliche Intelligenz wird nichts an den Erfolgsfaktoren ändern. Und wenn demnächst den *Cyborgs* aktionsleitende Wertesysteme einprogrammiert werden, müssten sie wohl nach ähnlichen Grundsätzen arbeiten.

Was sagt das nun über den „idealen Führungsstil" aus, nach dem Studierende in Management-Masterkursen häufig fragen? Da Führungsstile, wie alle Stilformen, Ausdruck der Persönlichkeit sind (und von Ausprägungen der psychoneuralen Grundsysteme wesentlich mitbestimmt werden), kann man sie kaum „verhandeln". Das gilt auch für die Ermöglicher guter Führung, Übernahme von Verantwortung, Herbeiführen von Entscheidungen und Vermittlung von Orientierung auf Basis von Urteilsfähigkeit. Ideal ist ein Führungsstil demnach dann, wenn er diese Elemente enthält.

Steve Jobs, der legendäre Chef von Apple, hat im Laufe seines ereignisreichen Lebens einen sehr speziellen Führungsstil entwickelt. Aber war sein Stil auch „ideal"?

Bud Tribble, Mitglied in Apples „Mac-Team", nahm bei Jobs ein „Reality Distortion Field" wahr, das er aus der Serie „Star Trek" kannte. Teamkollege Andy Hertzfeld beschreibt dieses Phänomen so: „Das Reality Distortion Field bestand aus einer verwirrenden Mischung aus charismatischer Rhetorik, unbeugsamem Willen und der Bereitschaft, die Fakten jederzeit so hinzubiegen, wie er sie brauchte. Wenn er mit einem Argument nicht weiterkam, wechselte er sofort zu einem anderen. Manchmal überrumpelte er einen, indem er schlagartig die Position des anderen zu seiner eigenen machte und abstritt, je anders gedacht zu haben" [11]. Dieser Realitätsverzerrung lag Jobs' tiefe und unerschütterliche Überzeugung zugrunde, dass Regeln für ihn nicht gelten, weil er glaubte, ein Auserwählter, ein Erleuchteter zu sein. Joana Hoffman erklärt: „Sein Verhalten kann einen emotional fertigmachen, aber wenn man es überlebt, funktioniert es." Bill Atkinson fand schließlich die menschenfreundliche Übersetzung für Jobs' berühmten Ausruf „Das ist Mist!" Sie lautet: „Warum sollte man es so und nicht anders machen?".[2] Jobs' Garagenkumpel Steve Wozniak sagt: „Steve hätte sein Projekt auch durchziehen können, ohne Angst und Schrecken zu verbreiten."[3]

Eigenschaften wie die von Jobs erscheinen auf den ersten Blick nicht besonders kompatibel mit dem Führungskonzept eines *Catalysts*. Angesichts des

---

[2] Ebd., 147; 149; 150.
[3] Ebd., 151.

anhaltenden Welterfolges von Apple drängt sich aber die Vermutung auf, dass genau diese Eigenschaften ein zentraler Erfolgsfaktor sind bzw. waren.

Man kann Jobs nicht vorwerfen, er habe es an Verantwortung, Urteils-, Entscheidungs- und Orientierungsfähigkeit fehlen lassen. Sein Biograf Walter Isaacson stellt fest: „Die Apple-Angestellten bekamen die Leidenschaft für die Erschaffung bahnbrechender Produkte und den Glauben an die Machbarkeit des Unmöglichen vermittelt. Aus Furcht vor Jobs und in dem Wunsch, ihn zu beeindrucken, übertrafen sie ihre eigenen Erwartungen." Zitat Jobs: „Das alte Mac-Team hat mir gezeigt, dass Spitzenspieler gern zusammenarbeiten und es nicht gerne sehen, wenn man zweitklassige Arbeit toleriert."[4]

Spitzenspieler müssen auch bei nachhaltiger Entwicklung antreten, weil wir dafür angesichts von Erderwärmung, zunehmenden gesellschaftlichen Spannungen und wachsenden Systemrisiken nicht alle Zeit der Welt haben. Mag sein, dass man auch hier eine gewisse Resilienz benötigt. Das gilt sicher für die visionären Mitspieler, die mit ihren Transformationsentwürfen den Glauben an die „Machbarkeit des Unmöglichen" vermitteln müssen. Menschen wie Jobs sind vorerst nicht kopierbar, nicht jeder hält sich für erleuchtet. Nachahmern droht zudem ein uns nunmehr bekannter Denkfehler: die Illusion, aus Erfolgen der Vergangenheit Patentrezepte für die Zukunft ableiten zu können. Worin ihn aber jeder und jede ambitionierte Leitende nachahmen kann, ist die Umsetzung der Ermöglicher guter Führung. Ganz offensichtlich hat die Firma Apple mit den Mitgliedern der Organisation dieselben Werte geteilt – zumindest mit denen, die darin „überlebt" haben.

Wege zur Meisterschaft

Im ersten Teil des Buches war von „persönlicher Meisterschaft" (*Personal Mastery*) die Rede, die Peter Senge als eine der fünf Disziplinen erfolgreich lernender Organisationen erkannt hat. Jeder Mensch, der etwas bewegen will (wozu jede Führungskraft gehören sollte), sollte für sich klären, was ihm wichtig ist und durch permanentes Lernen, vorzugsweise mit „System 2-Blick" auf die Tatsachen, immer besser darin werden, dieses Wichtige zu erkennen und umzusetzen. Wie das geschehen kann, beschreibt Martin ähnlich vereinfacht, wie es Kahneman bei seiner „Physiologie des Denkens" getan hat. Er benutzt dafür die Elemente *Grundhaltung* (*wie ich die Welt sehe, wer ich darin bin und was ich erreichen möchte*), *Werkzeuge* (*wie ich mein Denken und meine Wahrnehmungen strukturiere, um die Welt zu verstehen*) und *Erfahrungen* (*Impulse,*

---

[4] Ebd., 151; 152.

durch die ich meine Möglichkeiten optimieren kann). In permanenten Lern- und Anpassungsprozessen zwischen diesen Elementen entwickle sich unser „persönliches Wissenssystem", und natürlich werden dabei auch Kompetenzen geformt [12].

Instrumente wie Beidhändigkeit bereichern „persönliche Werkzeughäuser" und erweitern Kompetenzen. So kann man auf bestimmten Gebieten Meisterschaft entwickeln, denn nach Leonardo da Vinci und Galileo Galilei sind Alleskönner selten geworden. Zum Erwerb von Meisterschaft trägt Cal Newports *Deep Work* bei, das Lernende veranlasst, sich den Ablenkungen unserer Zeit, insbesondere aber der Flut von „News" in den sozialen Medien zumindest phasenweise zu entziehen. Relevant sind sie nur, wenn sie Entscheidungen besser oder Zusammenhänge, die für uns wichtig sind, klarer machen. Das dürfte auf die meisten „News" nicht zutreffen. Newport ist überzeugt: „A deep life is a good life" [13].

Beim Entwickeln unseres „Wissenssystems" sollten wir die Grenzen unserer Rationalität beachten, uns vor Fallstricken des Denkens in Acht nehmen und berücksichtigen, dass wir längst nicht zu allen persönlichen „Antreibern" einen bewussten Zugang haben. Ungünstig ist jedoch, relevante Dinge zu übersehen, weil unser Blickwinkel zu eng ist, dessen Weite weitgehend vom Unbewussten bestimmt wird, von „System 1". Es ist für viele Überraschungen gut.

Wir alle schätzen Menschen mit erweiterten Horizonten. Im Kompetenzfeld Medizin z. B. bevorzuge ich Ärzt*innen, die sich bei der Beurteilung meines Gesundheitszustands nicht beharrlich an das klammern, was die Schulmedizin sie gelehrt hat, sondern die Möglichkeit akzeptieren, dass nicht alle ernst zu nehmenden Befunde eine messbare Kausalität haben (wenngleich ich mich immer freue, wenn mich meine Hausärztin nach dem schweißtreibenden Belastungs-EKG wegen günstiger Messwerte lobt!). Der fachliche Horizont solcher Personen ist breiter. Sie haben sich beim Ausbilden ihres beruflich genutzten kognitiven Systems umfassender orientiert und sind deshalb urteilssicherer, und sei es intuitiv. Sich der Gefahr blinder Flecken bewusst zu sein, zu bestimmten Positionen bewusst nach Gegensätzen zu suchen und sich von Menschen mit anderen Ansichten inspirieren zu lassen, steht wahrer Meisterschaft bestimmt nicht im Wege.

Zu Recht weist Dobelli auf einen Verhaltensfehler hin, der uns wie die Flut irrelevanter News von der Entwicklung von Meisterschaft ablenkt: die Meinung, uns zu allem und jedem eine Meinung bilden zu müssen. Das bezieht sich oft auf Fragen, die uns nicht wirklich interessieren, die man nicht grundsätzlich beantworten kann oder deren Komplexität uns überfordert [14].

Stammtischen eilt der Ruf voraus, eine anziehende Wirkung auf eifrige Meinungsbildner auszuüben.

Was den Zuwachs an relevantem Wissen angeht, den sich jeder ernst zu nehmende Akteur wünscht, warnt Dörner: „Je mehr man weiß, desto mehr weiß man auch, was man nicht weiß" [15]. Es dürfte aber noch keinem Vorgesetzten oder dessen Kollegin ernsthaft geschadet haben, gegenüber Mitarbeiter*innen einzugestehen, etwas nicht zu wissen, solange das kein Dauerzustand ist (den Vorgesetzten dieser Vorgesetzten gegenüber kann das riskanter sein). Der Vorteil, etwas nicht zu wissen, besteht wie bei den Seefahrern der Renaissance darin, dass es zur Entdeckung reizt.

Wer die Grenzen seines Erkenntnisvermögens kennt, kann es gezielt erweitern. Ein bewährtes Mittel ist, Fragen zu stellen. Das Bewusstsein, Dinge nicht zu wissen, hat schon den Griechen Sokrates, den Lehrer Platons, zu einem leidenschaftlichen Fragesteller gemacht. Nachhaltige Entwicklung profitiert unter anderem davon, dass jemand Fragen stellt, die andere zumindest zum Nachdenken anregen.

Literatur

1. Franken, S. (2010): Verhaltensorientierte Führung, Springer-Gabler, 257.
2. Dillerup, R., Stoi, R. (2013): Unternehmensführung, Vahlen, München, 9.
3. Minzberg, H., Ahlstrand, B., Lampel, J. (1998): Strategy Safari, Free Press, New York, 5.
4. Kinne, P. (2009): Integratives Wertemanagement, Gabler, Wiesbaden, 172; 173.
5. Siehe auch Roth, G. (2019): Warum es so schwierig ist, sich und andere zu ändern, Klett-Cotta, Stuttgart, 374.
6. Scholz, C. (2014): Generation Z, Wiley, Weinheim, 197.
7. Kinne, P.(2017): Hausaufgaben für Gewinner, Wiesbaden: Springer Gabler, 25–32.
8. Joiner, B., Josephs, S. (2007): Leadership agility – five level of mastery for anticipating and initiating change, Jossey-Bass, San Francisco, zitiert nach Seidel, R.: Agilität im Führungshandeln, in Hollmann, J., Daniel, K. (Hg) (2017): Anders wirtschaften. Integrale Impulse für eine plurale Ökonomie, Springer Gabler, 38–45.
9. Seidel, R. (2017): Agilität im Führungshandeln, in: Hollmann, J., Daniel, K. (Hg): Anders wirtschaften. Integrale Impulse für eine plurale Ökonomie, Springer Gabler, 41.
10. Pfeffer, J. (2015): Leadership BS . Harper Collins, New York, 24.
11. Isaacson, W. (2011): Steve Jobs, Bertelsmann, München, 146.

12. Martin, R. (2009): The opposable mind. How successful thinkers win through integrative thinking. Harvard Business School Press, Boston, 103.
13. Newport, C. (2016): Deep Work, Grand Central Publishing, New York, 18.
14. Dobelli, R (2019): Die Kunst des digitalen Lebens. Wie Sie auf News verzichten und die Informationsflut meistern können, Piper, München.
15. Dörner, D. (1997): Die Logik des Misslingens, Rowohlt, Hamburg, 145.

Epilog: Eisbären und Kompetenzinventuren

Nachhaltige Dinge sind von Dauer. Wenn man bestimmt hat, welches „Objekt" man sich nachhaltig wünscht, muss man überlegen, aufgrund welcher Merkmale es als nachhaltig gelten soll. Bei Organisationen fällt diese Überlegung leicht: Sie werden von Menschen gegründet, um bestehen zu können. Bestandsfähigkeit ist das Grundmerkmal nachhaltiger Organisationen, eng verknüpft mit der Fähigkeit, einen bestimmten Zweck zu erfüllen. Weil Organisationen dieser Herausforderung in einem zunehmend schwierigen Umfeld gerecht werden müssen, und dafür Mittel nutzen, die auch unsere Gesellschaft voranbringen, sind sie potenziell hervorragende Akteure der Nachhaltigkeit.

Beim Planeten Erde sind Nachhaltigkeitsüberlegungen komplizierter, weil er weder von Menschen „gegründet" wurde, die seinen Zweck hätten definieren können, noch Menschen braucht, um weiter existieren zu können. Nachhaltigkeit kann hier sehr unterschiedlich interpretiert werden, und entsprechend groß ist die Vielfalt der Vorstellungen vom optimalen Zustand dieses Planeten und seiner Bewohner. Solange aber Menschen nicht nur eine Existenzberechtigung auf der Erde, sondern auch einen prägenden Einfluss auf die dortigen Lebensbedingungen haben, müssen wir uns mit Haltungen, Kenntnissen, Fähigkeiten und Verhaltensweisen befassen, die vielfach in Organisationen geformt werden. Man kann diese Eigenschaften weder sehen noch anfassen oder messen, sondern nur ihre Auswirkungen beobachten und Schlüsse daraus ziehen.

Wenn wir uns für einen Kauf entscheiden, treten wir in Austausch mit einem Anbieter und steigern dessen Ertrag. Prinzipien, die eine soziale Gemeinschaft für sich definiert, beeinflussen das Miteinander. Die großzügige Nutzung von Plastiktüten im Alltag erhöht den Bestand an Plastikmüll auf der Erde ebenso wie der Betrieb von Kohlekraftwerken den CO_2-Anteil in der Atmosphäre. Materielle Effekte haben meist immaterielle Ursachen. Die reflexhafte Zurückweisung von Schüler*innen, Studierenden oder Beschäftigten, die mit einer aus ihrer Sicht genialen Idee zu ihren Lehrer*innen oder Vorgesetzten kommen, dürfte ihr Engagement auf unbestimmte Zeit beeinträchtigen. Leider sind nicht alle Ursache-Wirkungsbeziehungen so eindeutig wie diese.

Greta Thunberg hat 2018 durch ihren Sitzstreik hinter einem Schild mit der Aufschrift „Skolstrejk för Klimatet" zu Schülerprotesten gegen Politikversagen im Kampf gegen den Klimawandel angeregt und weltweit die *Fridays-for-Future-Bewegung* ausgelöst. Die Bewegung findet weltweit Beachtung und erzeugt politischen Druck, weil (und solange) die Argumente sachlich, friedlich und authentisch vorgetragen werden. Unsere Gesellschaft muss sich aber auch von innen heraus nachhaltig entwickeln. Zum einen durch Konsumenten, die sich nicht bei jedem *Black Friday* im Konsumrausch die Hacken abrennen, die erkennen, dass durstige Geländewagen auf den meisten Straßen nicht wirklich benötigt werden, dass man sich vielleicht nicht jedes Jahr ein fernes Land vor Ort erschließen muss, und dass von der Beschränkung auf *einen* HD-Flatscreen pro Haushalt möglicherweise das Miteinander seiner Mitglieder profitiert. Zum anderen durch Organisationen, die ihr Potenzial als Akteure der Nachhaltigkeit nutzen. Mit ihrer Kompetenz beim Erfüllen von Bedürfnissen, im Erzeugen gesellschaftlicher Produktivkräfte und im konsequenten Verfolgen eines Zwecks haben Organisationen bessere Chancen als andere soziale Gebilde, Nachhaltigkeit als gestaltende Kraft zu entfesseln. Das kann umso besser gelingen, je intensiver ihre Aktivitäten von neuen Erzählungen begleitet werden.

Die Erfolgsgeschichte des kapitalistischen Wirtschaftssystems, das nach dem Zweiten Weltkrieg zumindest dem westlichen Teil der Welt zu Wachstum, technischem Fortschritt und noch mehr Demokratie verholfen hat, ist nicht zu Ende. Die Kraft ihrer Erzählungen ist nicht erloschen – sie bedürfen aber der Erneuerung. Glücklicherweise wird munter weitergeforscht. Nur ein Beispiel: Die Genschere CRISPR-Cas9 macht es möglich, menschliches Erbgut auf vielfältige Weise zu verändern und genetische Defekte zu reparieren [1]. Das eröffnet völlig neue Perspektiven zur Bekämpfung von Krankheiten, wenngleich auch solche Entwicklungen kritisch begleitet werden müssen.

Neue Erzählungen können davon handeln, dass Menschen wesentlich durch das geprägt werden, was in Organisationen geschieht. Das beeinflusst nicht nur das Kapital, das auch eine Gesellschaft voranbringt, sondern auch die Erfolgsaussichten gesellschaftlicher Aushandlungsprozesse, und bietet Stoff für weitere spannende Geschichten. Bilder von Eisbären auf viel zu kleinen Eisschollen, unbewohnbaren Landstrichen und Plastikmüllwolken im Meer beeindrucken uns tief. Wir können uns Protestbewegungen anschließen und harte Forderungen an Politiker und Konzerne richten. Sofern das etwas bewirkt – umso besser! Oft jedoch übersehen wir das Potenzial nachhaltiger Entwicklung, das in Organisationen steckt und in der Art und Weise, wie man dort miteinander umgeht. Im Guten, wenn ihre Mitglieder nach einem erfüllten Arbeitstag Reserven verspüren, um anderen von ihrer erfüllenden Arbeit zu berichten, an einer kommunalen Tafel Essen zu verteilen oder zugewanderten Schüler*innen bei ihren Hausaufgaben zu helfen. Im Schlechten, wenn Entscheidungen nicht getroffen werden, Orientierung nicht vermittelt, Interaktion blockiert, viel Umständliches in Kauf genommen wird und Resonanzen verstummen. Das zerstört Engagement, Neugier, Fantasie, Mut, Kreativität, Vertrauen, und macht krank. Nicht nur die „Generation Z" (die nach 1995 Geborenen) sucht Sinn und Identifikationsanker. Wer das nicht bieten kann, verliert junge *und* ältere Menschen oder veranlasst sie zum Dienst nach Vorschrift, was fast dasselbe ist wie Totalverlust.

Angesichts der Wirkmächtigkeit medial perfekt inszenierter Bilder und der Tatsache, dass Aufmerksamkeit ein hart umkämpftes Gut ist, brauchen wir neue Erzählungen, die Perspektiven erneuern, Horizonte erweitern, Vorurteile abbauen, Denkblockaden beseitigen, wie Claudine Nirth es tut, und bereit machen für Veränderungen. Wenn nachhaltige Entwicklung nicht mehr als Entfaltungshemmnis, als Spaß- und Erfolgsbremse empfunden wird, sondern als gestaltende Kraft, die entfesselt werden kann und deren Dynamik dann mit der Dynamik der digitalen Transformation eine zweckdienliche Allianz bildet, ist das erzählenswert. Man kann davon an Schulen und Hochschulen, in Verbänden, auf Fach- und Wirtschaftsforen, in Meetings, auf Führungsseminaren und natürlich auch in klassischen und sozialen Medien erzählen. Erzählen sollte man auch, wie wertvoll es ist, wenn Vertreter*innen unterschiedlicher Fachbereiche zusammenarbeiten und ihre Potenziale zusammenführen. Dabei entsteht neues Orientierungswissen, was auch für Volker Jung ein zentraler Erfolgsfaktor ist.

Forscher*innen, Lehrer*innen, Berater*innen, Coaches und andere, die nachhaltige Entwicklung begleiten, sollten Elfenbeintürme und Silos verlassen, sich in den brodelnden Alltag begeben – und kooperieren! Sie sollten Neugier auf die Erfahrungen anderer entwickeln und den Schulterschluss mit

Fachleuten anderer Disziplinen suchen. Nachhaltigkeitsprobleme können nicht aus der Perspektive einzelner Disziplinen gelöst werden. Soziologen, Psychologen, Pädagogen, Philosophen, Theologen, Betriebs- und Volkswirte, Bio-Ingenieure, Ärzte, Physiker, IT-Fachleute, Kommunikationsexperten etc. (hier jeweils stellvertretend für beide Geschlechter) sollten gemeinsam daran arbeiten, begriffliche Barrieren zu überwinden und ein gemeinsames Verständnis von Anforderungen und Möglichkeiten zu schaffen. Nur im Brückenschlag zwischen Theorie und Praxis kann man den Herausforderungen unserer Zeit begegnen.

Von fachlich gemischten Gruppen können ganz unterschiedliche Impulse ausgehen. Einige haben meine Gesprächspartner*innen genannt: Sensibilisierung für normative Fragen, Analyse bzw. Beobachtung von Handlungen und Systemdynamiken, Beseitigung von Blockaden, Erklärung von Technologie, Stärkung der Urteilskraft durch Wissensvermittlung, Prägen von Haltungen, Entwicklung nachhaltiger Programme, Verfahren und Produkte. Mitgestaltung einer gerechten Sozialordnung in einer Kommune, Inszenierung von Grundfragen des Zusammenlebens, Vermittlung von Menschlichkeit und Weltoffenheit, Anregung zur Reflexion, Unterstützung von Veränderungen, Gestaltung von Politik, und nicht zuletzt Vorbild sein. Der organisationale Rahmen solcher Kooperationen kann von lockeren Netzwerken bis zu Körperschaften gehen, dem Zusammenschluss von Individuen zu einer Organisation. Wenn dabei auch Menschen mit unterschiedlichen „Basisattributen" aufeinandertreffen, kann die perspektivische Vielfalt nur größer werden. Richtig genutzt, ist sie eine ungemein wertvolle Ressource. Dass bei solchen Kooperationen unterschiedliche Entwicklungsdynamiken zu berücksichtigen sind, auf die Hans-Werner Brand hinweist, ist Teil der Herausforderungen.

Inter- und transdisziplinäre Kooperation ist anspruchsvoll, aber das ist nachhaltige Entwicklung auch. Ein Kernprozess ist das, was Forscher *Wissensintegration* nennen. Um neue Erkenntnisse und bessere Lösungen zu finden, müssen aber nicht nur relevantes Wissen, sondern auch relevante Fähigkeiten und damit die *Kompetenzen* der Fachleute zusammengeführt werden. Das gelingt nicht, indem man sich einfach zusammensetzt und zu diskutieren beginnt. Was dabei herauskommt, hat Damian Borth erfahren, der von einer Diskussion mit Juristen und Geisteswissenschaftlern enttäuscht war. Das lag aber weder an ihm noch an den Juristen oder Geisteswissenschaftlern, sondern an unterschiedlichen Begriffsverständnissen, fachlichen Referenzrahmen und Erfahrungshintergründen der Beteiligten. Es reicht auch nicht, Überzeugungen, Vermutungen und subjektive Bewertungen auszutauschen. Das geht uns zwar leicht von der Hand und bestimmt das Geschehen in vielen Meetings, führt aber bei komplexen Aufgaben nur selten zu brauchbaren Ergebnissen.

Wer Banalitäten und Frustrationen vermeiden will, mit denen zu rechnen ist, wenn man glaubt, neue Erkenntnisse und Lösungen würden einem irgendwie zufliegen, muss *Kompetenzintegration* betreiben. Es gilt, das Objekt zu definieren, auf das sich neue Erkenntnisse und Lösungen beziehen, und den Zustand, in dem man sich das Objekt wünscht. Unser Objekt ist *die Organisation*, ihr wünschenswerter Zustand ist *Bestands- oder Zukunftsfähigkeit* im Sinne der Resilienzkriterien. Mit diesem Verständnis können auch heterogene Gruppen *Common Grounds* entwickeln, sodass ein Bauchladen der Ergebnisse, vor dem Gabriele Patten warnt, vermieden werden kann. Kompetenz-Integrationsprozesse können durch ein Format unterstützt werden, in dem man persönliche Kompetenzen in einer für alle Beteiligten verständlichen Sprache beschreibt. Die Übersetzung von Fachwissen in Alltagssprache ist auch Manuela Lenzen wichtig und wird von Nachhaltigkeitsforschern gefordert [2]. Sie macht unterschiedliche Inhalte verstehbar, abgrenzbar und anschlussfähig, und erfüllt außerdem die Anforderungen an gutes Audience Design. Im Übrigen empfiehlt Kahneman, darin einig mit de Bono: „If you care about thought credible and intelligent, do not use complex language where simpler language will do" [3].

Der Beschreibung vorausgehen sollte eine gedankliche Reise durch die Landschaft persönlicher Erinnerungen, Erfahrungen, Erfolge und Misserfolge, Stärken und Schwächen, die unser kognitives System so stark prägen. Man begibt sich dabei auf Spurensuche bezüglich seiner Möglichkeiten, nachhaltige Entwicklung zu unterstützen. Solche *Kompetenzinventuren* sind angebracht, weil niemand seinen gesamten Wissens- und Erfahrungsschatz spontan auf den Tisch legen kann. Vieles davon beruht auf implizitem Wissen, das, wie Wissen generell, keine körperliche Eigensubstanz hat. Mit genügend Zeit zur Selbstreflexion, vielleicht auch im Dialog mit anderen, führt man sich die eigenen Möglichkeiten vor Augen. Man kann sie dann *versprachlichen* (nur dann kann man sie auch denken!) und *konkretisieren*, in unterschiedlichen Zusammenhängen *nutzen*, dabei *optimieren* und interaktiv *erweitern*.

Mitunter kann es richtig sein, bestimmte Potenziale weiterzuentwickeln, andere dagegen nicht. Basis und Ziel der Potenzialentwicklung müssen erzielte bzw. erzielbare Wirkungen sein, denn nachhaltige Entwicklung hängt vor allem davon ab, was praktisch funktioniert. Und wer bei seiner Beschreibung unkonkret und unverbindlich bleibt, könnte angesichts der unaufhaltsamen Verbreitung digitaler Technik, die wegen ihrer einfachen Codierung zu Eindeutigkeit zwingt, als „systemisch nicht kompatibel" gelten. In einer Welt voller Mehrdeutigkeiten hat Eindeutigkeit Zukunft (Einseitigkeit hat keine!).

Je sicherer wir uns unserer Wirkungen sind (deren Beurteilung letztlich Sache der Nutzer ist), desto eindeutiger können wir sie beschreiben.

Interne und externe Berater*innen – die meisten von uns haben sich schon einmal in einer dieser Rollen befunden – machen mitunter die schmerzliche Erfahrung, dass durchaus sinnvolle Konzepte ungenutzt und damit im Sinne ihres angedachten Zwecks *wirkungslos* bleiben. Beim Versuch, mit Wissen, Können und moralischer Integrität zu punkten, stößt man auf Menschen mit gänzlich undurchsichtigen System 1-/System 2-Impulsen. Sie folgen eigenen Regeln (derer sie sich selbst oft nicht bewusst sind), ihre Veränderungsbereitschaft ist vielleicht unterentwickelt, und sie lassen sich weder von brillanter Logik, noch von überzeugender Moral, noch von offensichtlichen Vorteilen (ein Produkt wird besser, ein Prozess einfacher und billiger, eine Anforderung wird erfüllt etc.) beeindrucken. Roth weist darauf hin, dass „Logik" und „Plausibilität" immer eingebettet sind in einen Kontext bewusster und unbewusster Interessen und Handlungsziele, die in der Persönlichkeit des Beteiligten verankert ist, die wiederum mit einer bestimmten Lebenssituation verknüpft ist. Mitunter liegt sogar ein Konflikt zwischen (bewussten) Zielen und (unbewussten) Motiven zugrunde. Das kann weder der/die Beteiligte, und schon gar nicht der Berater/die Beraterin lösen [4].

Dann wiederum gibt es eine Art von Wissen, die Dörner *Eunuchenwissen* nennt: Man weiß zwar, wie es geht, kann es aber nicht. Leichter zu entlarven sind Menschen mit *Verbalintelligenz*. Sie reden mit schönen, neuen Begriffen über Probleme und darüber, was man dagegen tun kann, während ihr wirkliches Tun von diesem Eloquenzbeweis gänzlich unbeeinflusst bleibt [5]. In Debatten um Nachhaltigkeit stößt man zuweilen auf fordernde Haltungen, deren Träger jegliche Sensibilität für den steigenden Bedarf, Kompetenzen zu integrieren und die Notwendigkeit oft kleinteiliger, operativer Schritte vermissen lassen.

Wer die eigenen Kompetenzen gut genug kennt, kann besser einschätzen, welche weiteren man benötigt, um nachhaltige Entwicklung voranzutreiben. Das Zusammenführen unterschiedlicher Kompetenzen birgt die Chance von Produkt- und Prozessinnovationen, mit denen Bernd Tischler die interdisziplinäre Kooperation in Bottrop zum Erfolg geführt hat. Nichts wäre mehr im Sinne nachhaltiger Entwicklung. Natürlich müssen Beteiligte erst einmal zu Akteur*innen werden, wie Eckart Uhlmann betont. Kompetenzinventuren geben Auskunft über bislang ungenutztes Potenzial. Das ist aktives Lernen in eigener Sache, für das es keine Altersgrenze gibt. Lernt man gemeinsam, werden Lösungen möglich, die sich Einzelne nicht vorstellen können. Auch Erfahrungen, die man miteinander macht, sowie „Lernen mit allen Sinnen" verbessern die Produktivität heterogener Teams [6].

Was ich zu Kompetenzinventuren umrissen habe, gilt natürlich auch für Organisationen, die ja oft bereits „Kollektive" von Fachleuten unterschiedlicher Disziplinen sind. Wenn sie sich mit anderen Organisationen über nachhaltige Entwicklung austauschen, um neue Erkenntnisse zu gewinnen und bessere Lösungen zu finden, sollten sie sich ihrer Möglichkeiten bewusst sein, um darüber reden zu können.

Die Mühlen der Politik mahlen langsam, der Erfolg gesellschaftlicher Einigungsversuche ist fraglich.

In den Verästelungen unserer Gesellschaft kann sich aber ein Virus verbreiten, dessen Wirkung nicht zerstörerisch ist, sondern Wert erzeugt. Organisationen können die bestandserhaltende Kraft der Nachhaltigkeit entfesseln, weil sie Kapital erzeugen, weiterentwickeln und reproduzieren, das nicht nur sie selbst, sondern auch die Gesellschaft nachhaltiger macht - weil sie Komplexität absorbieren müssen, um existieren zu können, weil sie andere von ihrem Wissen und ihren Fähigkeiten profitieren lassen können und dadurch Flächenwirkung erzielen. Die Kraft der Nachhaltigkeit kann entfesselt werden durch Organisationen, die sich selbst nachhaltig entwickeln, durch solche, die ihr Wissen mit anderen teilen, durch solche, die Nachhaltigkeitsziele unterstützen, und durch solche, die mit neuen technischen Lösungen ein nachhaltigeres Wirtschaften ermöglichen.

Zivilgesellschaftliche Bewegungen, die Druck auf Gesetzgeber, Organisationen mit viel zu großem ökologischem Fußabdruck und übereifrige Konsumenten machen, können den Effekt ebenso verstärken wie Fachleute aus Wissenschaft und Praxis mit integrierten Kompetenzen. Die Ressourcen, die den Entfesselungsakt auslösen, sind nicht nur erneuerbar, sondern gewinnen durch gemeinschaftliche Nutzung an Substanz und Wert. Lernen, Führen, Steuern und Kooperieren sind Handlungsfelder, auf denen Ideen, Haltungen, Kenntnisse und Fähigkeiten ebenso gedeihen wie neue Narrative.

Der geschickte Umgang mit immateriellen Ressourcen dürfte zu den Erfolgsgeheimnissen des 21. Jahrhunderts gehören. In einer ungeheuer komplexen, ungeheuer dynamischen und undurchsichtigen Welt unterscheidet diese Fähigkeit nachhaltige von nicht nachhaltigen, *kraftvolle* von *kraftlosen* Organisationen. Die kleinste Einheit nachhaltiger Entwicklung sind jedoch wir selbst.

Nach dem Weckruf des Club of Rome hat es fast fünfzig Jahre gedauert, bis sich unser Umgang mit der Natur spürbar verändert hat. Es darf nicht weitere fünfzig Jahre dauern, bis sich auch unser Denken und Handeln in den sozialen Systemen verändern, die unser Leben so stark beeinflussen. Viel hängt davon ab, was wir darin miteinander tun, und wie wir es tun. Wenn es uns gelingt, die vorhandenen Potenziale zu nutzen, kommt das ganz sicher auch dem Klima zugute, und zwar in jeder Hinsicht.

Literatur

1. https://www.wissensschau.de/genom/crispr_forschung_medizin.php. Zugriff: 15.12.2018
2. Grunwald, A. (2016): Nachhaltigkeit verstehen. Oekom, München, 182.
3. Kahneman, D. (2012): Thinking, fast and slow. Penguin: Random House, 63.
4. Roth, G. (2019): Warum es so schwierig ist, sich und andere zu ändern, Klett-Cotta, Stuttgart, 300; 302.
5. Dörner, D. (1997): Die Logik des Misslingens, Rowohlt, Hamburg, 304.
6. https://td-academy.de/wissensintegration. Zugriff: 15.10.2019.

GPSR Compliance

The European Union's (EU) General Product Safety Regulation (GPSR) is a set of rules that requires consumer products to be safe and our obligations to ensure this.

If you have any concerns about our products, you can contact us on

ProductSafety@springernature.com

In case Publisher is established outside the EU, the EU authorized representative is:

Springer Nature Customer Service Center GmbH
Europaplatz 3
69115 Heidelberg, Germany

www.ingramcontent.com/pod-product-compliance
Lightning Source LLC
LaVergne TN
LVHW020329260326
834688LV00037B/932